LA

CONDICIÓN

HISPÁNICA

Otros libros de Ilan Stavans

ESPAÑOL

Talia y el cielo

La pianista manca

Prontuario

La pluma y la máscara

Antihéroes

INGLÉS

On Borrowed Words

Latino USA: (con Lalo López Alcaráz)

Art and Anger

Octavio Paz: A Meditation

The Riddle of Cantinflas

The Inveterate Dreamer

Bandido

Imagining Columbus

The One-Handed Pianist and Other Stories

The Essential Ilan Stavans

LA

CONDICIÓN

HISPÁNICA

VISTAS AL FUTURO DE UN PUEBLO

SEGUNDA EDICIÓN

Ilan Stavans

TRADUCCIÓN DE SERGIO M. SARMIENTO

rayo

Una rama de HarperCollinsPublishers

Este libro fue publicado originalmente en inglés en 1995 por HarperCollins.

SEGUNDA EDICIÓN RAYO, 2001

Library of Congress ha catalogado la edición en inglés.

ISBN 0-06-093739-4

01 02 03 04 05 RRD 10 9 8 7 6 5 4 3 2 1

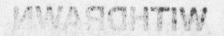

A Cass Canfield, Jr.,

otra vez

El hombre es sólo la mitad de sí mismo; la otra mitad es su expresión.

—Ralph Waldo Emerson

ÍNDICE

Prefacio a la segunda edición, *xi*

Prólogo, *xv*

UNO   La vida en el limbo, *1*

DOS   Sangre y exilio, *37*

TRES   En guerra con los anglos, *78*

CUATRO   Fantasmas, *122*

CINCO   Sanavabiche, *166*

SIES   Hacia una autodefinición, *201*

SIETE   Cultura y democracia, *230*

Carta a mi hijo, *267*

Índice de términos, *281*

PREFACIO A LA SEGUNDA EDICIÓN

A lo largo de los años *La condición hispánica* me ha traído cientos de cartas. Ha habido lectores que se han sentido ofendidos por el retrato que ofrezco de la población latina perdida—o quizás sea mejor decir "ubicada"—en el laberinto de la identidad. Pero otros lectores, que son la mayoría, se han mostrado mucho más receptivos. Me han escrito para expresar su gratitud luego de navegar los vaivenes de la civilización hispánica de manera poco convencional. Esos han sido los comentarios que me han halagado más, pues mi intención era la de escribir un libro poco tradicional que se resistiera a los modelos académicos que dicen poco en muchas palabras. En su lugar, dejé que la pluma fuera libre del todo, que hiciera lo que hace bien en manos de ídolos míos como Edmund Wilson, que siempre fue excepcional como intelectual: bailar de un lado a otro de manera rigurosa pero impredecible, y así explorar un tema amplio cuyo diámetro es casi inconcebible, pero sin dejar de ofrecer una síntesis a un tiempo clara y contundente. Mi intención fue la de ofrecer un perfil de la psique colectiva latina y hacerlo sin jamás renunciar a sus múltiples complicidades. La única manera de hacerlo, me dije, era la de enfatizar mi propia visión, la de hablar desde la primera persona: entender sus patrones en la medida en que sus siluetas son dibujadas en el trasfondo histórico y artístico. En suma, mi objetivo era el de hacer un tipo de crítica cultural que desde antaño se practica en la América Latina pero que es menos frecuente en los Estados Unidos, donde el crítico no se presenta a sí mismo como un "especialista" sino como un navegante en océanos desconocidos. De esta forma, sirve a un tiempo como guía intelectual y también como conciencia reflexiva. La aventura, por ser eso mismo, un viaje a lo desconocido, seguramente lo sorprenderá con sus secretos. Tampoco es posible que tenga una respuesta a toda pregunta que le surge en el camino. Porque, en última instancia, lo que importa en realidad no es si uno opta por esta o aquella teoría científica para interpretar al mundo; más bien lo valioso es el placer que despierta el recorrido en sí. Es decir, lo importante no es llegar a una meta preconcebida sino perderse en los vericuetos del camino, gozar tanto por saber quiénes somos como por no saber adónde vamos.

Esta nueva edición difiere de la anterior de varias maneras: he suavizado la prosa, la he hecho más armónica; he querido que la transición de un tema a otro sea menos volcánica; y he ampliado las secciones que he juzgado que lo merecían. Asimismo, he actualizado la información anticuada o la que había quedado trunca; y he redondeado alguno que otro argumento que me pareció ingenuo o incompleto. Pero me he resistido a la tentación de hacer de éste un libro menos impresionista y anecdótico. Mi intención original fue la de redactar un volumen que fuera poco científico y muy literario. Quise que fuera el recuento de una odisea individual. Por individual quiero decir espontánea, un poco como el jazz: libre de toda premeditación. Escribí la primera versión a principios de la década del noventa, que fue une época de cambios intensos en mi vida. Esa versión me pareció demasiado rígida y la descarté. Quería que estuviera considerablemente más cerca en espíritu a Tocqueville y DuBois: erudito mas no pedante, responsable y al mismo tiempo polémico, el examen minucioso y honesto de la encrucijada del propio escritor. En otro lugar he desarrollado muchas de las ideas expuestas en estas páginas. De hecho, al releerlas a veces he sentido que lo que aparece en este libro no es otra cosa que el mapa de mi propia trayectoria intelectual. El lector encontrará que lo que anuncié de forma tentativa aquí ha visto la luz en ensayos, introducciones y entrevistas, muchos de las cuales forman parte de *Art and Anger* (1996), *The Riddle of Cantinflas* (1998) y *The Inveterate Dreamer* (2001). Así pues, las ideas expuestas son sólo semillas que han germinada en alguna otra parte. En ese sentido este libro es el testimonio de mis pasiones y compromisos tempranos.

Resta añadir que esta traducción al castellano, que apareció en México en 1999 en el Fondo de Cultura Económica, y que le devuelvo a la imprenta ahora de forma modificada, no es idéntica a su contraprte en inglés. Las razones son obvias y no hay por qué profundizar en ellas en este prefacio. Diré, sí, que cada lengua lleva consigo una cosmovisión; los lectores de una lengua tienen su propio metabolismo. Lo que para el lector en el idioma de Shakespeare sería novedad no lo será jamás para quien lee en el idioma de Cervantes y viceversa. De hecho, esta versión está más cerca del original de 1995 que su contraparte actual: es más rica en citas y referencias, más extensa, y quizás más barroca también, aunque, hay que añadir, es menos mía por el hecho de que, a pesar de ser un hispanohablante nativo, ha sido otro quien me ha prestado estas palabras, dibujando sobre mi rostro una máscara que a un tiempo me esconde y me devela. Como lo anuncia el dicho: "A cada quien su cada cual". Remito, pues, al lector interesado al *otro lado* de este libro. Para obtenerlo, no hay más que cruzar la frontera.

PRÓLOGO

Tuve un agradable sueño en el que vi el futuro de nuestra América. De acuerdo con mis intrincados cálculos, se desarrollaba en el año 2061, más de dos siglos después del Tratado de Guadalupe Hidalgo. Dividido el sueño en mitades inconexas, me encontré en sitios extraños, casi irreconocibles: uno que parecía ser Santa Bárbara, California; el otro, con un ambiente tropical, probablemente La Habana. Por razones inexplicables, durante todo el sueño sentía nostalgia de los feos paisajes metropolitanos de mi niñez mexicana, que pude evocar en una breve conversación con una mesera de la cafetería de la universidad.

En la primera ubicación de mi sueño, la arquitectura que se veía en último plano era ultramoderna, sin la menor insinuación de estilo barroco. Un reloj gigante pendía en lo alto de una torre de ladrillo. Estando yo sentado en una gloriosa playa cercana a una majestuosa institución académica, una fina dama de edad avanzada, que hablaba casi con soltura mi idioma natal, el español, con un acento que parecía ser árabe, se acercó a mí ofreciéndome una pera podrida, amarillenta. Cortésmente la rechacé. Ella me preguntó qué era lo que me había llevado hasta ese lugar. Respondí que había venido a investigar la vida y época de Oscar "Zeta" Acosta, un abogado militante de la generación hippie que fue amigo de Hunter S. Thompson y escribió un par de narraciones autobiográficas, incluyendo *The Revolt of the Cockroach People*. Sus escritos estaban en los archivos de la Universidad de California en Santa Bárbara. Ella sonrió y comenzó a dar a comer

pan seco a las gaviotas hambrientas. Me aseguró que ya no existía tal lugar. Había sido reubicado en la Costa Oriental, en algún
lugar de Nueva Inglaterra. Me reí, en parte porque me costaba
trabajo entenderle. Luego, ella hizo algunas reflexiones sobre
eventos históricos y comentarios sobre las revoluciones y los
cambios sociales graduales.

La dama me aseguró que, décadas después de haberse fir-
mado, en 1993, el North American Free Trade Agreement entre
los Estados Unidos, Canadá y México, también llamado Tratado
de Libre Comercio, la región ubicada al norte del Río Bravo,
conocido a la sazón como Río Tiguex (un nombre que se usó por
primera vez alrededor de 1540), había cambiado radicalmente.
Se había construido una carretera de alta velocidad entre Los
Angeles—la capital del mundo hispánico y la metrópoli con
mayor población de mexicanos: unos 78 millones—y Tenochtitlán, un nombre que había reemplazado al convencional de Ciudad de México. La miseria todavía se encontraba por doquier en
numerosas zonas rurales y ghetto urbanos, aun después de repe-
tidos intentos de los políticos para abolirla. De hecho, al final del
milenio anterior, México había padecido una sangrienta guerra
civil, encabezada por soldados indios de ascendencia maya descontentos, pertenecientes al Ejército Zapatista de Liberación
Nacional. La guerra civil había comenzado en el estado sureño
de Chiapas y se había extendido a toda la península de Yucatán y
a Veracruz. La desigualdad ya no se basaba en criterios raciales.
Los anglosajones blancos habían sido gradualmente apartados
de la sociedad, y ahora vivían marginados, inequívocamente
resentidos.

En mi sueño había surgido por supuesto una nueva cultura
global, con elementos latinos, franceses, portugueses y anglos
entreverados. Otras naciones, incluyendo Chile, Argentina y
Colombia, se habían incorporado al pacto comercial que originalmente se estableció en Norteamérica, y habían desaparecido

rápidamente las desvalidas fronteras diplomáticas que dividían a Norteamérica. No más doctrinas Monroe, no más políticas del buen vecino; los mundos anglosajón e hispánico se habían vuelto finalmente uno. Con la caída del comunismo en China, tuvo lugar un monumental ingreso de industriosos inmigrantes asiáticos que se estableció primero en Los Angeles, luego en Tenochtitlán y, finalmente, en Piedras Negras. Los hijos de matrimonios mixtos, parte asiáticos y parte hispánicos, habían aumentado considerablemente en número. Hasta para aquellos que constantemente rechazaban el cambio, la pureza étnica y cultural eran totalmente irrecuperables. *Caliban's Utopia: or, Barbarism Reconsidered*, un libro que hizo época, publicado en 2021 por el Dr. Alejandro Morales III, un teórico de la Universidad de Ciudad Juárez, aseveraba que había nacido una nueva raza: *la arroza de bronce*: la raza de bronce de la gente del arroz. Mi interlocutora árabe, refiriéndose al libro como "profético", explicó la tesis de Morales. Basado en el libro de José Vasconcelos de principios del siglo XX sobre la *raza cósmica*, una mezcla triunfante de raíces europeas y aztecas, el nuevo libro argumentaba que los hispanos asiáticos, como verdaderos superhumanos, habían sido llamados para gobernar el planeta entero. El autor basaba su argumento en la nueva función del Río Bravo (al que llamaba Río de Buenaventura del Norte): habiendo sido una vez una división artificial, se había convertido en "sólo otro Río Misisipí", un paisaje natural, una avenida comercial, un lugar turístico. Y, sin duda, en 2020, después de la Guerra de los Maniquíes entre Cuba y los Estados Unidos, todos los gobiernos de la región firmaron un arreglo que desmantelaba todas las fronteras norteamericanas, estableciendo una sola nación de naciones, híbrida, llamada simplemente el Nuevo Mundo.

La gente inicialmente pensó que las lenguas de Shakespeare y Cervantes compartirían el rango de "idioma oficial", pero tuvo lugar un extraño fenómeno: el *spanglish* se convirtió en una asombrosa fuerza lingüística. La televisión, el radio y los medios impresos pronto modificaron sus códigos de comunicación para adaptarse al nuevo dialecto, una especie de Yiddish: inglés con una ortografía fonética ibérica. Circulaba una enorme cantidad de lo que me sonaba como palabras no reconocidas.

Repentinamente, me vi transportado a la siguiente escena de mi sueño: la cafetería, todavía en Santa Bárbara. Había terminado de comer, y estaba sentado junto al fuego, releyendo un cuento de H. G. Wells (ya olvidé cuál). La mujer árabe estaba sentada junto a una mesera filipina que me recordaba a una mujer que conocí cuando yo tenía dieciocho años y a quien amé profundamente. Después de mucho parloteo que nuevamente me fue difícil entender, la mesera, por alguna razón misteriosa, mencionó el libro *Giant* de Edna Ferber, que se desarrollaba en Texas. Le dije que había estado recientemente recordando la escena del libro donde un puñado de mexicanos son denigrados en un bar. La conversación pasó a otro tema: mi amor y mi odio a México. También se refirió a *Caliban's Utopia*, de Morales, y me dio el ejemplar que casualmente llevaba en su bolsa. Cuando lo abrí, me di cuenta de que sus páginas estaban totalmente virginales: blancas.

Durante la mayor parte de la segunda mitad de mi sueño, vagué por las laberínticas calles históricas del centro de una capital caribeña. Para entonces, tenía yo veintiséis años de edad, y caminaba con la ayuda de un bastón. Curiosamente, a pesar del calor balsámico y templado, la noche anterior había caído una copiosa nevada. En un momento dado, encontré a Henrick Larsen, un hombre maduro que se ofreció para servirme de *lazarillo*, para guiarme. Su nombre se grabó en mi mente por su semejanza a un personaje del escritor uruguayo Juan Carlos Onetti. Dijo: "Los años, la Navidad y el 4 de julio ya no existen. No hay relojes ni calendarios. El Tiempo, con T mayúscula, ha cesado de contarse. Nuestra presencia es eterna". Mientras caminábamos, tuve la impresión de estar en un *set* cinematográfico. Los faroles de la calle estaban encendidos y los edificios se habían reproducido para dar la impresión de deterioro acumulado. Hasta un transeúnte o dos caminaban como si estuvieran tomados en posición fija por una cámara de cine en movimiento. Un paraíso turístico, pensé. Pronto me di cuenta de que estaba siendo testigo del futuro hispánico. La vista colonial que me rodeaba había sido congelada, inmovilizada para siempre, convertida en un museo magistral. Henrick Larsen y yo entramos en una imprenta, donde unos pocos hombres estaban ocupados haciendo grabados. Uno de los hombres, que tenía una gran barriga, se parecía a José Guadalupe Posada, el legendario caricaturista satírico del sur del Río Bravo durante la Revolución de 1910 de Pancho Villa y Emiliano Zapata. Me acerqué a él. Me dijo que su oficio era la preservación de la memoria colectiva mediante caricaturas. Tenía un acento típico del yiddish de Lituania y una finta habanera en sus frases. La mayor parte de sus palabras eran ininteligibles.

—Él es el genio silencioso, un hombre de virtuosidad olímpica—murmuró Larsen a mi oído.

—¿Qué?—pregunté. Apenas entendí su mensaje.

—Él alimenta el deseo y la determinación de registrar la historia colectiva, para probar que nuestro pasado está bien documentado, es ampliamente conocido, por lo menos dentro de círculos étnicos, y se administra como una tradición estimulante e inspiradora para las generaciones venideras.

Todavía me sentía intrigado. Sus frases tenían un tono borgesiano. ¿Había yo leído estas mismas palabras antes, en algún sitio?

—El último grano de arena en nuestro reloj nos ha traído un recordatorio. De una manera similar al modo en que se convoca a los fieles para orar en el Oriente, nosotros somos llamados a rendir cuentas de nuestra mayordomía. El problema del siglo XXI es el problema del mestizaje.

En ese momento desperté, intranquilo y perplejo, con la máxima de Nietzsche en mi mente: "Sólo el pasado– no el futuro ni el presente– es mentira" Lo que también cruzó por mi mente fue una escena no específica de la película *Blade Runner*, basada en una obsesiva novela de Philip K. Dick que versaba, como una vez escribió Kevin Star, sobre la fusión de las culturas individuales en un demoníaco poliglotismo ominosamente cargado de hostilidades no resueltas. Cuando abrí los ojos, conseguí ver, perdido en la penumbra, un ejemplar de *Caliban's Utopia*, en la mesa de noche. También pensé que sentía que las manecillas del reloj gigantesco de la torre de ladrillo de Santa Bárbara se movían detrás de mí.

LA

CONDICIÓN

HISPÁNICA

La vida en el limbo

TODO NIÑO, SIN IMPORTAR LUGAR Y ÉPOCA, EMPIEZA A
adquirir un sentido de unicidad en el momento en que descubre
sus propios límites. Pero este descubrimiento no es sólo el producto de su desarrollo personal sino también de la jerarquía de
valores sociales que empieza a formarse en su mente. Soy diferente a mis vecinos porque vivo en una casa más pequeña o más
grande, más vieja o más nueva. Soy distinto porque voy a otra
escuela, juego con otros juguetes, y así. En la medida que pasa el
tiempo, este sentido de unicidad se convierte en un patrón de
conducta que se ajusta a la dinámica de la sociedad en la que
vive el niño. No es sino hasta la adolescencia cuando la persona
se da cuenta que las diferencias que lo distinguen tienen su raíz
en la herencia cultural que lo define y que esa herencia le ofrece
una escala moral de lo que debe hacer y lo que no debe hacer.
Esta herencia es la que inserta al individuo en un marco social
más amplio: la persona no solamente forma parte de la familia,
el vecindario o la escuela sino que es miembro de una entidad

más abstracta que es más difícil de definir. Y en las sociedades como la norteamericana donde varias culturas cohabitan una con la otra, definiéndose a sí mismas a partir de su relación con la cultura dominante del país en general, esta herencia se convierte en un factor esencial que legitima al individuo.

En los Estados Unidos, la herencia cultural latina sólo hace poco ha sido considerada como aceptable y es bienvenida. Un niño mexicano del suroeste del país durante la Segunda Guerra Mundial creció con la impresión que el español y su herencia familiar no solamente era rechazada por el status quo nacional sino que era vista como primitiva e indeseable. Pero la atmósfera ha cambiado y de rechazo hemos pasado a la receptabilidad. Para ilustrar ese cambio quiero invocar la odisea del pintor mexicano Martín Ramírez. Habiendo nacido en Jalisco, México en 1885, él pasó la mayor parte de su vida en un manicomio de California, en un pabellón reservado a los pacientes incurables. Desde su muerte, acaecida en 1960, se ha vuelto un símbolo de la experiencia de los inmigrantes hispánicos, y actualmente se le considera un destacado artista con un lugar permanente en el mundo del arte visual chicano. Cuando era joven, Ramírez trabajó primero en el campo y luego en una lavandería; más tarde se empleó como ferrocarrilero inmigrante, mudándose al norte del Río Bravo en busca de una vida mejor y para escapar de los peligros de la violenta revuelta que asolaba su tierra natal. Perdió el habla alrededor de 1915, a la edad de 30 años, y vagó durante muchos años hasta que la policía de Los Angeles lo recogió y lo envió a Pershing Square, un albergue para personas sin hogar. Los médicos dictaminaron que era un "esquizofrénico paranoide deteriorado" y lo enviaron al hospital Dewitt. Ramírez nunca recuperó el habla. Pero en 1995, unos quince años antes de morir, comenzó a dibujar. Tuvo la fortuna de ser descubierto por un psiquiatra, el Dr. Tarmo Pasto, de la Universidad de California en Sacramento, quien, según cuenta la leyenda, un día estaba de visita en el hospital con unos alumnos suyos cuando Ramírez se le acercó y le ofreció un manojo de pinturas enrolladas. El Dr. Pasto se impresionó tanto con la obra de Ramírez que tomó providencias para que al artista no le faltaran materiales de dibujo. Poco después, Pasto empezó a coleccionar la obra de Ramírez y a mostrarla a varios pintores, entre ellos Jim Nutt, quien organizó una exposición de las pinturas de Ramírez con un comerciante de arte de Sacramento. Pronto siguieron otras exposiciones—en Nueva York, Chicago, Suecia, Dinamarca y Houston, entre otros lugares—y Ramírez, perfectamente extranjero, fue una deslumbrante revelación en la exposición "extranjeros" en la Galería Hayward de Londres.

En un polémico texto escrito en junio de 1986 para conmemorar la exposición "Arte Hispánico en los Estados Unidos: Treinta pintores y escultores contemporáneos", en la Galería Corcoran de Washington, Octavio Paz aseveró que los dibujos en lápiz y crayón de Ramírez son evocaciones de lo que Ramírez vivió y soñó durante la Revolución Mexicana y después de ella. Paz comparó al artista con Richard Dadd, un pintor del siglo XIX que perdió la razón al final de su vida. Como lo dice Carlos Fuentes, el pintor mudo dibujaba su mudez, haciéndola gráfica. Y Roger Cardinal, el autor británico de *Figures of Reality*, afirmaba que los logros del artista no deben minimizarse como divagación psicótica, y lo clasificaba como "pintor *naïf*". Para dar una explicación racional a la odisea de Ramírez, el Dr. Pasto llegó a la conclusión de que los trastornos psicológicos de Ramírez fueron consecuencia del difícil proceso de adaptación a una cultura extranjera. Ramírez había salido de México en una época turbulenta y alborotada, y había llegado a un lugar donde todo le era desconocido y extraño.

El conflicto de Ramírez es una muestra representativa de lo que experimenta la cultura hispánica en los Estados Unidos. Ramírez, que no es ni un mexicano diluido perdido en una tierra de nadie ni un ciudadano cabal, simboliza el viaje de millones de callados braceros itinerantes y el de inmigrantes legales desconcertados por su repentina movilidad, tratando frenéticamente de entender un ambiente absolutamente diferente. Pero los hispánicos están ahora abandonando su frustrado silencio. La sociedad empieza a acoger a los latinos, que se han transformado de rechazados en iniciadores de modas, de proscritos en negociantes bien informados. Las nuevas generaciones de hispanohablantes se sienten como en su casa en Gringolandia. (De acuerdo con el *Diccionario Webster*, la palabra *gringo* se deriva de *griego*, una de cuyas acepciones en español es "extranjero"; pero pudo haberse derivado de la pronunciación española del vulgarismo *green-go*, que significa "despilfarrado". Tal explicación es similar a la que ofrece María Moliner para los lectores de habla hispana y a la del *Diccionario de la Real Academia*, que avisa: "*gringo, ga* [de etim.disc.] adj. fam. Extranjero, especialmente de habla inglesa, y en general todo el que habla una lengua que no sea la española". Asevera: de "lenguaje ininteligible" y añade, "persona rubia y de tez blanca".). Súbitamente, la encrucijada donde se encuentran el blanco y el moreno, donde el "yo soy" encuentra al "I am", la vida en el limbo del *spanglish*, se está transformando. Muchos de nosotros, los latinos, ya tenemos un aspecto yanqui, ya sea porque hagamos un esfuerzo consciente por parecer gringos, o simplemente porque nos absorben su moda y sus costumbres. Y lo que es más asombroso es que los anglos están comenzando a parecerse a nosotros, enamorados como están de nuestro colorido y ritmos tropicales, de nuestra doliente Frida Kahlo, de nuestro legendario Ernesto "Ché" Guevara. El silencio de Martín Ramírez está dando paso a una revalorización de lo hispánico. Ya no hay silencio ni aislamiento. Los acentos hispánicos, nuestra manera peculiar de ser, han surgido como algo exótico, de moda, e incluso envidiable e influyente en la cultura americana predominante.

Sin embargo, así como se necesitaron décadas para entender y apreciar el arte de Ramírez, se necesitarán años para entender las consecuencias multifacéticas y de largo alcance de esta transformación cultural: la marcha de los hispánicos de la periferia al escenario central. Yo creo que actualmente somos testigos de un fenómeno de dos facetas: la hispanización de los Estados Unidos y la anglicización de los hispánicos. Los aventureros del limbo, los exploradores de El Dorado, nosotros los hispánicos nos hemos infiltrado deliberadamente y con cautela entre el enemigo, y ahora nos llamamos latinos en los territorios al norte del Río Bravo. Al demorar nuestra plena adaptación, nuestro objetivo es asimilar a los anglos lentamente a nosotros. Sin duda, ha surgido un concepto refrescantemente moderno ante los ojos americanos: vivir en el limbo*, vivir en el margen, existir dentro de la expresión dominicano-americana "entre Lucas y Juan Mejía"† y en ninguna parte se discute este concepto en forma más abierta, más históricamente ilustrativa, que entre los hispánicos. El Sueño Americano no nos ha abierto todavía sus brazos por completo; el crisol de fundición es aún demasiado frío, demasiado poco atrayente para que ocurra una fusión total. Aunque el carácter colectivo de los que emigran del archipiélago caribeño y del sur de la frontera siga siendo extranjero para un gran segmento de la heterogénea nación, como "nativos extraños" dentro del suelo anglosajón, nuestro impacto prevalecerá más temprano que tarde. Aunque los estereotipos sigan siendo lugar común y los vicios se confundan fácilmente con los hábitos, varios factores, desde el crecimiento poblacional hasta la

---

*El autor usa la expresión "hyphen"(guión), que proviene del modismo "hyphenated American"= americano con guión, refiriéndose a los afroamericanos, mexicano-americanos, coreano-americanos, etc. N. del T.
†Equivalente a la expresión "ni chicha ni limonada".-N. del T.

adquisición tardía de un segundo idioma y la apasionada remembranza de nuestra cultura original, realmente parecen indicar que los hispánicos en los Estados Unidos no seguirán, no quieren, no pueden ni deben seguir las rutas que abrieron los inmigrantes anteriores.

Según varias leyendas chicanas relatadas por el erudito Gutierre Tibón, Aztlan Aztlatlan, la región arquetípica donde tuvieron su origen los aztecas, que hablaban el náhuatl, antes de su peregrinar del siglo XIV en busca de una tierra donde establecerse, estaba en algún lugar de la zona que ahora ocupan Nuevo México, California, Nevada, Utah, Arizona, Colorado, Wyoming, Texas y los Estados Mexicanos de Durango y Nayarit, bastante lejos de Tenochtitlán, hoy conocida como Ciudad de México. Habiendo sido una tribu nómada, los aztecas se establecieron y se volvieron poderosos, subyugando a los huastecos del norte y a los mixtecos y zapotecas del sur, logrando una civilización mezclada. Los latinos que tienen este abolengo mixto, por lo menos seis de cada diez en los Estados Unidos, creen tener derechos ancestrales a la posesión de la tierra que queda al norte de la frontera. Como los indios de los Estados Unidos, estábamos en estas tierras antes que llegaran los peregrinos del *Mayflower*, y es fácil entender que conservamos un apego telúrico a esta tierra. Nuestra vuelta a la perdida Canaán, la tierra prometida que mana leche y miel, en oleadas sucesivas de inmigración como espaldas mojadas y como empresarios de ingreso medio, debe mirarse como el cierre de un ciclo histórico. Irónicamente, la venganza de Motecuhzoma II (en español moderno, *Moctezuma*; en su deformación inglesa, *Montezuma*) tiene diferentes significados en inglés y español. Para los anglos, se refiere a la diarrea que sufre un turista después de tomar agua no purificada o de comer chile y arroz con pollo en América Latina y las Antillas; para los hispánicos, describe el calmado proceso de penetración y de influencia en los Estados Unidos, la reconquista, la derrota final del opresor. Víctimas de antaño y conquistadores del mañana, nosotros los hispánicos, cansados de una historia llena de traumas e interrupciones antidemocráticas, hemos decidido recobrar lo que se nos quitó.

No hay duda de que el intento de presentar a los latinos como una minoría homogénea o como un grupo étnico es relativamente reciente. Dentro de las diversas minorías, siempre ha habido fuerzas que han destrozado a los unionistas. Como escribe Bernardo Vega, un activista social puertorriqueño, en Nueva York, en sus memorias de la década del cuarenta:

Cuando llegué (a Nueva York) en 1916, había poco interés en la cultura hispánica para el ciudadano promedio, España era un país de toreros y bailadores de flamenco. Por lo que respecta a América Latina, a nadie le importaba. Y Cuba y Puerto Rico eran solamente dos islas habitadas por salvajes a quienes los americanos habían salvado benévolamente de las garras del león ibérico. De vez en cuando, alguna compañía teatral española aparecía en escena en Nueva York. Su público nunca fue mayor que el pequeño racimo de españoles y latinoamericanos, junto con algunos profesores universitarios suficientemente locos para aprender español. ¡Eso era todo!

El constante crecimiento de la comunidad puertorriqueña dio origen a disturbios, controversias y odio. Pero hay un hecho que destaca: en una época en la que no éramos más de medio millón, nuestro impacto en la vida cultural en los Estados Unidos fue mucho más fuerte que el de los cuatro millones de mexicano-americanos, y la razón es clara: aunque ellos compartían con nosotros los mismos orígenes culturales, la gente de extracción mexicana, ocupada—como estaba—en labores agrícolas, se dispersó por todo el sureste de los Estados Unidos. Los puertorriqueños, en cambio, se asentaron en los grandes centros urbanos, especialmente en Nueva York donde, a pesar de todo, las circunstancias eran más propicias para la interacción y el enriquecimiento culturales, lo quisiéramos o no.

Hasta principios de la década del ochenta, a los mexicanos, puertorriqueños, cubanos, centroamericanos y sudamericanos, e incluso españoles, se les consideraba en los Estados Unidos como unidades independientes, nunca como parte de un todo unificado. Si se define la cultura como el tejido de la vida de una comunidad, la manera de reaccionar de sus miembros en un contexto social, entonces la cultura latina en los Estados Unidos consta de muchas culturas, tantas como grupos nacionales de América Latina y del Caribe, lingüísticamente ligados, bajo la figura paternal de Antonio de Nebrija, el primer gramático de la lengua española. En el año 2000 los hispánicos eran ya más de 35.3 millones, número que incluía únicamente a la población ducumentada. Si se añaden a los indocumentados, la minoría era ya la más grande, rebasando a su contraparte africana. Dentro de muy poco, uno de cada cuatro estadounidenses podrá rastrear sus ancestros al mundo hispánico. Antes nuestras luchas políticas y nuestro comportamiento social se consideraban frecuentemente asociados, en la opinión del Congreso y las dependencias gubernamentales, con la imagen de un ser monstruoso, rudimentario, informe, inconstante, cuyo metabolismo era difícil de definir. Se analizaba la asimilación de acuerdo con nuestras nacionalidades independientes: Por ejemplo, muchos cubanos que llegaron al país después de la revolución comunista de 1959 y antes del éxodo del Mariel en 1980, eran personas educadas, de las clases media y alta; en consecuencia, su adaptación tuvo un ritmo diferente que en el caso de los puertorriqueños, quienes eran principalmente jíbaros de las áreas rurales vecinas de San Juan y otras regiones de su natal isla antillana, que llegaron a los Estados Unidos sin saber leer y sin un centavo. Aunque no todos los cubanos eran acaudalados ni todos los puertorriqueños miserables, muchos pensaron que era necesario tratar a los dos subgrupos en forma separada y como unidades autónomas. La situación, sin duda, ha cambiado. En la actualidad, los investigadores ya prefieren utilizar un enfoque más o menos uniforme para con las varias partes que forman el todo hispánico, considerándolas como piezas interdependientes de una maquinaria compleja y autocontenida. Se ve a los latinos como un conjunto de fuerzas en estrecho contacto con sus hermanos hispánicos del sur de la frontera.

Juan Gómez-Quiñones, el decano de la historia chicana, ha influido notablemente en la discusión sobre la forma en que los hispánicos se han asimilado. Escribió en 1977 su ensayo fundacional sobre la etnicidad y la resistencia con el título "On Culture", que vio la luz en la *Revista Chicano-Riqueña*, así como estudios sobre la política chicana y la política radical del anarquista y anticlerical mexicano Ricardo Flores Magón. Esta discusión se ha centrado durante décadas en lo que los teóricos llaman "asimilación negativa". Los antropólogos, sociólogos e historiadores creían que los inmigrantes de países de habla española estaban decididos a conservar sus raíces ancestrales contra viento y marea; su existencia diaria en un medio extraño y agresivo provocaba una cadena dolorosa de actos agresivos contra la dominación anglosajona. De acuerdo con esta visión los mexicanos del sector de East Los Angeles, los puertorriqueños de El Barrio, en el Upper Manhattan, o los cubanos de Key West y la Pequeña Habana de Miami, estaban empeñados de forma callada pero enérgica en una batalla contra los valores impuestos por el ambiente. Se veía al anglo, siempre el enemigo, como colonizador y esclavista, un concepto compartido por muchos al sur del Río Bravo desde el tiempo de la guerra hispano-americana.

A finales de los sesenta, se inicia una era de confrontación, valiente y politizada. El movimiento chicano dirigido por César Chávez y por el intelectual Rodolfo "Corky" González (este último estrechamente vinculado a la guerra de Vietnam y la era de los derechos civiles), constituyó el ápice de dicha contienda social. El término *chicano* encarnaba el esfuerzo para acabar con las lamentables condiciones que prevalecían en las comunidades chicanas durante el período de postguerra. Al activismo de los chicanos se unieron los revolucionarios nacionalistas puertorriqueños, que formaron organizaciones como los *Young Lords*, que peleaban por la independencia y autodeterminación de Puerto Rico, por la igualdad de las mujeres, el fin del racismo y mejor educación en las culturas afro-indias y españolas. Oponerse, afirmar la propia tradición colectiva, permanecer leal a la cultura del inmigrante se consideraban actitudes esenciales y coherentes con la naturaleza latina al norte del Río Bravo. Tales actitudes con frecuencia incluían insinuaciones apocalípticas. Refiriéndose a la estética de la resistencia, Gómez-Quiñones escribió una vez: "Deben romperse las formas y el ethos de un arte: el arte de la dominación; debe rescatarse y ponerse al día otro arte: el arte de la resistencia. Es un arte que no tiene miedo de amar ni de jugar, debido a su sentido de la historia y del futuro. Anula la explotación de muchos por pocos, el arte como la expresión de la degeneración de valores para los pocos, la corrupción de la vida humana, la destrucción del mundo. En ese momento, el arte está en el umbral de entrada a la dimensión de la política".

Los intérpretes de fines del siglo XX, encabezados por feministas como Gloria Anzaldúa y Cherríe Moraga, cuya obra se dedica a analizar "la visión mestiza del mundo" (el término *mestizo*, del latín *miscêre*, mezclar, se aplica a personas de ascendencia combinada europea e indígena americana), están dedicados a ofrecer un marco de discusión totalmente diferente. Sugieren que los latinos, que viven en un universo de contradicciones culturales y realidades fragmentarias, han dejado de ser beligerantes a la manera típica de serlo durante la década del *antiestablishment*. No es que haya desaparecido el combate o dejado de ser apremiante; simplemente ha tomado un nuevo sesgo. La lucha ya no es de fuera hacia dentro, sino de adentro hacia fuera. Nosotros los latinos de los Estados Unidos hemos decidido adoptar conscientemente como rúbrica cultural una identidad ambigua y laberíntica, y lo que resulta irónico es que por la necesidad de reinventar nuestra propia imagen, parece que disfrutamos plenamente nuestras transacciones culturales con el entorno anglo, por heterogéneas que sean. La resistencia al entorno de habla inglesa se ha visto reemplazada por los conceptos de transcreación y transculturación: Existir en constante confusión, ser un híbrido, en constante cambio, eternamente dividido, a la manera del Dr. Jekyll y Mr. Hyde: un poquito como los anglos y un poquito no. No sorprende que tal caracterización coincida con la manera en que describen a los hispánicos los intelectuales de América Latina. Mal que bien, Octavio Paz y Julio Cortázar propusieron en una ocasión al *axólotl*, especie de anfibio con aspecto de lagartija, con piel porosa y cuatro patas que a menudo son débiles o rudimentarias, como símbolo *ad hoc* de la psiquis hispánica, siempre en profunda mutación, no la creatura mítica capaz de resistir el fuego, sino un eterno mutante. Y esta metáfora, obviamente, encaja con perfección en lo que se puede llamar "el nuevo latino"—*the New Latino*: Una imagen colectiva cuyo reflejo se construye como la suma de sus partes, en una metamorfosis irrestricta y dinámica, un espíritu de "inculturación" y perpetua traducción (lingüística y espiritual), una densa identidad popular que adquiere la forma de una de aquellas esferas perfectas imaginadas por Blaise Pascal: con su diámetro en todas partes y su centro en ninguna. Todos hemos de volvernos latinos *agringados* y/o *gringos hispanizados*; jamás seremos dueños de una individualidad colectiva pura y cristalina, porque

somos el producto de una fiesta de mestizaje que ha durado qui-
nientos años y que comenzó con nuestro primer encuentro con
el gringo en 1492. Lo que se aclama en la actual era multicultural
es una vida felizmente perdida y encontrada en el *spanglish*, lo
que Rolando Hinojosa-Smith, el escritor y catedrático chicano,
autor de la serie de relatos faulknerianos sobre Klail City, llama
el *caló pachuco*: un viaje redondo entre un territorio lingüístico y
cultural y otro, un perpetuo regateo. La educación bilingüe, que
comenzó en Florida en 1960 en respuesta a la solicitud de los
cubanos que deseaban que se permitiera a sus hijos usar el español en las escuelas públicas, ha reforzado entre los latinos la
importancia de nuestra primera lengua. La lengua de los poetas
de la Edad de Oro en España, Góngora, Lope de Vega y Quevedo,
en vez de desvanecerse, permanece viva y cambiante, y constituye una protagonista crucial en nuestra identidad bifocal. Está
de moda ahora el guión como un interludio aceptable. La gente
de los barrios del suroeste bromea diciendo que el monolingualismo es curable. Una de las mejores descripciones que conozco
de la asimilación de los latinos en el crisol de fundición se
encuentra en la película de Tom Shlame para televisión *Mambo
Mouth*, que data de 1991, en donde el actor John Leguizamo
(autor también de la obra de teatro original) hace el papel de un
ejecutivo japonés que trata de enseñar a los latinos el arte de la
"transposición étnica". Afirma que en las empresas de Estados
Unidos no hay lugar para los *"spiks"*, y por lo tanto ha elaborado
un método con cuya ayuda los latinos pueden parecer y volverse
orientales. Siguiendo la tradición de la comedia satírica, Leguizamo caricaturiza los distintivos hispánicos: sus maneras de
comer y vestir, de hablar y caminar, etc. Al continuar su monólogo, nos damos cuenta de que el ejecutivo japonés mismo había
sido latino, y que de vez en cuando añora el sabor hispano de su
pasado. Lentamente, como en las digresiones dramáticas de
Chejov (de hecho, la obra de Leguizamo se parece notablemente

al monólogo tragicómico de Chejov, "Del daño que causa el tabaco"), el personaje pierde su integridad; mientras habla, sus pies repentinamente se alocan y empiezan a bailar un movido ritmo de salsa. Evidentemente, el método de la "transposición étnica" fracasó: adonde quiera que vayamos, los latinos siempre llevaremos con nosotros ese yo idiosincrático nuestro, del todo insolayable.

Incluso antes de la publicación de la deslumbrante novela de Oscar Hijuelos *The Mambo King Plays Songs of Love*, publicada en 1989, que lo hizo acreedor al Premio Pulitzer, ya inundaba el país una explosión de artes latinas. Jóvenes y viejos, muertos y vivos—desde William Carlos Williams hasta Joan Baez y Tito Rodríguez, desde Gloria Estefan hasta Celia Cruz—novelistas, poetas, cineastas, pintores, y músicos de salsa, merengue, plena, rumba, mambo y cumbia se están revalorando y se ha felizmente promovido un enfoque diferente sobre el metabolismo latino. El concepto de asimilación negativa ha cedido su lugar a la idea de una guerra cultural en la que los latinos son los soldados en la batalla para cambiar a los Estados Unidos desde dentro, para reinventar su núcleo interno. Piénsese por ejemplo en la fiebre que rodea al realismo mágico de América Latina, lo que el musicólogo y novelista cubano Alejo Carpentier llamó *lo real maravilloso* después de un viaje a Haití en 1943, y lo que se ha usado para describir, torpemente, el imaginario pueblo costero de Gabriel García Márquez, con su lluvia de mariposas y epidemia de insomnio. Increíblemente comercial, el realismo mágico explotó los trópicos–en gran parte olvidados en el escenario artístico internacional, fuera de la curiosidad surrealista sobre el primitivismo, hasta después de la segunda guerra mundial–, como una geografía intrínseca, llena de paisajes pintorescos, una *banana republic* de proporciones magistrales con truculentos militares que torturaban a heroicos rebeldes. La obsesión de los extranjeros con tales imágenes transformó rápidamente la región en una enorme tarjeta postal. Un escenario ramplón, donde todo mundo era soñador, prostituta o funcionario corrupto. Después del abuso intenso y la comercialización masiva de esta imagen en la que Evita Perón era primero Patti LuPone y luego Madonna cantando las melodías pegajosas de Andrew Lloyd Webber, la imagen ha perdido finalmente su magnetismo, eclipsada por el enfoque en otra escena: los *nightclubs* de barrio y de zonas urbanas de población extranjera. Ya no se necesita viajar a Buenos Aires o Bogotá para sentir el ritmo latino. Miami, que una vez fue refugio de jubilados donde ahora, según afirman Joan Didion y David Rieff, la latinización ya es un hecho y donde, según aseveran los medios xenofóbicos, los "extranjeros", especialmente cubanos y brasileños, han tomado el poder. Es la ciudad fronteriza por excelencia: ha adoptado a 300,000 refugiados de América Latina que parecen haber llegado para vengarse; la regla es el bilingualismo; se ejerce poca presión para adquirir la ciudadanía de Estados Unidos; los turistas son asediados y amenazados, y han huido los descontentos anglos; y se derraman enormes inversiones de empresarios acaudalados de Venezuela y Argentina entre otros.

Aunque algunos tercamente insisten en pensar que el llamado tercer mundo comienza y termina en Ciudad Juárez y Matamoros, las ciudades fronterizas al sur del Río Bravo, el hecho es que Los Angeles, visitada primero por los españoles en 1769 y fundada como ciudad pocos años después, es la segunda capital de México, una ciudad con más mexicanos que Guadalajara y Monterrey juntos. Y la ciudad de Nueva York, originalmente un asentamiento holandés llamado Nueva Amsterdam, se ha vuelto una enorme sartén donde, desde los setenta la identidad puertorriqueña se ha convertido activamente en "nuyorriqueñidad", una singular mezcla de puertorriqueñidad y neoyorquinidad, y donde otros numerosos grupos latinos han proliferado desde la década del ochenta. ¡Bienvenido a casa, gringo!. Los *tristes tropiques* de Claude Lévi-Strauss se han mudado: los hispánicos están ahora al fondo del escenario, mientras los latinos ocupan el centro.

En calidad y cantidad, está surgiendo un espíritu colectivo diferente sazonado con sabores del sur de la frontera. La nueva agenda ideológica latina está personificada en la abundante prosa de Sandra Cisneros, y comercializada en la curiosidad mercantil al estilo Madonna, en la esfera anglo, hacia los músicos veteranos Tito Puente y Dámaso Pérez Prado. Nuevamente, el objetivo es utilizar los medios masivos de comunicación—las herramientas del enemigo—para infiltrarse en el sistema y promover una revalorización de lo hispánico. Para los hispánicos, la cultura anglosajona, sin lugar a dudas tiene mucho del villano del relato, pero la actitud se ha vuelto más condescendiente, y hasta justificante. Como dice Tito Laviera en su poema *AmeRícan*, del cual copio dos fragmentos:

Parimos una nueva generación,
Amerriqueña, más grande que el oro perdido,
nunca tocado, oculto en las
montañas puertorriqueñas.

Parimos una nueva generación,
Amerriqueña, incluye todo
lo imaginable: una sociedad
donde lo que usted guste lo tenemos.

Parimos una nueva generación,
Amerriqueña, que saluda a todos los floklores,
europeo, indio, negro, español,
y cualquier otra cosa compatible

. . . .

¡Amerriqueña, que define a la nueva América, humana
américa, admirada américa, amada
américa, armoniosa américa,
el mundo en paz, nuestras energías

invertidas colectivamente para hallar otras
civilizaciones, para tocar a Dios, más
y más, para vivir en el espíritu de
la divinidad!

Amerriqueño, sí, por ahora, porque amo esta
mi segunda tierra y sueño con tener
el acento del altercado, y
sentirme orgulloso de llamarme americano,
en el sentido de los u.s.,
¡Amerriqueña, América!

El entendimiento que tenemos del evasivo concepto de zona
fronteriza—una "tierra de nunca jamás" cerca del borde y de la
desigual orilla que llamamos frontera, una zona adyacente
incierta, indeterminada, que todo mundo puede reconocer y
que, más que nunca, muchos llaman "nuestra casa"—se ha adap-
tado, reformulado y reconsiderado. Las identidades con guión se
han vuelto naturales en una sociedad multiétnica. A final de
cuentas, la democracia, que Felipe Alfau llama la tiranía de
muchos, pide una constante revalorización de la historia y la
sociabilidad de la nación. Con todo, una frontera ya no es solamente un lindero internacionalmente definido y globalmente
aceptado, la línea divisoria entre dos o más naciones; es, primero
y ante todo, un estado mental, un abismo, una alucinación cultural, una invención. Los latinos, como habitantes de esa frontera,
inmersos en el banquete multicultural, ya no pueden darse el

lujo de vivir calladamente en los márgenes, como parásitos de un pasado que ya no existe.

Para el inmigrante recién llegado de hoy, la *patria*, lo que los inmigrantes de habla yiddish antaño llamaban *der alter heim*, es como Tato Laviera dice, "lo que uno haga de los Estados Unidos de hoy". La animosidad y el resentimiento se ponen a un lado, el pasado semienterrado se deja atrás, y el presente afianza. Nuestra generación está triunfalmente lista para reflejarse en su proceso de asimilación, inmediato y de largo alcance, y esto inevitablemente conduce a una trayectoria dividida. Sin duda, divididos estamos, y sin ningún sentimiento de culpa. Gringo-landia es después de todo nuestro hogar, a un tiempo ambiva-lente y esquizofrénico. Reconsideramos el viaje, vemos en retrospectiva y nos preguntamos: ¿Quiénes somos? ¿De dónde venimos? ¿Qué hemos logrado? En general, el híbrido que resulta de la mezcla del inglés con el español, de la tierra del ocio y la tecnología futurista con el Tercer Mundo, ha dejado de ser una utopía escurridiza. América Latina ha invadido a los Estados Unidos e invertido el proceso de colonización puesto de relieve en el tratado de Guadalupe Hidalgo y en la guerra hispanoameri-cana. Repentinamente, y sin mucho aspaviento, el Primer Mundo se ha vuelto un conglomerado de turistas, refugiados y tránsfugas de lo que Waldo Frank llamó una vez *la América his-pana, una sopa de razas e identidades*, en la que se menosprecia a los plenamente adaptados y felizmente funcionales.

Esta metamorfosis incluye muchas pérdidas, por supuesto, para todos nosotros, desde los residentes extranjeros hasta los que han alcanzado la plena ciudadanía: la pérdida del idioma; la pérdida de identidad; la pérdida de autoestima; y, más impor-tante, la pérdida de tradiciones. Algunos se rezagan en el camino, mientras otros olvidan el sabor del hogar. Pero menos es más, y la confusión se está volviendo iluminación. En esta nación

de imaginación y abundancia, donde se alienta a los recién llegados a reinventar su pasado, la pérdida rápidamente se convierte
en una riqueza. La desaparición de una identidad colectiva—los
hispánicos eternamente oprimidos—implica necesariamente la
creación de un yo reconfortantemente diferente. La confusión,
una vez *reciclada*, se vuelve efusión y reforma. Guillermo
Gómez-Peña ha verbalizado este tipo de mescolanza cultural,
esta retorcida suma de partes que constituye la actual condición
hispánica: "Soy hijo de la crisis y del sincretismo cultural", alegaba, "medio *hippie* y medio *punk*".

Mi generación creció viendo películas de vaqueros y cien-
cia-ficción, escuchando cumbias y tonadas de *moody
blues*, construyendo altares y filmando en Super-8, leyendo
el *Corno Emplumado* y el *Artforum*, viajando a Tepoztlán
y San Francisco, creando y descreando mitos. Fuimos a
Cuba en busca de iluminación política, a España a visitar
a la abuela loca, y a Estados Unidos en busca del Paraíso
instantáneo músico-sexual. No encontramos nada.
Nuestros sueños terminaron atrapados en las telarañas
de la frontera.

Nuestra generación pertenece a la población flotante
más grande del mundo: los viajeros cansados, los despla-
zados, los que salimos porque ya no encajábamos, los que
aún no hemos llegado porque no sabemos adonde llegar,
o porque ya no podemos regresar.

Nuestro más profundo sentimiento generacional es el
de pérdida, provocado por nuestra partida. Nuestra pérdida es total y se da a niveles múltiples.

Pérdida de la tierra y del yo. Al acomodarnos al Sueño Americano, al forzar a los Estados Unidos a reconocernos como parte
de su útero, nos estamos transformando nosotros mismos den-

tro de El Dorado y, simultáneamente, revalorizando la cultura y
el entorno que dejamos atrás. Desde la abolición de la esclavitud
y las oleadas de inmigración judía de la Europa Oriental, ningún
grupo había sido tan capaz de voltear a todo el mundo de cabeza.
Si, como en una ocasión dijo W. E. B. Du Bois, se consideraba
que el problema del siglo veinte era el de la línea de color, los pró-
ximos cien años tendrán como *leitmotif* y tema de disensión la
inculturación y el mestizaje. El multiculturalismo tarde o temprano se desvanecerá junto con la necesidad de que los latinos
habiten en el limbo y existan en constante contradicción como
eternos axolotles. Para entonces, los Estados Unidos serán un
país radicalmente diferente. Mientras tanto, estamos experimentando un renacimiento y la pasamos muy bien al decidir ser
indecisos.

   ¿Cómo podremos entender el limbo, el encuentro entre anglos e hispánicos, la mezcla de Thomas Jefferson y Simón Bolívar? ¿Se ha analizado adecuadamente el impacto cultural de los
inmigrantes del sur de la frontera sobre un país que se enorgu-
llece de su linaje eurocéntrico y que constantemente trata de
minimizar y hasta ocultar su pasado español y portugués?
¿Dónde se puede empezar a explorar el híbrido latino y sus
múltiples ligas con lo que el dominicano Pedro Henríquez
Ureña llamaba "la América *hispánica*," celebrando así "el pánico
nuestro de cada día"? ¿Hasta qué punto se refleja en nuestro arte
y nuestras letras la batalla interior de los latinos entre dos visiones conflictivas del mundo, una obsesionada por la inmediata
satisfacción y el triunfo, y la otra traumatizada por un pasado
doloroso y no resuelto? ¿Deben tratarse la oposición al movimiento *English Only*, el activismo chicano, la política de los exiliados cubanos y el dilema existencial *nuyorriqueño* como
manifestaciones de una psiquis colectiva más o menos homogénea? ¿Son nuestros hermanos los brasileños, jamaiquinos y haitianos, ninguno de los cuales habla español? ¿Es posible Oscar

Hijuelos sin José Lezama Lima y sin Guillermo Cabrera Infante?
¿O es solamente hijo de Donald Barthelme y Susan Sontag? ¿Que
tiene él en común, como cubano-americano, con la chicana Sandra Cisneros y con la novelista dominicano-americana Julia
Álvarez, autora de *How the García Girls Lost Their Accents* y *In
the Time of the Butterflies*, que no sea un amorfo y evasivo origen
étnico? ¿Hay algún parentesco ideológico entre César Chávez y
el anarquista mexicano del siglo XX Ricardo Flores Magón?
Edward Rivera, autor de las memorias *Family Installments*, escri-
tor en lengua inglesa y profesor del City College de Nueva York,
¿está de algún modo relacionado con Eugenio María de Hostos,
René Marqués y José Luis González, los pilares literarios de Puerto
Rico en el siglo veinte? El escritor mexicano-americano Rudolfo
A. Anaya, autor de *Bless Me, Ultima y Zia Summer*, ¿es sucesor de
Juan Rulfo y William Faulkner? ¿Debería considerarse a Richard
Rodríguez como el resultado de un matrimonio mixto entre
Alfonso Reyes y John Stuart Mill? Arthur Alfonso Schomburg–a
quien se ha llamado el Sherlock Holmes de la historia negra, cuya
colección de libros sobre el legado afro-americano constituye el
núcleo del actual Centro Shomburg para la Investigación sobre
la Cultura Negra de la Biblioteca Pública de Nueva York– ¿es
nuestro precursor, a pesar de su desencanto respecto a su puertorriqueñidad? ¿Cómo perciben los latinos el curioso vínculo
entre el reloj y el crucifijo? ¿existe en realidad la hora latina?
¿Hay una rama en inglés de la literatura salvadoreña? ¿Cuál es la
singularidad de los homosexuales latinos? ¿Qué papel juegan
la televisión y los medios impresos en español en la formación de
la nueva identidad latina?

   Estas son preguntas apremiantes que necesitan respuestas
amplias que justificarían muchos libros independientes. Mi
objetivo para las siguientes páginas es establecer lo que juzgo
como un marco intelectual conveniente para comenzar a discutir estas cuestiones. Me referiré por lo tanto a las tensiones que

existen dentro del grupo minoritario, nuestras diferencias y similitudes, así como el papel que desempeña la cultura popular y elitista dentro de la comunidad y más allá de ella. Debo advertir que mi tratamiento no será cronológico. A final de cuentas, ésta no es una historia de los hispánicos en los Estados Unidos, sino un conjunto de reflexiones sobre nuestra cultura pluralista en este *fin de siécle*, vista desde la perspectiva de un mexicano que se fue, que mira al mundo de "el otro lado". Yuxtaponiendo, cuando sea pertinente, algunos datos biográficos para ilustrar al lector poco informado, comentaré sobre política, raza, sexo, y el terreno espiritual que me rodea a diario en el ámbito anglosajón; hablaré de estereotipos en la cultura norteamericana y consideraré la influencia de un puñado de escritores, artistas pictóricos, músicos folklóricos y luminarias de la comunicación, en la cultura de los Estados Unidos. Titulé el libro *La condición hispánica* porque estoy ansioso de señalar los múltiples vínculos entre los latinos y sus hermanos del sur del Río Bravo, como un viaje del español al inglés, la odisea rumbo al norte del omnipresente bracero, el inmigrante jíbaro y el asilado cubano. Al estilo de los intentos vitalicios de Zora Neale Hurston, Arthur Alfonso Schomburg, y los artistas y eruditos negros durante el Renacimiento de Harlem en la década de 1930, que lucharon por refutar de una vez por todas la difundida falsedad de que "los negros no tienen historia", mi esperanza es demostrar que nosotros los latinos tenemos una abundancia de historia, unidas a una raíz común pero con tradiciones definitivamente diferentes. A cada momento, estas historias ancestrales determinan quiénes somos y lo que pensamos.

Estoy seguro que ya se puede percibir que mi interés personal no radica en las dimensiones meramente políticas, demográficas o sociológicas, sino más bien en los legados intelectuales y artísticos hispánicos-americanos y latinos. Más que los acontecimientos concretos, me atraen las obras de ficción y arte visual,

y la historiografía como cuna de herramientas culturales. Las
diferencias idiosincráticas me intrigan: ¿Qué nos distingue de
los anglosajones y de otros inmigrantes europeos, así como de
otras minorías en los Estados Unidos, tales como los negros y
asiáticos? ¿Existe la identidad latina? ¿Debería considerarse a
José Martí, Eugenio María de Hostos y a José Enrique Rodó—sin
mencionar a Vasconcelos, por supuesto—como los precursores
de la política y la cultura latina? ¿Es necesario regresar al Álamo
para llegar a un entendimiento del choque entre dos psiques
esencialmente diferentes, la anglosajona protestante, la hispánica católica? El viaje a lo que William H. Gass llamaba "el corazón del corazón del país" es necesario iniciarlo enfrentando un
tema crucial: el factor de la diversidad. Sin lugar a dudas, los latinos constituyen una comunidad sumamente difícil de destruir:
El cubano de Holguín que vive en los Estados Unidos, por accidente o decisión personal, ¿es similar en actitud y cultura a
alguien de Managua, San Salvador o Santo Domingo? El español
que todos los hispánicos hablamos al norte del Río Bravo, esa
lengua bastarda, impura, huidiza, esa jerga que nuestros hermanos hispanoamericanos miran con sospecha, el *Spanglish*, nuestra *lingua franca*, ¿es el único factor de unificación? ¿Cómo
entienden los diversos grupos hispánicos las complejidades de lo
que significa ser parte del mismo grupo minoritario? ¿o nos percibimos a nosotros mismos como un todo unificado?

La cultura y la identidad son un desfile de símbolos anacró-
nicos, abstracciones a nivel colosal, que no es tanto un conjunto
de creencias y valores como una estrategia colectiva mediante la
cual organizamos y hacemos comprensible nuestra experiencia,
una construcción compleja pero estrechamente integrada, en un
estado de flujo perpetuo. Para empezar, es radicalmente imposible examinar a los latinos como grupo homogéneo sin considerar la geografía de la que provenimos cada uno por separado.
Somos, y nos reconocemos, una extremidad de América Latina,

una diáspora viva al norte del Río Bravo; pero también somos un grupo minoritario equiparable a los judíos, irlandeses, alemanes, italianos y otros inmigrantes que llegaron a los Estados Unidos antes de nosotros. Para el lechero Tevye, del escritor de lengua yiddish Sholem Aleichem, América era sinónimo de redención, el final de los *pogroms*, la solución a sus asuntos terrenales. Rusia, Polonia y el resto de Europa Oriental eran tierras de sufrimiento. Emigrar a los Estados Unidos, donde los árboles daban oro y este se podía fácilmente recoger de las banquetas, era sinónimo de ingresar en el Paraíso. Era imperativo emigrar y nunca mirar hacia atrás ni regresar. Entre la vieja tierra y la nueva se interponían muchas millas, casi imposibles de franquear de vuelta. En cambio, nosotros estamos a la vuelta de la esquina: Oaxaca, Varadero y Santurce están literalmente en la puerta vecina. Podemos pasar cada tercer mes, y hasta cada tercera semana, ya sea en el norte o en el sur. De hecho, algunos de nosotros juramos regresar a casa cuando las dictaduras militares sean finalmente derrocadas y se instauren regímenes más benignos, o simplemente cuando hayamos ahorrado suficiente dinero en nuestra cuenta bancaria. Mientras tanto, habitamos un hogar dividido y multiplicado que no está ni en el barrio, ni en el ghetto asediado, ni mucho menos al otro lado del río ni en el Golfo de México; un hogar que está en todas y en ninguna parte. La novela *Pocho*, de 1959, que algunos críticos llaman "un texto fundacional" y que se cree es la primera novela escrita en inglés por un chicano, José Antonio Villarreal, trata precisamente de la eterna necesidad de regresar que tienen los chicanos: regresar a la fuente, regresar al yo. Y la meticulosa autobiografía cubano-americana de Pablo Medina, *Exiled Memories*, con la misma tónica, habla de la imposibilidad de regresar a la infancia, al suelo natal, a la felicidad. Pero el regreso sin duda es posible en la mayoría de los casos. La mano de obra barata viaja de ida y vuelta a Puebla y a San Juan.

No se debería nunca olvidar que los hispánicos y sus hermanos del norte de la frontera tienen una íntima relación de amor-odio. Los latinos son una fuente importante de ingreso para las familias que han dejado en su lugar de origen. Por ejemplo en México, el dinero enviado por parientes que trabajan como repartidores de pizzas, empleadas domésticas y trabajadores de la construcción equivale a una tercera parte de los ingresos totales del país. ¿Es que esto no es nada nuevo si se consideran las oleadas migratorias anteriores? Quizá. Otros han soñado que Estados Unidos es el paraíso terrenal; pero nuestra llegada a la Tierra Prometida, sujeta a condiciones específicas, hace resaltar problemáticas pautas de asimilación. Mientras los alemanes, irlandeses, chinos y otros pueden haber mostrado cierta ambigüedad y falta de compromiso durante su primera etapa de asimilación en los Estados Unidos, la proximidad de nuestra tierra de origen tanto en el sentido geográfico como metafórico es tentadora. Esta observación trae a la mente una aseveración del filósofo ibérico José Ortega y Gasset, autor entre otras obras de la *Rebelión de las masas*. En una conferencia que dictó en Buenos Aires, Ortega y Gasset afirmó que los españoles asumieron el papel del Hombre Nuevo en el momento en que se asentaron en el Nuevo Mundo. Su actitud no fue consecuencia de un proceso de siglos, sino una inmediata y súbita transformación. A esta idea, el escritor colombiano Baldomero Sanín Cano agregó en una ocasión, erróneamente, que los hispánicos tienen una brillante capacidad de asimilación, comparados con otros emigrantes; a diferencia de los británicos, por ejemplo que pueden vivir durante años en una tierra extranjera y nunca volverse parte de ella, nosotros sí. Lo que olvidó añadir es que nosotros conseguimos la adaptación total a un enorme costo para nosotros y para otros. Nos volvemos el Hombre Nuevo y la Mujer Nueva llevando con nosotros nuestro anterior entorno. Añádase a esto el hecho de que con frecuencia se nos tacha de traidores en el lugar que

un día consideramos nuestra patria: Nos marchamos, traiciona-
mos nuestro patriotismo, rechazamos el entorno y este nos re-
chazó, nos autoabortamos y escupimos contra el útero. A los
cubanos en el exilio se les conoce como *gusanos*, desde el punto
de vista de la Habana. Los puertorriqueños que están en los
Estados Unidos continentales se quejan con frecuencia de la
falta de apoyo por parte de sus familias de origen en el Caribe, y
se dan cuenta de que sus vínculos culturales son tenues y poco
consistentes. Los mexicanos tienen sentimientos encontrados
con respecto a los *pachucos, pochos* y otros tipos de chicanos.
Hasta donde es posible, México ignora nuestras manifestaciones
políticas y culturales, que sólo toman en cuenta cuando están en
juego las relaciones diplomáticas con la Casa Blanca.

Una vez que ya estamos en Estados Unidos, se nos considera
en términos desiguales. Aunque Inglaterra, Francia y España
fueron las principales naciones que colonizaron este lado del
Atlántico, el legado de los conquistadores y exploradores ibéricos ha quedado descuidado, casi olvidado, casi borrado de la
memoria nacional. El primer asentamiento europeo permanente
en lo que a posteriori sería los Estados Unidos, fue San Agustín,
Florida, fundado por los españoles en 1565, más de cuarenta
años antes de que los ingleses fundaran Jamestown, Virginia. O
bien, sencillamente consideremos los hechos desde el punto de
vista toponímico: Los Ángeles, Sausalito, San Luis Obispo y San
Diego son todos nombres españoles. La gente sabe que durante
la guerra civil de Estados Unidos, los negros, liberados de la
esclavitud en 1863 como parte de la Proclama de Emancipación
(que abarcaba solamente los Estados Confederados), peleaban
en ambos bandos; lo que se desconoce, o quizá hasta se oculte, lo
que se deja sin reconocimiento es que había hispánicos que eran
soldados activos en el campo de batalla. En 1861, al inicio de la
guerra, había más de 10,000 mexicano-americanos en servicio en
las fuerzas armadas tanto Unionistas como Confederadas. Sin

lugar a dudas, cuando se trata de la historia de los latinos la cronología oficial de los Estados Unidos, desde su nacimiento hasta la segunda guerra mundial, es una cadena de omisiones. Entre 1910 y 1912, por ejemplo, las empresas ferroviarias de los Estados Unidos contrataron millares de trabajadores hispánicos, y casi 2,000 braceros cruzaban mensualmente la frontera para trabajar en los ferrocarriles. Así mismo, ni los sindicatos de obreros hispánicos son un invento reciente, ni César Chávez fue un héroe súbito. Hubo muchas rebeliones puertorriqueñas y chicanas en las primeras etapas de la Primera Guerra Mundial, y organizadores como Bernardo Vega y Jesús Colón contribuyeron a la nueva toma de conciencia antes de que tomara forma el mítico movimiento de La Causa. Por ejemplo, más o menos por la época del asesinato en Sarajevo del Archiduque Francisco Fernando, heredero aparente del trono austro-húngaro, unos mineros se declararon en huelga en Ludlow, Colorado. La Guardia Nacional de los Estados Unidos mató a más de cincuenta personas, muchos de los cuales eran mexicano-americanos. En la Segunda Guerra Mundial, pelearon soldados puertorriqueños y chicanos, y muchos más participaron en la Guerra de Corea. Además, Martí, el Dr. Ramón Emeterio Betances, Hostos y otros revolucionarios, estaban activos en Nueva York y en otras partes de Estados Unidos a finales del siglo XIX, especialmente después de la guerra entre España y Estados Unidos. Pero muy pocos conocen estos hechos.

Con una longitud de 1,800 millas desde el suroeste de Colorado hasta el Golfo de México, el Río Grande, el Río Bravo, el Río Turbio, es la línea divisoria, el fin y el principio de los Estados Unidos y América Latina. El río no solamente separa las ciudades gemelas de El Paso y Ciudad Juárez y Brownsville y Matamoros, sino también, y más esencialmente, constituye un abismo, una herida, un lindero, una línea simbólica que separa a los que Alan Riding describió contundentemente como "vecinos distan-

tes". El torrente ha tenido diferentes nombres durante varios
períodos y en varios tramos de su curso. Paul Horgan, en su
monumental libro que le valió el premio Pulitzer, *Great River:
The Rio Grande in North American History*, nos ofrece una lista
incompleta de nombres: Gran River, P'osoge, Río Bravo, Río
Bravo del Norte, Río Caudaloso, Río de la Concepción, Río de las
Palmas, Río de Nuestra Señora, Río de Buenaventura del Norte,
Río del Norte, Río del Norte y de Nuevo México, Río Grande, Río
Grande del Norte, Río Guadalquivir, River of May, Tiguex River, y
(por extensión) La Cortina de Tortilla. ¿Qué hay en un nombre?
El sur que mira al norte lo imagina como una corriente de agua
tóxica; el norte que mira al sur prefiere verlo como un obstáculo
a los *espaldas mojadas* ilegales, como una puerta de servicio en
el patio trasero. El juego de nombres se relaciona con nuestra
engañosa, equívoca y evasiva denominación colectiva: ¿Qué
somos: hispánicos, hispanos, latinos y latinas, iberoamericanos,
españoles, hispanohablantes, americanos hispánicos (en contra-
posición a los latinoamericanos del sur del Río Bravo), mestizos
y mestizas; o simplemente mexicano-americanos, cubano-ame-
ricanos, dominicano-americanos, puertorriqueños continentales, y así sucesivamente? ¿Y debo agregar los *spiks* a la lista?
(Pedro Juan Soto, catedrático de la Universidad de Puerto Rico,
intentó una vez explicar los orígenes y la cambiante ortografía
de esta palabra, suponiéndola derivada de *spigs*, que se usó hasta
1915 para describir a los italianos, aficionados al *spiggoty* en vez
de *spaghetti*), o bien de *I no spik inglis*; la expresión luego se convirtió en *spics, spicks,* y actualmente *spiks*). Las enciclopedias,
por lo menos hasta hace poco, nos describían como hispánicos
americanos, a diferencia de los latinos americanos del sur de la
frontera. La confusión tiene un parecido evidente a la manera en
que las expresiones *Black, Nigger, Negro, Afro-American y African-
American* se han usado desde antes de la abolición de la esclavitud por Abraham Lincoln hasta nuestros días. Hoy en día, el

consenso general se inclina por un término global de referencia; pero ¿hay alguien que al hablar de escritores italianos, alemanes, franceses y españoles se refiriera a ellos con la simple categoría de "escritores europeos"? Los Estados Unidos que son un mosaico de razas y culturas, siempre necesita hablar de su pluralidad social en formas generalmente estereotípicas. ¿No es verdad que se considera a los asiáticos, negros y judíos como grupos homogéneos, sin importar el origen de sus diversos miembros? Sin embargo, en los medios impresos, en la televisión, en las calles y en la intimidad de sus casas la gente vacila entre los términos hispánico y latino.

Aunque estas expresiones puedan parecer intercambiables, un oído perspicaz percibe una diferencia. La primera, preferida por los conservadores, se utiliza al hablar de demografía, educación, desarrollo urbano, droga y salud; la segunda denominación, en cambio, es la que prefieren los liberales, y frecuentemente se aplica a artistas, músicos y estrellas de cine. Ana Castillo es latina y José Feliciano es latino, como lo es también Andrés Serrano, el controvertido fotógrafo autor de una exposición injuriosa contra Jesucristo. Serrano, junto con Robert Mapplethorpe, provocó que el senador conservador Jesse Helms y otros, a finales de 1980, consolidaran la llamada guerra cultural contra la obscenidad en el arte moderno. El ex-Canciller de las Escuelas Municipales de la Ciudad de Nueva York, Joseph Fernández, es hispánico, y son hispánicos igualmente el diputado José Serrano y el Presidente Municipal del Bronx, Fernando Ferrer. Una diferencia más fina: El gobierno federal utiliza la expresión "hispánico" para aplicarla a los miembros de la heterogénea minoría étnica que tiene ancestros al sur del Río Bravo y en el Archipiélago del Caribe; pero como estos ciudadanos son *latinoamericanos*, los liberales de la comunidad reconocen "latino" como un vocablo correcto. La cuestión, menos transitoria de lo que parece, nos invita a viajar con la imaginación para averiguar qué hay detrás del nombre América Latina, donde parece haber empezado el enredo. Durante la década de 1940, y aun antes, las personas de habla inglesa usaban la palabra "*español*" para referirse tanto a las personas procedentes de la Península Ibérica como a quienes venían del sur de la frontera; por ejemplo, Ricardo Montalbán era "español", y así mismo Pedro Flores, Pedro Carrasquillo y Poncho Sánchez, aunque en realidad Montalbán era mexicano y los demás cubanos y puertorriqueños. A los ojos anglosajones, todos eran "latinlovers", reyes del mambo y pendencieros homogeneizados por una lengua materna común. Es bien sabido que desde el siglo XVI hasta principios del XIX, la parte del Nuevo Mundo (expresión acuñada por Pedro Mártir, uno de los primeros biógrafos de Colón) que hoy se conoce como América Latina se llamaba América Española (algunos la llamaban "la América ibérica"); lingüísticamente la geografía excluía a Brasil y a las tres Guayanas. El término hispánico-americano (*hispánico* significa "natural de Hispania", la manera en que los romanos se referían a los españoles) se puso de moda en la década de 1960, al comenzaron a llegar oleadas de inmigrantes legales e indocumentados que procedían de México, Centro América, Puerto Rico u otros países del Tercer Mundo. (La expresión *Tercer Mundo* es el abominable invento de Franz Fanon, y fue objeto de amplia difusión por parte del ingenuo presidente mexicano Luis Echeverría Alvarez. Carlos Fuentes, en su libro sobre España y las Américas, *El espejo enterrado*, prefiere la expresión *en desarrollo*, en vez de *Tercer Mundo o Subdesarrollado*). Al surgir el nacionalismo como una fuerza aglutinante de América Latina, la expresión *hispanoamericano*, perdió su valor en vista a su referencia a España, que a la sazón se consideraba un invasor imperialista extranjero. Se señalaba abiertamente a los conquistadores españoles como criminales, una tendencia que inició siglos antes Fray Bartolomé de Las Casas, pero que no había sido legitimada hasta entonces.

Al convertirse los hispanohablantes en una fuerza política y económica, el gobierno y los medios se apropiaron del término *hispánico*. Esta palabra describe a las personas con base en su herencia cultural y verbal. Cuando se le coloca junto a categorías como "caucásico", "asiático" y "negro", se descubre lo inadecuado de la expresión, por la sencilla razón de que una persona (yo, por ejemplo) puede ser hispánica y caucásica, hispánica y negra; la palabra no hace referencia a la raza. Después de años de circulación ya se había convertido en una arma, una máquina de producción de estereotipos. Sus sinónimos son drogadicto, criminal, presidiario y familia extramarital. La palabra *latino* se ha convertido entonces en la alternativa, un signo de rebelión, la favorita de intelectuales y artistas, porque surge desde el interior del grupo étnico y porque su etimología denuncia simultáneamente la opresión anglosajona y la ibérica. Pero ¿qué hay de realmente latino (es decir romano, helenístico) en ella? Nada... o muy poco. Colón y su tripulación llamaron "Juana" a la actual Cuba, e "Hispaniola" a Puerto Rico cuya capital era San Juan Bautista de Puerto Rico). Llamaron "Española" a una de las primeras islas antillana que encontraron, actualmente dividida entre La República Dominicana y Haití (más tarde esta isla se llamó Saint Domingue e Hispaniola). Durante la Colonia la región se llamó América Española por la preponderancia del idioma español, y luego, a mediados del siglo XIX—cuando París era el centro cultural del mundo y el romanticismo estaba en su apogeo—un grupo de chilenos cultos sugirió el nombre *l'Amérique latine*, que, da tristeza decirlo, se prefirió en vez de América Española. El sentido de homogeneidad que provenía del abrazo global del Derecho Constitucional Romano, y la identidad compartida en las lenguas romances (principalmente el español, pero también el portugués y el francés) fueron puntos cruciales en esa decisión. Simón Bolívar el héroe máximo de la región, nació en Venezuela y peleó una ambiciosa guerra para lograr la independencia del dominio ibérico. En Boyacá en 1919, consideró que la expresión "América Latina" contribuía a la unificación del hemisferio sur. Mucho después, a finales de la década de 1930 y principios de la de 1940, la política del buen vecino de Franklin Delano Roosevelt también adoptó y promovió el término. Sin embargo, historiadores y pensadores como Pedro Henrique Ureña y Luis Alberto Sánchez lanzaron denuestos contra el nombre: quizá América Hispana y América Portuguesa, pero de ninguna manera "América Latina". Muy a la manera en que el nombre *América* es un gazapo histórico que se usó para describir a todo el Continente y que, se derivó del nombre del explorador Amérigo Vespucci (después de todo, Erik el Rojo un viajero Vikingo que pisó esta orilla del Atlántico alrededor del año 1000, y hasta el pobre y desorientado Cristóbal Colón, llegaron antes que Amérigo), la palabra "latina" tiene poco sentido aun cuando las lenguas romances de América Latina constituyan verdaderos factores de igualación derivados del llamado descubrimiento de 1492. Esta idea trae a la mente la declaración de Aaron Copland después de su gira de 1941 por nueve países sudamericanos: "América Latina no existe como un todo. Es un conjunto de países separados, cada uno con diferentes tradiciones. Sólo al viajar de país a país, me di cuenta de que es necesario tener la mente abierta para reconocer esta fragmentación del Continente".

En las megalópolis como Los Angeles, Miami o Nueva York, los medios de comunicación en español—periódicos y canales de televisión—se refieren a su público como los *hispanos*, y casi nunca como los *latinos*. El adjetivo deformado *hispano* se usa en vez de *hispánico*, que es la palabra española correcta; la razón es que la palabra *hispánico* es demasiado pedante, demasiado académica, demasiado ibérica. Para referirse a la "salsa", "merengue" y otros ritmos similares se usa el adjetivo *latino*. Insisto, la distinción es artificial y difícil de sostener, es poco clara. El periódico de Manhattan *El Diario*, por ejemplo, se llama a sí mismo El

Paladín de los hispánicos, mientras que *Impacto*, una publicación nacional orgullosa de su sensacionalismo, tiene como subtítulo "*The Latin News*" (observar que dice *Latin*, no *Latino*). Sin que pueda evitarlo, toda esta discusión me recuerda la canción de Gershwin que cantaban patinando Fred Astaire y Ginger Rogers en la película *Shall We Dance*: "*I say to-may-to and you say to-mah-to*"*.

Del Labrador a las Pampas, del Cabo de Hornos a la Península Ibérica, de Garcilaso de la Vega y el Conde Lucanor a Sor Juana Inés de la Cruz y Andrés Bello, el ámbito de la civilización hispánica que comenzó en las Cuevas de Altamira, Buxo y Tito Bustillo hace unos 25,000 o 30,000 años ("las costillas de España", como las llamaba Miguel de Unamumo) es verdaderamente extraordinario. Aunque yo personalmente prefiero "hispánico" como una expresión de conjunto y, si se me diera a escoger, no usaría "latino", ¿Sirve de algo oponerse al consenso? o, como preguntaría Franz Kafka, ¿Hay alguna esperanza en un reino donde los gatos cazan al ratón? Yo sugeriría usar *latinos* para referirse a los ciudadanos del mundo de habla hispana *que viven en los Estados Unidos*, y reservar la palabra *hispánicos* para los que viven en otra parte. Lo cual significa, como quiera que se vea, que un latino es también un hispánico, pero no necesariamente viceversa.

Por lo que se refiere al arte de Martín Ramírez, el chicano mudo cuyos dibujos se exhibieron en la Galería Corcoran a finales de 1980, un "marinero desorientado" al estilo de Oliver Sacks en una galaxia siempre cambiante, su callada vicisitud en los laberínticos espejos de gringolandia se va a convertir en mi *leitmotif*. Me siento atraído e impresionado por la coherencia y el color de sus más de 300 y tantas pinturas. Aunque fueron produ-

---

*"Yo digo toméito y tú dices tomáto". N. del T.

cidas por un esquizofrénico, estas imágenes de alguna manera construyen un universo fantástico y bien redondeado, con figuras como trenes, animales, automóviles, mujeres, leopardos, venados, bandidos, y la Virgen de Guadalupe; se caracterizan por el heroísmo y el tratamiento místico de la vida. Es un verdadero original, un visionario que no podemos darnos el lujo de ignorar. Indudablemente, por lo que toca a autenticidad, me parece que Ramírez es el polo opuesto al síndrome del llamado "realismo irreal", cuyos mejores ejemplos son Chester Seltzer, quien adoptó el nombre hispánico Amado Muro y fingió escribir narraciones realistas de su niñez latina, y el ahora tristemente célebre Danny Santiago.

Cuando apareció en 1983 la admirable primera novela de Santiago, *Famous All Over Town* (llamada proféticamente, en el manuscrito y hasta la etapa de pruebas de imprenta sin corregir, *My Name Will Follow You Home*), los críticos la alabaron y llamaron maravillosa y divertida. Chato Medina, el valiente protagonista habitaba en un espantoso barrio del East Los Angeles, y provenía de una familia en desintegración. Tenía un grupo de amigos desorientados. La novela recibió el premio Richard and Hilda Rosenthal del *American Academy and Istitute of Arts and Letters*, y fue descrita como una asombrosa primera obra acerca de la iniciación de los adolescentes entre los latinos. En la contratapa del libro venía la biografía del autor, sin fotografía, donde se narraba, que había nacido en California y que muchos de sus cuentos se habían publicado en revistas nacionales. Se aclamó universalmente la llegada de este talentoso escritor. Sin embargo, el triunfo pronto se volvió amargo. Un periodista y ex-amigo de Santiago movido por deseos de venganza personal, anunció la verdadera identidad de Santiago en un articulo publicado en agosto de 1984 en la *New York Review of Books*.

Resultó que el verdadero nombre del autor era Daniel Lewis James, y no era un joven chicano sino un anglo septuagenario que nació en 1911 en una familia acomodada de Kansas City, Missouri. Amigo de John Steinbeck, James se educó en Andover y se graduó en Yale en 1933. Se mudó a Hollywood y se afilió al partido comunista, junto con su esposa Lilith, bailarina. Trabajó con Charlie Chaplin colaborando en *El gran dictador*, y escribió, junto con Sig Herzig y Fred Saidy, una comedia musical para Brodway, *Bloomer Girl*, que se estrenó en 1944. Durante la década de 1950, se dedicó a escribir películas de horror. Fue inscrito en la lista negra durante la época de McCarthy, cuando el Comité Legislativo sobre actividades antiamericanas estaba investigando la infiltración de la izquierda en la industria cinematográfica. Los Lewis iniciaron una sólida amistad con la comunidad chicana del East Los Angeles, asistiendo a sus fiestas e invitando a numerosos grupos de chicanos a su mansión en un acantilado de Carmel Highlands. Como resultado de aquella relación, James comenzó a sentirse cercano a la psiquis latina, y a digerir sus modos lingüísticos e idiosincráticos.

Luego, el Padre Alberto Huerta un catedrático de la Universidad de San Francisco, que ha dedicado una gran parte de su empeño intelectual a analizar la vida y época del proscrito Joaquín Murrieta, defendió al atacado escritor en la revista *The Californians*, acusando a escritores latinos tendenciosos y a intelectuales de Nueva York de poner a un genio en la "lista morena"*. El Padre Huerta había mantenido correspondencia con Santiago durante cuatro años. Esta correspondencia se inició cuando el futuro autor de *Famous All Over Town* reaccionó ante uno de los ensayos de Huerta sobre Murrieta. Se reunieron en la casa de Santiago en Carmel Highlands en 1984, y se hicieron amigos. El Padre Huerta sigue siendo el más ardiente defensor de

---

*"lista morena" ("brown list"), un juego de palabras: "lista negra para hispanos morenos". N. del T.

Santiago. Es intransigente en su opinión sobre el trato injusto al
que se ha sometido al escritor, y cuando escribí una crítica de la
controvertida novela en 1993, me envió una cordial pero enérgica
carta en la que me invitaba a cambiar mis opiniones.

Después de que estalló el escándalo, se llevó a cabo un sim-
posium abierto, patrocinado por la *Before Columbus Foundation*,
con el título "Danny Santiago" ¿Arte o fraude?, en la librería
Modern Times de San Francisco. Participaron Gary Soto,
Rudolfo A. Anaya e Ishmael Reed. James, por supuesto, es un
paradigma. Como la escandalosa identidad del supremacista
blanco Forrest Carter, autor del *Best-seller "The Education of Little Tree"*, y como para otros autores de antecedentes ocultos,
para Santiago fue una interesante jugada profesional pasar de
escritor de películas baratas a estrella de las letras latinas. A
pesar de la fuerza estética de *Famous Oll Over Town*, Lewis personifica la febril necesidad de identidades que falsificar en una
nación consumida por las guerras. Autenticidad e histrionismo:
en esencia, el silencio de Ramírez y la voz teatral de Danny Santiago son polos opuestos. Son los sujetalibros de la cultura latina.

Con lo cual regreso a la cultura en sí misma. En un poema
alegórico de Judith Ortiz Cofer titulado *The Latin Deli*, publicado
en forma de libro en 1993, se describe a los hispánicos del norte
de la frontera como un híbrido amorfo. Todos tienen en común
sus orígenes heterogéneos, y se resumen en una dama madura
paradigmática. La poetisa reduce el universo a una especie de
tienda de curanderos, una bodega en la que los clientes buscan
un remedio para su espíritu deprimido. Esta Patrona de los exiliados, "una mujer sin edad que nunca fue bonita y que ocupa
sus días vendiendo memorias enlatadas", escucha las quejas de
puertorriqueños sobre lo caro que es el pasaje aéreo a San Juan,
a los cubanos "que pulen su discurso de un 'glorioso regreso' a
la Habana, donde a nadie se ha dejado morir ni nada ha cambiado hasta entonces", y a los mexicanos "que pasan por aquí,

hablando entusiastamente de los dólares que van a ganar en el norte" "...todos anhelantes del consuelo del español hablado". La alegoría de Ortíz Cofer, increíblemente atractiva, es perfecta para concluir este capítulo. Los latinos, aunque racialmente diversos e históricamente heterogéneos, un *ajiaco* (guisado cubano) hecho con diversos ingredientes, por azar o destino han sido reunidos en la misma tienda de abarrotes que se llama Estados Unidos. Estados Unidos, donde el exilio se vuelve hogar donde la memoria se remodela y se reinventa. A los ojos de los extranjeros, nuestras esperanzas y pesadillas, nuestra energía y desesperación, nuestra líbido, forman un total exagerado. Pero ¿quiénes somos realmente? ¿Qué queremos? ¿Por qué estamos aquí? ¿Y durante cuánto tiempo más pertenecerá la *bodega* a alguien más?

DOS

Sangre y exilio

LAS APARIENCIAS ENGAÑAN. EN LA SUPERFICIE, LOS LATI-
nos dan la impresión de ser una minoría homogénea: actúan,
piensan y hablan de igual manera; pero la verdad es más compleja. La diversidad es lo que los define, una diversidad que es el
resultado de la unidad. Es cierto que de una forma u otra todos
somos hijos del mismo conquistador lascivo y de las indígenas y
mulatas violadas por él. Pero la heterogeneidad es la que predo-
mina: la población latina tiene componentes negros, españoles,
indios, y mestizos. A diferencia de las minorías asiática y africana, nosotros compartimos una sola lengua, con la excepción
de los brasileños, caribeños francófonos y habitantes de la Gua-
yana. Compartimos también un único bagaje cultural y una sola
religión dominante, la católica, aunque hay muchas otras que
coexisten en el mundo hispánico, de las precolombinas a la judía
y, más recientemente, a la protestante, que ha atraído un numero
amplio de adeptos en los últimos tiempos. Quienes conocen las
tensiones que palpitan al interior de la minoría latina en Estados

Unidos saben que los cubanos miran con sospecha a los dominicanos, quienes a su vez ridiculizan en su habla popular a los
puertorriqueños, y así en adelante. Sin embargo, el mestizaje se
las ha ingeniado asimismo para borrar diferencias, al menos aparentemente.

La colisión de personalidades e idiosincrasias adquiere mati-
ces singulares, dependiendo del punto de vista geográfico. Todavía recuerdo el escándalo que se suscitó en la comunidad latina,
que se conoció como el asunto Montaner. En 1989, Carlos Montaner, un novelista cubano, columnista de diarios, y comentador
de televisión que vive en España, y pertenecía al *staff* del programa vespertino *Portada*, el equivalente español de *20/20*,
declaró en un breve comentario que debería culparse a las mujeres puertorriqueñas por los nacimientos extramaritales y el
abandono de sus esposos. Como era de esperarse, sus palabras
encendieron una enorme controversia, que llegó hasta la dirección general de Hallmark Cards, que a la sazón era propietaria de
la red del programa en los Estados Unidos, Univisión. Las coali-
ciones latinas, así como los grupos feministas, acusaron a Montaner como racista, enemigo de los puertorriqueños y de las
mujeres. Las agencias y compañías patrocinadores dejaron cla-
ras sus posturas al rehusar anunciarse en Univisión. Todos exi-
gieron que despidieran a Montaner. Mientras *El Diario/La
Prensa* de Nueva York, un baluarte de la política de Puerta Rico
en la Costa Este, canceló su columna semanal, la red, con base
en los derechos de los derechos estipulados en la Primera
Enmienda y la libertad de expresión, rehusó despedirlo. La controversia se suavizó un par de meses más tarde, y el incidente es
ahora una nota al pie de página en la historia de las relaciones
latinas.

Otro ejemplo cultural de la rivalidad caribeña en los Estados
Unidos se puede encontrar en *El Super*, una película de bajo pre-
supuesto de 1979 realizada por los cineastas cubanos exiliados

León Ichazo y Orlando Jiménez Leal. En una escena a media trama, el protagonista, un melancólico superintendente cubano de un edificio de Nueva York, amargado por su exilio, en un ambiente frío y hostil, juega dominó en una bodega oscura y sórdida con un par de viejos amigos. Uno, también cubano y macho, se la pasa presumiendo de su pasado como un valiente militar durante la revolución de Castro; el otro es un puertorriqueño que llegó a la Gran Manzana buscando mejores oportunidades económicas, y por tanto es difícil entender por qué se desperdicia tanta energía discutiendo asuntos políticos caribeños. La conversación, en mi concepto, compendia las visiones del mundo antagonísticas que chocan en el segmento de la comunidad latina de los Estados Unidos que tiene ascendencia cubana y puertorriqueña. Mientras los dos cubanos apoyan la idea de que su isla caribeña es y será siempre el paraíso terrenal, sin importar lo desastroso que acabe siendo el régimen de Fidel Castro, el puertorriqueño está más o menos feliz en su condición actual, o por lo menos considerablemente más feliz que sus compañeros. Nada le impide viajar de regreso a su tierra natal, pero no se reubicaría porque en el Continente abriga la esperanza de que su vida pueda tener un futuro fructífero. Lo que él ve como *el sueño americano*, sus amigos cubanos lo ven como *la pesadilla americana*. Como resultado, ellos lo acusan vehementemente de conformismo y, sí, mediocridad; él no es cubano como ellos, lo que significa que su sentido del heroísmo, así como sus opiniones políticas, no deben tomarse en serio. Al final, la discusión, habiendo alcanzado alturas candentes y bastante defensivas, termina felizmente: los tres hombres regresan a su amistad original, un hecho que destaca el estado irresoluto de su rivalidad, pero también su deseo de no llevar a los extremos su animosidad.

En términos concretos, el Caribe es un campo de batalla al grado que lo es, digamos, el Medio Oriente. (Aunque la violencia entre nosotros se reduce principalmente a actos aislados de ven-

ganza de machos, puede adquirir proporciones israelí-palestinas,
como cuando los soldados de la República Dominicana masa-
craron cientos de haitianos durante la sangriente y corrupta dictadura de Rafael Trujillo Molina). Tal tensión no quita méritos a
la teoría de la nación de naciones, pero me hace pensar que el
mundo hispánico es mucho menos armonioso que como se describe con frecuencia. Un comentario como el de Montaner, para
hablar con honradez, sólo podría venir de un cubano, porque
sólo el sentido de superioridad de los cubanos hace posible tal
declaración. De manera similar, un manejo metaliterario, emer-
soniano de la literatura, como el que utiliza Jorge Luis Borges,
evidente, digamos, en su libro *Otras inquisiciones*, podría venir
sólo de Argentina, que se cuenta entre los países más cosmopolitas de América Latina; no podría venir de un pensador costarri-
cense, peruano o guatemalteco, a menos que la persona fuese
una excepción a la regla. El asunto Montaner ilustra la manera
en que los latinos—en especial los caribeños—responden a
diferentes estímulos. Unidos quizá por el sentido de que la vida
es un carnaval perenne, una actuación teatral constante—
evidente por la forma en que la gente habla, piensa, come, baila,
se mueve y duerme—el archipiélago no es una civilización armoniosa, y sería un error pensar de otra manera. Las similitudes y
las diferencias constituyen facciones, encuentran aliados y enemigos, crean alianzas y buscan favores. Una vez que los caribeños emigran a los Estados Unidos, adoptan una nueva escala de
valores. En los Estados Unidos, los puertorriqueños, los cubanos,
los jamaiquinos, los haitianos y los dominicanos conservan percepciones distintas de sí mismos y sus compañeros haitianos.

La acerba historia del Caribe es un despliegue de colonialismo y resistencia. La Comunidad de Puerto Rico (originalmente
Porto Rico, también conocido como Boriquén o Borinquén), que
es desde 1952 una entidad autogobernada asociada con Wa-

shington, es, como José Luis González ha sugerido, un país de cuatro estratos. El primer estrato está constituido por los indios arawak—los habitantes originales de la isla "descubierta" por Colón en 1493 y conquistada por Juan Ponce de León, el explorador español que también encontró la Florida en 1508—así como el campesinado negro y mestizo (este último resultante de la mezcla de sangre española e india) y el híbrido étnico creado por los negros al mezclarse con los mestizos. El segundo estrato se formó durante el período colonial, cuando se alentó a una nueva clase de inmigrantes blancos a establecerse en Puerto Rico. El propósito de la inmigración, actualmente conocido como la Real Cédula de Gracias de 1815, fue el de blanquear la población: después de una serie de recientes levantamientos negros en Haití, los ciudadanos de ascendencia europea temieron la posibilidad de ser despojados del poder por los indios arawak, o incluso por los esclavos africanos que habían sido traídos para trabajar en las plantaciones de caña de azúcar de la isla. Los estratos tercero y cuarto—una clase profesional urbana y una clase gerencial—se formaron, según González, como resultado de las expansivas políticas económicas del gobernador Luis Muñoz Marín, en la década de 1940.

Cuba, llamada la Perla de las Antillas, a sólo 90 millas de Key West, fue colonizada por España en 1511. La isla, la mayor de las Antillas, fue utilizada por los europeos como puerto de tránsito: los navíos mercantes y de exploración hacían escala para recuperarse de sus viajes y para negociar suministros con su recién adquirida carga. La población de Cuba estaba formada por inmigrantes europeos (principalmente españoles) y esclavos africanos. Mientras otras repúblicas de América se hicieron autónomas a principios del siglo XIX, Cuba siguió siendo una colonia, como resultado de la inconclusa Guerra de los Diez Años. Comparado con los demás países antillanos, la isla tenía un sistema de esclavitud único, que permitía a los negros pasear libremente e influir en la cultura colectiva. La esclavitud no se abolió sino hasta 1886.

De modo que cabe preguntar: ¿Hay uno o muchos Caribes? Ejemplos del lazo armonioso entre estas dos nacionalidades, borinqueña y cubana, son Eugenio María de Hostos y José Martí. Ambos eran adalides intelectuales por la libertad que sirvieron en la lucha que culminó con la guerra entre España y los Estados Unidos. Martí fue poeta, ensayista, escritor de libros infantiles y revolucionario, que preconizaba la autonomía de Cuba (se le llamó el Apóstol de la Independencia), y, junto con el hombre de letras nicaragüense Rubén Darío, fue un caudillo supremo del movimiento estético modernista (un estilo de romanticismo romántico que inundó la América hispánica aproximadamente desde 1885 a 1915). Vivió durante un breve período en los Estados Unidos, principalmente en Florida y Nueva York, donde fundó el Partido Revolucionario Cubano en 1892 y editó *Patria*, un periódico que circulaba entre sus compatriotas exiliados. (El afable actor César Romero, el epítome del *latin lover*, que murió en 1994, era nieto de Martí). Martí idolatraba a Walt Whitman, recibió gran influencia de Ralph Waldo Emerson ("sólo hablamos en metáforas", dijo una vez, "porque la naturaleza como un todo es una metáfora del espíritu humano"), y pensaba que la gente que aguantaba la injusticia y la represión eran animales, mientras que los que peleaban por la libertad honraban su espíritu civilizado.

El camarada puertorriqueño de Martí, Hostos, el *ciudadano de América*, un educador que introdujo ideales pedagógicos modernos en la región mediante obras como *Moral social y educación científica para las mujeres*, estaba convencido de la superioridad de la ética sobre el arte y rechazaba a los escritores que creían en el arte por el arte. Pensaba que la literatura es la hermana de la política y, como Martí, era política y culturalmente

activo en la ciudad de Nueva York. Hostos, un hombre cuyo pesimismo y cuya angustia existencial lo hundían en frecuentes
depresiones, escribió "necesito que mis días estén llenos de
acción, y ellos pasan sin que yo dé al mundo nada de mí mismo.
Cada noche, al acostarme, me acosan pensamientos terribles
porque me pregunto a mí mismo en vano qué he hecho, qué
quiero hacer. Muerte, muerte, muerte. La vida sin voluntad no es
vida: vivir es querer y hacer." Luchó por una Federación Antillana, un conglomerado de repúblicas unidas en un pacífico
pacto económico y cultural. Hostos nació en 1839 en Mayagüez y
murió a la edad de 64 años en Santo Domingo, víctima de la "asfi-
xia moral", según Pedro Henríquez Ureña. Hostos, autor de *La
peregrinación de Bayoán*, cuyo héroe romántico y atormentado
lucha por establecer los principios de la independencia de América Latina, estuvo entre los primeros novelistas en español de
este lado del Atlántico. Mientras estuvo en España como segui-
dor de la filosofía neokantiana del pensador alemán Karl Frie-
drich Krause, trató de ejercer influencia sobre los liberales para
que apoyaran, bajo la Primera República, la causa de los hispánicos en el Caribe, que la mayoría de Europeos consideraban una
colonia de colonias. Decepcionado por el débil apoyo que recibió, Hostos se mudó a Nueva York, donde continuó su lucha política. Una vez se reunió con el presidente William McKinley para
solicitar la independencia de Puerto Rico.

Durante su exilio en los Estados Unidos, Martí, quien más
tarde se convirtió en el ídolo de Fidel Castro, y Hostos, personifi-
caban el esfuerzo conjunto para liberar al Caribe de la intervención extranjera. Ellos movilizaron a los intelectuales, a los
artistas y a los trabajadores; pronunciaron discursos y firmaron
peticiones. A pesar de su persistente presión, al final de la guerra
entre Estados Unidos y España, Puerto Rico fue cedido a los
Estados Unidos, y se estableció una administración con un
gobernador americano en 1900. El futuro de Cuba no fue más

feliz: finalmente se convirtió en república, solo para sufrir períodos recurrentes de dictadura (Gerardo Machado, Fulgencio
Batista y Saldívar, y Castro). A Martí lo mataron en 1895, al principio de la insurrección contra la dominación española. En 1901,
a cambio del retiro de las fuerzas extranjeras, Cuba aceptó la
enmienda Pratt, que, como apéndice de su nueva Constitución,
concedía a Washington el derecho de intervención. (La
enmienda permaneció en efecto hasta 1934). La libertad era
escasa. En 1903, por ejemplo, el gobierno de La Habana, bajo
continua presión, estuvo de acuerdo en alquilar a los Estados
Unidos, a perpetuidad, 117 millas cuadradas, conocidas actualmente como la Base Naval de Guantánamo.

Resistencia y dependencia, desgracia económica y política:
Otros países antillanos, de habla española y de otros idiomas,
siguieron un patrón similar y, como he declarado, son frecuentemente ignorados cuando se defiende a América Latina. Jamaica,
por ejemplo, tiene una historia de represión y derramamiento de
sangre. Habiendo sido "descubierta" en 1494, fue colonizada por
los españoles y capturada por Inglaterra en 1655. Con una gran
población de esclavos africanos, que habían sido traídos para
trabajar en las plantaciones de caña de azúcar, Jamaica se contaba entre los mayores productores. Una vez abolida la esclavitud, vinieron dificultades económicas, descontento civil, y la
supresión de la autoridad local por parte de Inglaterra, con consecuencias violentas. No llegó a ser nación independiente sino
hasta principios de 1960, y desde entonces ha fluctuado entre
regímenes de derecha y de izquierda y, como quedó demostrado
por la severa crisis que produjo el giro del primer ministro
Michael Manley hacia el socialismo, siempre ha luchado por
autodefinirse en términos económicos.

Haití, país montañoso y densamente poblado que ocupa un
tercio de la isla Hispaniola, todavía tiene el ingreso per cápita
más bajo de América Latina, y una de las tasas más altas de emi-

gración. Las principales exportaciones de Haití han sido siempre el azúcar y el café. Los esclavos negros se trajeron de África con un solo objetivo: solidificar la economía de las plantaciones, lo cual hubiera finalmente producido la expansión económica del país. Pero la agitación social ha sido siempre una constante en la historia de Haití: Bajo el régimen francés a partir de 1679, la isla era uno de los principales productores de azúcar y café de la región, hasta que los dirigentes tiránicos que la dominaban en forma inmisericorde llevaron finalmente a la nación caribeña a la anarquía política y bancarrota financiera. En 1844, Haití se había dividido y había perdido el control de la parte oriental de la Hispaniola, que se comenzó entonces a conocer como República Dominicana. (Las relaciones entre ambas naciones han tenido numerosos altibajos, acercándose a veces a la guerra y otras veces estableciendo la mutua cooperación). Entre los más recientes dictadores brutales de Haití está François Duvalier, apodado "Papa Doc", quien sometió a muchos a la tortura infligida por su fuerza policíaca, y fue sucedido por su hijo, no menos despiadado y antidemocrático. Aunque la esclavitud se abolió en 1801—bajo el régimen de Toussaint-Louverture—el caos y la violencia han sido la ley del país. Esta situación continúa hasta el momento actual en que el presidente depuesto, Rev. Jean-Bertrand Aristide, con la economía hecha un desastre, es reinstituido desde su exilio en los Estados Unidos.

El complemento de Haití, la República Dominicana, parte de la colonia española de Santo Domingo durante los siglos XVI y XVII, y durante un período bajo el dominio haitiano, ha tenido también una historia turbulenta. En bancarrota provocada por la lucha civil que se desató después del asesinato de Ulysse Heureaux en 1899, tan solo un año después de la guerra entre Estados Unidos y España, la joven nación cayó bajo el dominio de Estados Unidos: los marinos de los Estados Unidos la ocuparon y Estados Unidos la sometió a tributo fiscal hasta 1941. La dictadura de treinta años de Trujillo, que terminó con su asesinato, fue seguida por elecciones democráticas y un iluminado presidente reformista, Juan Bosch; pero la democracia, como es usual, no duró mucho: la oposición de derecha causó una guerra civil entre las facciones pro-Bosch y anti-Bosch. Washington intervino nuevamente para apaciguar la animosidad, y en una elección celebrada en 1966, supervisada por la Organización de Estados Americanos, se restauró la siempre frágil democracia.

Un equilibrio político frágil. De hecho, la encrucijada donde se encuentran la sangre y el exilio no es propiedad exclusiva del Caribe. Como hijo de la contrarreforma ibérica, el mundo hispánico parece ser alérgico a la democracia. Oleadas de exiliados han escapado en busca de la utopía, y millones de ellos se reubican constantemente. Por ejemplo, después de la caída de Salvador Allende Gossens en el golpe de estado orquestado por el general Augusto Pinochet con el apoyo de los Estados Unidos (como se describe en la película de intriga política de Costa-Gavras, *Missing*, en las novelas de Ariel Dorfman e Isabel Allende), millares de chilenos abandonaron su tierra, habiéndose establecido muchos de ellos al norte del Río Bravo.

De manera similar, y como contrapunto, Argentina, durante la llamada guerra sucia, también forzó a muchos a quedarse en el extranjero. Esto incluyó al novelista homosexual Manuel Puig, autor de *El beso de la mujer araña*, quien después de una estadía en Roma, trabajó en la oficina de Air France en Nueva York. Nicaragua sufrió luchas civiles durante los primeros treinta años de este siglo, y más tarde, después del derrocamiento del tirano Anastasio Somoza en 1979 por el Frente Sandinista de Liberación Nacional (nombrado así en recuerdo del héroe guerrillero Augusto César Sandino). La tortura y la agitación civil forzaron a muchos a buscar una vida mejor en Miami y en el suroeste de los Estados Unidos, donde se entremezclaron con cubanos, chicanos y otros hispánicos. El Salvador, cuya independencia se declaró en 1821 después de pertenecer al imperio mexicano de Agustín de Iturbide y la Federación Centroamericana, tampoco ha podido establecer una atmósfera democrática pacífica, y ha padecido la guerra de guerrillas. Incontables refugiados que vinieron a los Estados Unidos tienen ahora altos ingresos per cápita, a pesar de las altas tasas de desempleo.

La película de Gregory Nava acerca de los inmigrantes guatemaltecos al norte de la frontera, *El Norte*, ilustra esta crisis colectiva. Los protagonistas sufren una transformación radical desde el momento en que salen de su casa en la Centroamérica rural. Su primer encuentro con la cultura estadounidense tiene lugar a través de los anuncios en las revistas de mujeres, donde se encuentran con cosméticos, nueva tecnología, una forma placentera de vida, pero sólo en estas brillantes y atractivas fotografías. También experimentan la presencia militar de los Estados Unidos, contra la cual están listos para pelear. Viajan al norte en busca de una vida mejor, y son maltratados por los mexicanos, a quienes necesitan para que los ayuden a cruzar la frontera. Una vez en los Estados Unidos, el choque es tremendo. Como inmigrantes de clases bajas, se ven forzados a realizar trabajos serviles para sobrevivir, y su falta de capacidad para comunicarse sirve para oprimirlos aún más. Esta película, sentimental y manipulante, es útil, sin embargo, como testimonio de la situación que padecen los guatemaltecos y otros centroamericanos al norte del Río Bravo, un sector de la población que permanece ignorada en gran medida.

Los reportes de Rubén Martínez de finales de la década de 1980 sobre la adaptación de los centroamericanos a la zona oriental de Los Angeles constituyen también un testimonio valioso de sangre y exilio, como es también la novela de Graciela Limón, *In Search of Bernabé*. La narración de Graciela Limón, que trata de la sangrienta guerra civil de su país, cuenta la vida de una doliente madre, Luz Delcano y sus hijos, dos hombres que son moralmente opuestos: uno revolucionario, y el otro oficial del ejército y al mando de un conocido escuadrón de la muerte. Delcano es una encantadora mestiza de ojos grandes, de quien abusó sexualmente su abuelo cuando ella tenía trece años de edad, y dio a luz a un hijo bastardo, Lucio. Dado que ella también desciende de una unión ilegítima—su abuela había sido la criada india de su aristocrático abuelo—se ve forzada a entregar a su niño a la prominente familia que la ha rechazado. Después de emplearse como criada en una casa de clase media alta, tiene relaciones sexuales con su patrón y tiene otro hijo, su adorado Bernabé, que parece destinado al sacerdocio. El asesinato del arzobispo Oscar Arnulfo Romero en 1980 aparece en el primer capítulo: Bernabé, que marcha en la procesión con sus compañeros seminaristas, pierde de vista a su madre en la multitud y se ve separado de ella; en la violenta secuela, ella teme que él ha sido asesinado. El resto de la trama se ocupa de su otro hijo, Lucio, quien descubre la verdad de su ascendencia y entonces resuelve destruir a su medio hermano. También describe los viajes de Luz Delcano de El Salvador a la ciudad de México y al sur de California, y de regreso a su patria. Ente otras cosas, la novela de Limón ofrece una irresistible descripción de los violentos lazos emocionales que ligan a los Estados Unidos con Centroamérica.

Incapaces de escapar de nuestra truculenta, pérfida historia, nosotros los hispanos al norte del Río Bravo estamos en búsqueda de un espacio donde no estén prohibidas la libertad de expresión y la felicidad. El remordimiento, la introspección, la desorientación, la nostalgia y la melancolía son nuestros síntomas inmediatos. Martín Ramírez, el pintor esquizofrénico que se vio forzado a salir de Jalisco hace tiempo, siempre regresó en sus pinturas al recuerdo de experiencias vividas; la memoria era su estrategia para regresar al hogar perdido. La mudez como metáfora. Mientras su pueblo nativo cambiaba, él imaginaba su transformación desde el encierro de su celda psiquiátrica. El tiempo

se detuvo cuando él enmudeció, como lo hizo cuando Adán y
Eva fueron expulsados del Paraíso. Cuando un emigrado como
Ramírez se ve repentinamente forzado de repente a comenzar de
nuevo, perder su pasado significa perder su yo. El siguiente corrido sobre la zona de cruce de frontera de Juárez-El Paso, *Paso
del Norte*, describe la soledad que sienten los espaldas mojadas
que dejan atrás sus hogares y novias:

> Qué triste se encuentra el hombre
> cuando anda ausente
> cuando anda ausente
> allá lejos de su patria.
>
> Piormente si se acuerda
> de sus padres y su chata.
> ¡Ay, qué destino!
> Para sentarme a llorar
>
> Paso del norte,
> qué lejos te vas quedando,
> sus divisiones
> de mí se están alejando.
>
> Los pobres de mis hermanos
> de mí se están acordando.
> ¡Ay, qué destino!
> Para sentarme a llorar.
>
> Paso del norte,
> qué lejos te vas quedando.
> Tus divisiones
> de mí se están alejando.
> Los pobres de mis hermanos

de mí se están acordando
¡Ay qué destino!
Para sentarme a llorar.

Pero quiero volver a mi tema, que es el viaje transhistórico de
los habitantes del Caribe, que jamás deja de ser itinerante. El
variado flujo de inmigrantes caribeños a los Estados Unidos continentales, incluyendo muchos con profundas raíces africanas,
por su número y estridente fuerza, conserva en una forma única
la dolorosa experiencia ideológica de Martí y Hostos. La política
y la literatura siempre se entretejen. Los recién llegados de
Puerto Rico que vinieron después de 1945, a diferencia de otros
latinos, recibieron la ciudadanía como resultado del acta de
Jones de 1917. Vinieron de áreas rurales, buscando mejores oportunidades. Al aumentar las acciones de inversión estadounidenses en la economía azucarera de Puerto Rico, las grandes
corporaciones usurparon la tierra que se usaba para cultivar alimentos de subsistencia, y el trastorno económico que esto provocó no se alivió sino hasta la Segunda Guerra Mundial. El
aliento a las inversiones industriales mediante incentivos fisca-
les, la operación *Bootstrap*, reactivó la economía, pero los cambios fueron pequeños y dispersos. Racialmente, y también
culturalmente, los jíbaros tienen más en común con los negros
que con los chicanos y cubanos. Los puertorriqueños, que traían
bombas, plenas y otros estilos de música campesina y formas de
discurso improvisado como la *décima* y la *controversia*, que
fomentaban la participación comunal, una vez que se urbaniza-
ron y entraron a un sistema ya formado por sus ancestros inmigrantes, pronto adquirieron un claro *savoir faire*. Conservaron
una relación de amor-odio con su isla natal. (Los escritores
Pedro Juan Soto y Jaime Carrero expusieron en su obra el regreso
a casa de los *nuyorricanos*).

Casi todo mundo en East Harlem y El Barrio es bilingüe, con el segundo idioma adquirido mediante la educación formal. Aunque no es un talento socialmente aplaudido, el bilingualismo y el continuo acceso al español siempre termina reforzando la identidad cultural puertorriqueña. Juan Flores afirma en *Divided Borders:*

> Parece haber un ciclo de vida del idioma que se usa en la comunidad. Los niños más pequeños aprenden simultáneamente inglés y español, oyendo ambos idiomas de los que los usan por separado y de los que los combinan en varias maneras. Los niños mayores y los adolescentes hablan y escuchan cada vez más en inglés, lo cual va de acuerdo con su experiencia como estudiantes y como miembros de grupos de iguales que incluyen no hispánicos. En la edad adulta joven, al terminar la experiencia escolar y cuando comienzan las oportunidades de empleo, el uso del español aumenta, tanto en uso mixto como en habla monolingüe con personas de mayor edad. En esta edad, entonces, el conocimiento del español adquirido en la niñez pero en gran parte no usada durante la adolescencia, se reactiva. Los adultos maduros hablan ambos idiomas. Las personas más viejas son, por lo menos en la actualidad, monolingües en español, o casi.

Con derecho a empleo y beneficios de seguridad social, los puertorriqueños están atrapados en una red de sistemas gubernamentales. Identificados con los negros más que con los cubanoamericanos y chicanos en sus penurias y difícil asimilación, los medios masivos de comunicación perpetúan un estereotipo de los puertorriqueños como criminales, traficantes de drogas, bebedores irresponsables, incapaces de articular una identidad autorredentora; gentes, como una vez escribió John Sayles, ante quienes uno tiende a pasarse a la acera opuesta para evitar cruzarse con ellos. Cuando se ven confrontados por periodistas molestos, los puertorrqiueños alegan que su puertorricaneidad es una ofensa.

La estética nuyorricana (conocida también como Neorriqueña), un rico producto de su experiencia, se desarrolló sólidamente entre los inmigrantes y los nacidos en Estados Unidos como Miguel Algarín y Pedro Pietri (que se describía a sí mismo como "un neoyorquino nativo nacido en Ponce"), que estaban intentando expresar en música y literatura la experiencia bicultural de muchos puertorriqueños. El mandato espontáneo era verbalizar y traducir en arte la deshumanización y destrucción de la familia puertorriqueña, el *status* político de la isla, los dilemas de expresión lingüística y el laberíntico proceso de asimilación. Sin duda, ningún adjetivo describe mejor que "espontáneo" tal desarrollo cultural. Como ha señalado Faythe Turner, mientras los centros patrocinados por el gobierno trataban de atender las necesidades culturales de la comunidad, a finales de la década de 1970, los intelectuales y los artistas encontraron su propio centro en el *Nuyorican Poets Cafe*. Creado por Algarín como excrecencia de las reuniones informales que tenían lugar en su departamento del *Lower East Side*, donde los poetas y prosistas leían sus obras, el *Nuyorican Poets Café* se estableció en una accesoría vacía que estaba en la acera opuesta. Acudió público procedente de clase media y trabajadora, convirtiendo el lugar en lugar de reunión de negros, alemanes, japoneses e irlandeses, así como puertorriqueños. Finalmente se diversificaron para incluir una estación radiofónica.

Personajes protonuyorricanos, como el columnista de periódicos Jesús Colón, nacido en Cayey y muerto en 1974, se cuentan entre los más ilustres militantes puertorriqueños, que unían la palabra a la acción para defender la mejoría en las condiciones de vida de la comunidad puertorriqueña, y la terminación del

exilio. Colón, simpatizante de los bolcheviques ya identificados
con las causas de izquierda en su tierra, a la edad de 17 viajó de
polizonte en el *SS Carolina* que navegaba a Nueva York, donde
vivió durante cinco décadas, continuando su lucha socialista y
escribiendo una columna periódica en el *Daily Worker*, el diario
del Partido Comunista. Después de desarrollar trabajos serviles
como lavaplatos, trabajador de muelle y empleado postal, dirigió
Hispanic Publishers, una casa editorial dedicada a libros puertorriqueños de historia, política y literatura, que publicó colecciones de cuentos en español por José Luis González, como *Five
Tales of Blood*. Habiendo recibido un citatorio del Comité Senatorial sobre Actividades Antiamericanas, participó como candidato a senador por el Partido Laborista Americano (*American
Labor Party*) y, en 1969, el mismo año en que Norman Mailer fue
candidato a alcalde, fue derrotado en una campaña para el
puesto de contralor de la ciudad de Nueva York. Colón es autor
de *The Way It Was and Other Writings*, una relación testimonial
de los principales personajes y organizaciones puertorriqueñas
en Nueva York. Pero es mejor conocido por su notable obra de
ensayos y reminiscencias, *A Puerto Rican in New York and Other
Sketches*, constituida por artículos publicados en revistas continentales sobre Puerto Rico, la clase trabajadora en general, el
lazo entre las raíces cubanas y puertorriqueñas, y el papel que
jugaron los latinos en la iniciación y actividades del Partido
Comunista de los Estados Unidos.

Bernardo Vega, un tabaquero de toda su vida, nacido en
1885, era amigo de Colón, también tenía puntos de vista
izquierdistas, y era otro activista muy importante de Puerto
Rico. Participó en los primeros años de la Federación Libre de
Trabajadores, una organización laboral de la isla, y más tarde se
afilió como miembro de número del Partido Socialista, fundado
en 1915. Como su camarada, llevó consigo sus metas revolucionarias cuando se trasladó a Nueva York. También estuvo bajo

vigilancia y fue un blanco del Comité Senatorial Sobre Actividades Antiamericanas durante el período de McCarthy, y rápidamente simpatizó con la ideología de la revolución cubana de 1958, y se esforzó por consolidar el Movimiento pro Independencia, de Puerto Rico, una importante fuerza política en la isla después de la segunda guerra mundial. Las décadas que vivió en los Estados Unidos estuvieron llenas de activismo y autoeducación, y, aunque regresó a Puerto Rico al final de su vida (murió en 1965), Vega era una institución en la comunidad continental. Sus Memorias, escritas en español en la década de 1940, permanecieron inéditas hasta 1977. El objetivo original de Vega, como afirmaba su amigo y editor César Andreu Iglesias, era narrar su vida en tercera persona, creando un personaje llamado Bernardo Farallón, un apellido que se refería al área rural donde nació. Pero a la mitad de la narración, olvida continuar en el estilo de ficción y continua en un tono estrictamente autobiográfico. A diferencia de *A Puerto Rican in New York*, lo extraordinario de este libro es su aportación de datos históricos sobre la creación de la comunidad puertorriqueña de Nueva York, y su reflexión sobre la odisea de los exiliados Ramón Emeterio Betances, Hostos, Martí y otros padres ideológicos del siglo XIX. Vega también habla extensamente de Arthur Alfonso Schomburg, el estudioso y bibliófilo nacido en Puerto Rico asociado con el renacimiento de Harlem, y presenta una relación del Partido Nacionalista bajo el liderazgo de Pedro Albizu Campos, a quien se consideraba una fuerza peligrosa como uno de los primeros *independentistas*, fue sometido a juicio en 1936 en la Corte Federal de San Juan y sentenciado a prisión, un suceso que causó una agitación en la comunidad latina de Nueva York.

Los puertorriqueños en su tierra y en los Estados Unidos ¿han sido demasiado dóciles, demasiado sumisos? Hasta la fecha, a pesar de la fiera lucha de Colón, Vega y otros, los estereotipos constituyen el principal enemigo de los borinqueños. Desde la década de 1960, los funcionarios gubernamentales han hablado con frecuencia sobre "el problema puertorriqueño": la criminalidad, la preponderancia de las drogas, la falta de educación, la pobreza y otras formas de miseria en "el barrio". Habiendo cambiado su casa de la montaña por los edificios urbanos, sus lazos colectivos con la isla caribeña son difusos, por lo menos superficialmente. Se imagina a los puertorriqueño como faltos de carácter y autoestima, domesticados, inocuos, sumisos, gentiles rayando en la ingenuidad, fuera de la realidad con respecto a sí mismos, "basura humana" desde el punto de vista del resto de los Estados Unidos. Esta identidad colectiva negativa, su vida fantasma en las ciudades de los Estados Unidos, se estudia a fondo, no solamente por investigadores y analistas estadounidenses, sino también por borinqueños de la isla y en el extranjero.

Entre los más famosos estudiosos se contaba a René Marqués, una fuerza en la renovación del teatro y de la cultura de Puerto Rico. Nacido en 1914, un poeta con obra editada a la edad de 25 años y admirador de Miguel de Unamuno y Jean-Paul Sartre, pasó su vida artística explorando el concepto de la docilidad en obras de teatro sobre los patrones históricos y sociales de su pueblo en su tierra y en la ciudad de Nueva York. El nacionalismo, por ejemplo, es el tema principal de *Palm Sunday*, sobre la masacre de Ponce; en *The Oxcart*, un drama altamente elogiado que utiliza un estilo verbal que proyecta degradación explosiva y corrupción, trata del peregrinaje de una familia jíbara del campo puertorriqueño a las barriadas de Nueva York, y en *Mutilated Suns*, un drama sobre el progreso, la modernización y la penetración del estilo de vida estadounidense en la isla, estudia la vida interior de tres hermanas aristócratas, ocultas en su derruida mansión en la Calle de Cristo en San Juan. En su ensayo "*Docile Puerto Ricans*", incluida en un libro que fue traducido al inglés en 1976, Marqués responde a las opiniones de Alfred Kasin sobre la isla que se publicaron en *Commentary*. "Dócil", escribe, "del

latín *docilis*, significa 'obediente' o que lleva a cabo los deseos del
que manda. Sainz de Robles cita, entre otros sinónimos de la
palabra, 'manso' y 'sumiso', lo cual parece ser característico del
significado generalmente aceptado. Para *docilidad* (la cualidad
de ser dócil), el mismo estudioso nos da 'subordinación', 'manse-
dumbre', 'sumisión'." Para tolerar la humillación desde fuera, los
borinqueños, según Marqués, se ven a sí mismos como inferiores,
una admisión que evidentemente hiere su más interna autoestima y toma la forma de reacción extrema como el antagonismo y
la entrega. Así, Marqués estudiaba la resignación de los puertorriqueños a su condición de dependencia (como nación y como
individuos) y el complejo de inferioridad colectivo con respecto
a los anglosajones. Con todo, su conclusión, es triste decirlo,
refuerza la aceptación de las condiciones: Como la docilidad es
histórica, es de alguna manera aceptable. Su actitud compla-
ciente me recuerda los comentarios de José de Diego, un esta-
dista puertorriqueño, poeta y líder político, que murió en 1918,
ferviente defensor de la independencia política de la isla. En un
ensayo intitulado *"No"*, afirmaba:

> No sabemos cómo decir 'no', y nos vemos atraídos,
> inconscientes, como por una sugestión hipnótica, por el
> 'sí' predominante del mundo del pensamiento, de la
> forma de la esencia: artistas y débiles y bondadosos,
> como hemos sido por la generosidad de nuestra tierra.
> Nunca, en términos generales, dice un puertorriqueño
> dice, ni sabe cómo decir, 'no'; 'Ya veremos'; 'Estudiaré el
> asunto'; 'Decidiré después'; cuando un puertorriqueño
> usa estas expresiones, se debe entender que no quiere;
> como máximo, une el 'sí' con el 'no', y con el adverbio afir-
> mativo y el negativo hace una conjunción condicional,
> ambigua, nebulosa, en la que el querer fluctúa en el aire,

como un pajarito sin rumbo y sin cobijo, en la llanura de
un desierto...

Cualquier discusión de la cultura puertorriqueña en los
Estados Unidos no puede pasar por alto, para bien o para mal, el
impacto de la obra musical *West Side Story*, de 1957. Se trata,
como todo el mundo sabe, de un recuento de la tragedia de
Shakespeare, *Romeo y Julieta*, recuperada como documento
social. Aunque la obra trata de retratar la explosiva realidad de
la vida puertorriqueña en las barriadas de Nueva York, sigue
siendo el foro en que los anglos consideran la puertorriqueñidad en su conjunto. Filmada en 1961 por Robert Wise, con
música de Leonard Bernstein, el musical se desarrolla en un
barrio pobre, racialmente heterogéneo donde los puertorriqueños son la minoría. Las casas enemigas de Montesco y Capuleto
tienen sus equivalentes en las pandillas rivales, los *Sharks* y los
Jets, recelosas y adversas entre sí y con respecto a la sociedad.
María es joven, inocente y virginal. Chino es su hermano
machista, intransigente, tiránico, audaz. Aunque la policía ace-
cha a ambas pandillas en la barriada, el drama ciertamente no
trata a las facciones opuestas con la misma medida; desde el
comienzo, los puertorriqueños sufren la molestia y la ofensa y el
ataque verbal de la autoridad. La fatalidad, el desastre, la
muerte: al final, el mensaje pesimista de *West Side Story* es que
la mezcla de razas y los encuentros interraciales no pueden
darse sin sufrimiento y pérdida. María, la única verdadera
sobreviviente, queda sola sin su galán y sin su hermano. Si,
como W. H. Auden afirmó una vez, *Romeo y Julieta* "no es simplemente una tragedia de dos individuos, sino la tragedia de
una ciudad. Todos en la ciudad están de una u otra manera
implicados y son responsables por lo que sucede", su adaptación musical trata de la tragedia de los estereotipos urbanos

raciales en una metrópoli turbulenta. ¿Quiénes son María, Bernardo, Anita, Pepe y Consuelo? Los personajes masculinos de ascendencia puertorriqueña son machos que añoran la vida menos riesgosa del trópico, mientras que sus mujeres aprecian unánimemente el reto del sueño americano. La alteridad está representada por la piel morena. (En la película, los italianos tienen la piel blanca y no tienen acento). La hostilidad entre italianos y puertorriqueños, y las guerras de pandillas que se dan, sólo siguen perpetuando los estereotipos sobre el tamaño de las familias hispánicas, así como la lujuria y la violencia que viven en la psicología hispánica. Y sin embargo, esta obra se disfruta inmensamente. Cuando se hizo, dramatizó valientemente la discriminación, la lucha étnica y la mezcla de razas en un ambiente urbano. Una nueva generación podría considerarla obsoleta y quizá ingenua; pero hubo considerable talento en su producción.

La literatura borinqueña, escrita en inglés, llena de relatos en primera persona, escritos periodísticos y narraciones autobiográficas sobre la vida de los inmigrantes en las barriadas, debe siempre considerarse a la luz de su equivalente en español de la isla. Ambas están separadas por tan gran abismo y tan gran sentido de malentendido y traición, que tengo la tentación de describirlas como gemelas que fueron separadas al nacer, cada una de las cuales reacciona ante diferentes estímulos estéticos, políticos y sociológicos, unidas solamente por su relación de amor-odio con Nueva York y una extraña necesidad de recordarse una a otra en términos insólitos y nostálgicos. Lingüísticamente, los escritores que residen en el continente se pueden dividir en tres grupos: los que, involuntariamente o por su decisión, adoptaron al inglés como su idioma creativo; los que no lo hicieron; y los que, en gran número, oscilan entre inglés y español. Aunque algunos críticos vacilarían en incluirlo, William Carlos Williams, hijo de madre puertorriqueña y padre inglés, educado en el Caribe, es un ejemplo del primer grupo, junto con Nicholasa Mohr, Judith Ortiz Cofer y el magistrado de la corte penal de Nueva York Edwin Torres. Luis Rafael Sánchez, el autor de la extraordinaria novela *La guaracha del Macho Camacho*, catedrático del City College (una institución académica omnipresente en las letras puertorriqueñas continentales), pertenece al segundo grupo, junto con Rosario Ferré y Julia de Burgos. Burgos, la más grande poetisa puertorriqueña, vivió tanto en Washington, D.C. como en Nueva York, una ciudad que ella veía como fría e inhóspita, y donde ella sufrió frecuentemente de alcoholismo y fue hospitalizada (durante una de estas hospitalizaciones escribió "*Farewell in Welfare Island*"). En 1953, en una calle indiferente, encontró la muerte. No llevaba ninguna identificación. Ed Vega, quien ha escrito novelas en inglés y español (o "espánglish") encabeza el tercer grupo, junto con Miguel Algarín, quien con el dramaturgo Miguel Piñero, fue el primero en identificar el grupo de escritores conocidos hoy como nuyorriqueños.

Como dice el crítico Eugene Mohr en su estudio de la literatura puertorriqueña en los Estados Unidos, *The Nuyorican Experience*, la lengua que estos autores usaban para escribir no elimina la posibilidad de una postura ideológica concreta. Aunque generalmente se ignora, el padre de todo el movimiento continental puertorriqueño fue Francisco Gonzalo "Pichín" Marín, un linotipista que murió peleando en Cuba y cuya poesía romántica en español, como la prosa de sus sucesores Manuel Zeno Gandía y José de Diego Padró, ofrece una visión de la vida sin esperanza de los inmigrantes puertorriqueños en Nueva York. Luego vino Jesús Colón, cuyos contemporáneos que desplegaban su actividad en español incluían a Marqués, Bernardo Vega, Pedro Juan Soto y José Luis González. Lo que hace notable a Colón, autor de *A Puerto Rican in New York* es que cambió al idioma inglés para tener un público más amplio, una decisión que le ganó la reputación de vendido entre algunos de sus compañeros.

Antes de Colón estaba William Carlos Williams, cuya novela *A Voyage to Pagany*, se publicó en 1928. Nacido en 1983, Williams practicó la medicina durante toda su vida en Rutherford, Nueva Jersey, la Paterson de sus poemas. Una de sus más originales obras de semificción fue *In the American Grain*, una colección de semblanzas de Colón, Hernán Cortés, Daniel Boone, Sir Walter Raleigh y otros personajes decisivos en la conformación de las Américas. Este fue un libro pionero en la serie de obras de la cultura latina. Después de un largo silencio vino Piri Thomas, que escribió *Down These Mean Streets*, seguido por Pedro Juan Soto, nacido en Cataño en 1928, quien podría quizá ser el escritor puertorriqueño más idiosincrático. Soto fue profesor de la Universidad de Puerto Rico durante muchos años, y su colección de cuentos, *Spiks*, es una notable pieza literaria, que William Kennedy consideraba "oro puro como tema principal". Igualmente importantes son *El Bronx Remembered* y *Rituals of Survival: A Woman's Portfolio*, de Nicholasa Mohr, finalista en el Premio Nacional del Libro; *Mendoza's Dreams,* de Ed Vega; *Silent Dancing*, de Judith Vega, y la poesía comprometida de Martín Espada en *Rebellion Is the Circle of a Lover's Hand* e *Imagine the Angels of Bread*, entre otros libros. La experiencia de Espada como abogado de residentes de bajos ingresos, principalmente latinos, en Boston, a través de "Su Clínica Legal" dejó una profunda huella en su voz poética. Como el decía, sus versos son "testimonio tomado de mi propia vida, y poemas de la abogacía basados en las vidas de los que por costumbre están condenados al silencio, quien serían los mejores abogados de sí mismos si se les diera la oportunidad."

Miguel Piñero, que murió prematuramente en 1988, y cuyo drama de prisión *Short Eyes* sobre el poder y la violencia carcelaria, ganó un Obie y el premio del New York Drama Critics

Circle para el mejor drama de la temporada de 1973–74, es otro miembro destacado de la serie literaria borinqueña. Piñero nació en Gurabo, Puerto Rico, en 1946, y creció en el Lower East Side; como adolescente, con frecuencia fue arrestado por robar mercancía en tiendas, y por otros crímenes, y fue muchas veces condenado a prisión. Piñero comenzó a escribir como interno de Sing Sing para el taller teatral de Clay Stevenson. "Escribo para sobrevivir", le dijo una vez a un entrevistador. Además de otros dramas y poemas, escribió varios guiones cinematográficos y tuvo pequeños papeles en *El Padrino,* y en *Fort Apache: The Bronx.* Sus temas son el abuso sexual de niños, racismo, y el ataque a la estética de la clase media.

Entre mis escritores puertorriqueños favoritos en inglés está Edward Rivera, nacido en Orocovis, Puerto Rico, en 1944, y catedrático del City College de Nueva York, quien es un autor sumamente peculiar en esta tradición. Bajo la guía editorial de Ted Solotaroff, publicó segmentos de unas memorias en importantes revistas y, con apoyo económico del gobierno, terminó *Family Installments* en 1982, una fascinante narración sobre cómo los latinos llegan a adultos en los Estados Unidos. Otra adición a la lista es Abraham Rodríguez Jr., cuya colección de cuentos, *The Boy Without a Flag,* se inicia con un revelador epígrafe de *The Big Money* de John Dos Passos (la tercera entrega de su trilogía *U.S.A.*): "El idioma de la nación vencida no se olvida en nuestros oídos de la noche a la mañana". El libro incluye siete narraciones, sobre madres adolescentes que dejan a sus hijos recién nacidos como un signo de rebelión contra los irresponsables padres de los bebés, y sobre los hijos de los *independentistas* frustrados de Nueva York que se rehusaban a saludar la bandera de los Estados Unidos en la escuela. Aunque la calidad del escrito es desigual, el tema es estrujante; la situación adversa de los puertorriqueños desposeídos en los Estados Unidos, olvidados por la sociedad. La

ruda jerga callejera que utiliza Rodríguez, sus expresiones y sus
sombríos personajes—*junkies* y traficantes de drogas, niñas
embarazadas y presidiarios—ha sido criticada por sus colegas
literatos puertorriqueños que escriben en inglés, ya sea con ataques abiertos o por el silencio no comprometedor. Así, mientras
que Mohr y otros han respaldado otras voces nuevas menos apa-
sionantes, se han rehusado a reconocer a Rodríguez y Ed Vega,
que fue una vez su amigo y partidario, lo ha acusado de aprove-
charse de una descripción maniquea de estereotipos. *Spider-
town*, de Rodríguez, está escrita en inglés chapurreado ("Ai don
espí ínglich lai yu. Soy hispano, puñeta", rezonga un personaje)
para reproducir la violenta realidad de los adictos al *crack* y los
incendiarios y otros criminales. La novela cuenta la vida de
Miguel, un mensajero que trabaja para el capo de drogas Spider,
cuando trata de distanciarse del medio que lo hizo rico, y permanecer leal a su amor, Cristalena, una protagonista de corte victo-
riano, mientras que Firebug, compañero de cuarto de Miguel, lo
acompaña a una fiesta erótica y de drogas. El diálogo es la invencible fuerza del autor, y la mayoría de los capítulos tienen numerosos coloquios íntimos, un recurso que hace más lenta la trama,
pero permite un extraordinario estudio de la cadencia lingüística de los puertorriqueños de habla inglesa.

Aunque la mayoría de los inmigrantes puertorriqueños eran
jíbaros sin educación, una élite intelectual constituida por los
científicos, profesores y artistas, fueron atraídos por nombramientos en prestigiadas instituciones académicas y por mejores
empleos, y salieron de la isla durante el régimen modernizador
de Muñoz Marín, en lo que los hispanoamericanos llaman una
fuga de cerebros, sin fin. Un fenómeno similar tuvo lugar en la
República Dominicana. En general, los dominicanos, que han
hecho de Nueva York su capital en el exilio, carecen de una cultura equivalente a la nuyorriqueña, simplemente porque menos
de ellos han salido de la República Dominicana, y su emigración

es más reciente. Después de caer el régimen represivo de Trujillo en 1961, imperaron el caos social y la incertidumbre económica, y oleadas de gentes se trasladaron a los Estados Unidos. Muchos prosperaron rápidamente y con poco, o nulo, apoyo gubernamental. La carrera y obra de Julia Álvarez, una escritora dominicana de la clase media alta que enseña en Middlebury College, en Vermont, es un ejemplo de la división entre los inmigrantes educados y los trabajadores rurales. Siguiendo en gran medida la tradición del realismo ruso de siglo XIX, y las líneas de las creaciones del estilo narrativo de porcelana de Nina Berberova, la primera novela de Julia Álvarez, *How the García Girls Lost Their Accents*, tiene como protagonistas a los enérgicos, curiosos y belicosos García de la Torre, una familia rica de Santo Domingo y sus alrededores, cuyo árbol genealógico alcanza hasta los conquistadores españoles. A través de las penas y dichas de la familia García, y la búsqueda espiritual y cotidiana que conduce a su exilio en los Estados Unidos, se plasman los cambios dramáticos de toda una era. El drama colectivo de la familia es una lucha para mantenerse actuales y ajustarse a una cultura extranjera y con frecuencia alienante. La trama se enfoca en Carla, Sandra (también llamada Sandi, siguiendo la tradición hispánica de usar diversas variantes del nombre para la misma persona), Yolanda (Yo, Yoyo, o Joe), y Sofía (Fifi), su hermandad y su educación aristocrática como princesas hispanoamericanas (en inglés SAP, *Spanish American Princess*), desde su salvaje isla caribeña hasta escuelas de prestigio de Nueva Inglaterra, y a la vida de clase media en el Bronx. La experiencia de las hermanas con la discriminación, malentendidos lingüísticos y difíciles matrimonios, ilustra el acostumbrado rito de paso de los inmigrantes latinos al crisol de fusión. Descubren, en las propias palabras de Julia Álvarez, que el lugar intermedio en el que viven "no es solamente de fricción y tensión, sino que también ofrece singulares perspectivas, visiones, energía, posibilidades de elección". Alvarez ha seguido esta linea narrativa en ¡Yo!, una secuela a su primera novela. Y ha buscando nuevos territorios en *In the Time of the Butterflies*, una ambiciosa narración sobre el asesinato de las hermanas Mirabal en la República Dominicana bajo el régimen de Trujillo, así como en *In Search of Salomé*, que se enfoca en la vida de las mujeres de la familia de intelectuales y artistas Henríquez Ureña.

Uno de los factores que unifica a los diversos grupos caribeños es la economía de la cual todos formaban parte. Las Antillas, como lo he dicho antes, florecieron gracias a sus plantaciones de azúcar y cacao, un sistema que se veía a sí mismo como una unidad independiente: un país dentro de un país. De tal manera que uno se ve impelido a buscar un denominador común: ¿Hay realmente tal cosa como la gente del Caribe? Sí y no. Los puertorriqueños, los dominicanos, los jamaiquinos, los haitianos y los cubanos se pueden distinguir en muchas cosas: por el lenguaje que hablan, la historia que les dio forma, su visión del mundo, su autoestima, etc. En su tierra, el patriotismo se nutre por las diferencias ancestrales que con frecuencia equivalen a rivalidades. Cada nación ha seguido una ruta considerablemente diferente de desarrollo. Pero, una vez que los diversos ciudadanos del Caribe se asocian en la búsqueda del sueño americano, crean extrañas e improbables alianzas con las que nunca estarían de acuerdo en su suelo nativo. Las tensiones impregnan las relaciones intercaribeñas; pero cuando se trata de enfrentarse a los anglos o incluso a otros hispánicos, el sentido de unidad se vuelve curiosamente atractivo.

Ahora me dedicaré al otro importante subgrupo caribeño. Entre los más educados y acomodados latinos, los cubanoamericanos, la mayoría de los cuales culpan de su emigración a la revolución de Fidel Castro, eran miembros de familias de ingresos altos y medios en Cuba, que se resistían a perder sus privilegios de clase cuando llegaron a los Estados Unidos. Así, su tendencia a escalar en la jerarquía social en este país era más rápida, más fácil y más impresionante comparada con la de los otros latinos. Los cubanoamericanos han aprendido inglés más rápidamente que los chicanos y los puertorriqueños, y se les conoce por expresar abiertamente sus puntos de vista ideológicos. Los exiliados cubanos de primera, segunda y tercera generación en la Florida se encuentran divididos entre el imaginado Edén que dejaron atrás y su presente condición como ciudadanos americanos seguros. Como grupo, son extremadamente influyentes en los asuntos de Washington. Sin embargo, no se han asimilado totalmente (y no es probable que lo hagan), simplemente porque su actitud está coloreada por un ritmo melancólico, un vago compromiso. Mientras declaran estar listos para regresar a su tierra nativa cuando caiga la dictadura de Castro, contribuyen a producir y disfrutar los frutos irresistibles del Sueño Americano, sin adoptarlo por completo. Sin duda, a Miami se le conoce como un bastión de la resistencia anticastrista, con frecuencia de derecha, y *El Nuevo Herald*, un diario en español, tiene una tremenda fuerza política a nivel local y nacional. Un puñado de reporteros y ensayistas han discutido el dilema de los exiliados cubanos, especialmente David Rieff, cuyo *The Exile: Cuba in the Heart of Miami*, publicado en 1993, es un concienzudo estudio del comienzo del exilio y sus consecuencias previsibles. Lo que mejor hacen estos escritores es explicar el significado del exilio, un extraño y fantasmagórico estado mental, lo que Czeslaw Milosz llamaba "el recuerdo de las heridas", y Julio Cortázar llamaba "el sentimiento de no existir por completo". El inmortal poema de José Martí, "Dos Patrias", conocido en inglés como "Motherlands", transmite el impacto espiritual del exilio. Un segmento:

Dos patrias tengo yo: Cuba y la noche.
¿O son una las dos? No bien retira

Su majestad el sol, con largos velos
Y un clavel en la mano, silenciosa,
Cuba cual viuda triste me aparece.
¡Yo sé cuál es ese clavel sangriento
Que en la mano le tiembla! Está vacío
Mi pecho, destrozado está y vacío.
En donde estaba el corazón.

Tan nostálgica descripción del exilio cala hondo dentro de la comunidad cubanoamericana. *Cuba libre*, el sueño, toma formas innumerables, incluyendo una bebida alcohólica compuesta de ron y Coca Cola, que se inventó antes de la revolución de Castro, y se ha convertido en un símbolo hispánico. Según Joan Didion, las tres personalidades más detestadas en la Pequeña Habana son, antes que nadie, Fidel Castro; luego, Ted Koppel, comentarista del programa nocturno de ABC, *Nightline*—porque los cubanos no aprecian la importancia del debate abierto entre partes opuestas y estarían más dispuestos a la liquidación—y por último, pero también importante, John F. Kennedy, quien ordenó la fatídica invasión de Bahía de Cochinos y luego se olvidó del apoyo que había recibido de los cubanos derechistas de Miami. Cuando Kennedy fue asesinado en Dallas en 1963, los exiliados cubanos fueron de inmediato señalados como miembros de la conspiración. La película paranoica y ganadora de premio de Oliver Stone, *JFK*, trata de la conexión cubana con el asesinato. En la película, se presenta a los cubanos como desleales y obsesionados con la caída de Castro. Con frecuencia, tienen extrañas expresiones físicas y un aspecto ultrajante. Entre otras cosas, Stone, según parece, quiere investigar la forma en que la imaginación estadounidense ha utilizado a "los otros" para explicar el trágico fin de Kennedy. Pero se enreda en su propio laberinto: los cubanos acaban estereotipificados, y se sugiere que, a diferencia de cualquier otra comunidad latina de los Estados Unidos, ellos tienen acceso al poder y han estado implicados en eventos cruciales de la historia de los Estados Unidos. (El único incidente similar en el que puedo pensar que implica a otros latinos se remonta al 1 de noviembre de 1950, cuando Oscar Collazo y Griserio Torresola, nacionalistas puertorriqueños, trataron de matar al presidente Harry S. Truman, quien en esa época vivía temporalmente en Blair House mientras se hacían renovaciones en la Casa Blanca). Memoria e identidad, memoria y modernidad. Para nosotros, el exilio se cuenta entre las expresiones más dolorosas, degradantes, agotantes y trágicas del laberinto que habitamos.

Pocos cuestionan la importancia de la revolución comunista como un acontecimiento de maduración en la historia moderna del continente. México, unos cincuenta años antes, tuvo la primera revolución pro-reformista del siglo XX. Pero sus sueños fueron traicionados y enterrados por los corruptos regímenes subsecuentes. El valor de los luchadores por la libertad fue vencido por la mediocridad burocrática. La lucha de Fidel Castro, por otro lado, tuvo un eco inmediato en la intelectualidad latinoamericana. Muchos celebraron su triunfo e ingenuamente abrazaron su ideología izquierdista. En 1956, Fidel, su hermano Raúl Castro, el Ché Guevara y otros setenta y nueve zarparon de la costa mexicana del Pacífico, en el yate *Granma*, para derrocar al régimen de Batista. Los arreglos fallaron, y solamente doce sobrevivieron el desembarco: un levantamiento abortado, un incidente risible si la posteridad no hubiera reescrito sus líneas. El Ejército Rebelde, de glorioso nombre, y Radio Rebelde, inaugurada por el Ché, se fue a la Sierra Maestra para lanzar la campaña de guerrillas contra el Gobierno.

Fulgencio Batista, un corrupto sargento del ejército, ejerció una tiranía que tenía estrechos lazos con los Estados Unidos. Cuba, durante su régimen, era conocida como el burdel de los Estados Unidos: una isla tropical donde reinaban las apuestas y

la prostitución. El despreciado gobierno de Batista se dividió
en dos etapas. La primera etapa duró una década, 1934–44. Después de que Batista derrocó a Gerardo Machado en 1933, los militares destituyeron violentamente al Dr. Ramón Grau San Martín,
quien fue presidente durante menos de un año. Luego, en 1952,
después de un golpe de estado, Batista derrocó al gobierno de
Carlos Prío Socarrás. (La pésima película de Sidney Pollack de
1992, *Havana*, con Robert Redford y Lena Olin, se desarrolla
durante las horas finales del segundo régimen de Batista). El
ataque del Ejército Rebelde al Cuartel de Moncada en julio de
1953, marcó el comienzo de la insurrección contra Batista;
pero la verdadera revolución no tuvo lugar sino hasta 1959. El
último día del año de 1958, Batista huyó del país, y el 1 de enero
de 1959, el Ejército Rebelde, comandado por el Ché Guevara,
entró triunfante a la Habana. El impacto político fue tremendo.
En octubre de 1960, los Estados Unidos impusieron un embargo
económico con consecuencias de gran alcance; esta acción fue
condenada por muchos latinoamericanos como agresión, una
revocación de la Política del Buen Vecino de Roosevelt. A principios de 1961, Washington rompió permanentemente las relaciones diplomáticas con Cuba, y la presión que ejercían sobre
Washington los cubanoamericanos para que permaneciera firme,
aumentó repentinamente y se volvió más fuerte en las siguientes décadas.

Las tensiones entre Miami y la Habana han aumentado
desde que Castro ocupa el poder y como resultado del embargo.
En 1975, se enviaron tropas cubanas a Angola, y dos años después, el presidente Jim Carter firmó un convenio para intercambiar diplomáticos y regular la pesca en aguas territoriales. Pero
Ronald Reagan y George Bush aumentaron las hostilidades hacia
el gobierno de Fidel Castro, y sólo durante la administración de
Clinton, ciudadanos de los Estados Unidos, invitados por Castro,
viajaron a Cuba. La novedad de esta invitación tenía detrás una

clara estrategia: introducir divisas duras a un sistema que se asfi-
xiaba. Aunque Miami y la Habana viven de espaldas desde que
Castro está en el poder, la comunicación entre ellos se realiza en
forma de gritos. Constantemente se acusan mutuamente de traición y falta de patriotismo. Se escupen mutuamente en la cara y
en el nombre. Un capítulo crucial en las relaciones entre Estados
Unidos y Cuba se conoce como *el diálogo*. En 1978, un grupo de
cubanoamericanos fundó el Comité de los Setenta y Cinco, cuyo
propósito era establecer un diálogo entre la comunidad en el exilio y las autoridades de la isla. En abril de 1980 tuvo lugar una
explosión en las relaciones diplomáticas, cuando doce cubanos
que estaban buscando asilo chocaron un minibús contra las
rejas de la Embajada Peruana en la Habana. El gobierno de Cuba
anunció que cualquiera que quisiera salir de Cuba podría ser
recogido en el puerto de Mariel. Unas 125,000 personas salieron
del país, entre las cuales se incluían criminales y otros reclusos
de las cárceles cubanas, incluyendo a Reinaldo Arenas, cuya obra
autobiográfica, en la cual está basada la película con Javier Bar-
dem y sobre la cual reflexionaré más adelante. (La película de
Néstor Almendro y Jorge Ulla, *Nobody Listened,* trata, en parte,
de los ecos de este incidente). El incidente de Mariel provocó
mucha cotroversia en ambos países. Finalmente, en diciembre
de 1984, Cuba y los Estados Unidos firmaron un acuerdo sobre
inmigración por el cual Cuba estaba de acuerdo en aceptar de
regreso 2,746 "excluíbles" de Mariel, y los Estados Unidos aceptaba una cuota anual de 20,000 cubanos. Una vez más, el exilio y
la memoria se enlazaban. El puente naval de Mariel conserva un
lugar especial en la imaginación cubanoamericana. El novelista
Reinaldo Arenas fue uno de los muchos que llegaron a los Estados Unidos en esa ocasión, y su obra está llena de decepción y
furia. Su enojo contra el régimen tiránico de castro, más que
desaparecer, tomó nueva forma una vez que llegó a la Florida.
Fue ridiculizado y estigmatizado entre los cubanoamericanos

debido a su identidad homosexual. (Almendro se refirió valientemente al tema de la homosexualidad en Cuba bajo el comunismo en su documental de 1983, *Improper Conduct*).

Como regla general, los medios de comunicación estadounidenses describen a los cubanos y a los cubanoamericanos con estereotipos, como motivados por el poder o como individuos obsesionados por el recuerdo y el exilio. En la película *El Super*, el protagonista arde en deseos de regresar al paraíso tropical de su juventud. En *JFK* de Oliver Stone, los cubanoamericanos parecen haber jugado un papel de detonador en el asesinato de Kennedy. Lo que es quizá la más atroz descripción de un latino en una película de Hollywood es *Scarface* de Brian de Palma (la adaptación del guión la hizo el mismo Oliver Stone), un carnaval de tres horas de duración de sangre y balas. Al Pacino, incapaz de mantener su acento hispánico durante toda la película, hace el papel de Tony Montana, un refugiado de Mariel que se rehusa a realizar trabajos serviles—la película comienza con una secuencia real del incidente de 1980—y, en vez de esto, se convierte en un capo paranoico del tráfico de drogas. Montana convierte el recuerdo y el exilio en fuerza de macho. Ama a su familia, pero es incapaz de comprender sus necesidades. En vez de asimilarse al sueño americano, adapta el sueño a sus propias necesidades. (Irónicamente, Montana se ha convertido en un personaje mítico entre los músicos de *rap*, quienes glorifican su vileza e individualismo).

El recuerdo y sus ecos, que lo impregnan todo, tienden a ser los elementos clave en las personificaciones literarias de los cubanoamericanos, y éste también es el tono de la obra de Oscar Hijuelos: el arte de añorar como deporte espiritual. La primera novela de Hijuelos, *Our House in the Last World*, publicada cuando el autor tenía 32 años de edad, fue, en palabras de Nicolás Kanellos, "una típica autobiografía étnica capaz de atraer a los escritores hispánicos al mercado". Luego vino el extraordinario éxito de *The Mambo Kings Play Songs of Love*, una emotiva narración de amor fraterno en el Nueva York de la década de 1950, que describía el impacto e influencia de los ritmos latinos al norte de la frontera. Después de su novela de ambiciones urbanas, Hijuelos escribió algo tan lejos de una secuela como se pueda imaginar: *The Fourteen Sisters of Emilio Montez O'Brien*, una narración pastoril de una familia cubanoirlandesa que vivía en un bucólico pueblecillo de Pennsylvania, escrito con una genuina sensibilidad femenina. Influido por una fascinante mezcla de escritores, desde William Butler Yeats hasta Flann O'Brien, Hijuelos marca una tendencia de la nueva generación de cubanoamericanos y se abstiene de la política, como lo hace Julia Álvarez en su estudio novelado de las chicas adineradas dominicanas en los Estados Unidos.

La primera novela de Cristina García, *Dreaming in Cuban*, habla de la búsqueda de identidad y autoestima de la familia Del Pino, especialmente de sus cuatro mujeres: la matrona Celia del Pino, sus dos hijas, Lourdes Puente y Felicia Villaverde, y su nieta Pilar. García, una periodista cubanoamericana nacida en La Habana en 1958 y criada en la ciudad de Nueva York, donde estudió en el Barnard College, tiene conocimiento de primera mano de su tema. Su novela parece ser una autobiografía, un intento de una inmigrante de segunda generación de narrar las aventuras siempre cambiantes de sus parientes en Cuba y en el exilio. Pero también es algo más: en su prosa lírica y encantadora, el libro es una fascinante disertación sobre la cultura del exilio y sobre cómo diferentes personas sobreviven a sus miserias o perecen de nostalgia. Sin lugar a dudas, el apellido de García ha sufrido por la aculturación de la cual habla, y ahora lo escribe sin acento. Precisamente este tipo de transformación, lingüística y espiritual, afecta a cada uno de sus personajes. La trama va y viene entre la aldea Cubana de Santa Teresa del Mar y La Habana, Brooklyn y Checoslovaquia, como si la identidad latina se encarnara en una diáspora eternamente dividida, un puente roto en pedazos. Las estrategias de sobrevivencia varían: cada protagonista tiene que adaptarse al medio, mientras la historia parece sufrir cambios radicales difíciles de comprender. El proceso de adaptación no ocurre sin dolor. Infeliz como pintora y estudiante en Nueva York, Pilar sueña en inglés, pero tiene la esperanza de regresar a la isla, al lado de su abuela, para volver a tomar el control de sí misma, para soñar en cubano. El hecho de que ella trata de terminar su exilio es una afirmación de su condición de ciudadana de los Estados Unidos. Usa esta cultura, pero todavía pertenece a la otra. Con todo, en 1980, cuando ella finalmente logra regresar a una Habana surrealista, llena de pósters revolucionarios y calles llenas de viejos *Oldsmobiles*, precisamente cuando está a punto de comenzar el puente naval de Mariel, ella comprende la máxima inmortalizada por Thomas Wolfe: "¡No puedes volver al hogar! El hogar es una alucinación". En su segunda novela, *The Agüero Sisters*, Garcia regresa a la misma problemática: las dos Cubas, la de adentro y la de afuera.

La nostalgia cubana también se ha convertido en una máquina de triunfar. Considérese el caso de Ricky Ricardo, el director de orquesta representado por Desi Arnaz, quien piensa que su esposa debiera quedarse en casa; quien, a pesar de la voz discrepante de los cubanistas, permanece como lo máximo en historias de triunfo cubanoamericano y una refutación a la melancolía como estilo de vida. Desde octubre de 1951 hasta mayo de 1957, el pasatiempo favorito de los Estados Unidos fue ver los 179 episodios de "*I Love Lucy*" en el canal televisivo de la CBS. Como sostiene Bart Andrews en su libro sobre el show, "*Lucy & Ricky & Fred & Ethel: The History of 'I Love Lucy'*", los Ricardos y los Mertzes eran tan populares que más gente vio el episodio de 1953 que describía el nacimiento del pequeño Ricky que la toma de posesión del presidente Dwight D. Eisenhower, que tuvo lugar al siguiente día, e incluso que la coronación de la reina Isabel, seis meses después.

El único hijo de un senador cubano y alcalde de Santiago, Desi Arnaz nació y recibió el nombre de Desiderio Alberto Arnaz y de Acha III, en 1917. La familia era dueña de 100,000 acres, una enorme casa en la ciudad, una isla privada en la bahía de Santiago, y numerosas lanchas veloces, automóviles y caballos de carrera. El padre quería que Desi, como le llamaban, estudiara leyes en la Universidad de Notre Dame, en Indiana, y luego regresara a su tierra a ejercer la profesión. Pero el primer golpe de estado de Batista, en 1933, originó bastantes problemas. Como lo describe en sus memorias de 1976, *A Book*, el padre de Desi fue encarcelado y su propiedad fue confiscada. Desi y su madre se embarcaron hacia Miami. Asistió a la *St. Patrick's High School*, donde uno de sus compañeros de clase era hijo de Al Capone. Trabajó en numerosos empleos para pagar la renta, sin dejar de luchar para liberar a su padre: como limpiador de jaulas de canarios, como chofer de camiones, como garrotero de patio de ferrocarril, como tenedor de libros. Su inglés era limitado. Según Andrews, una vez que Desi pidió un alimento en un restorán, le sirvieron equivocadamente cinco platos de sopa. Comenzó tocando música en *nightclubs* y pronto logró éxito en Nueva York, donde consiguió un papel estelar como futbolista latino en una comedia musical. Conoció a Lucille Ball en 1940, en un estudio de Hollywood donde tenía una cita para hacer su papel de Boradway en una adaptación fílmica. El director los presentó.

Aproximadamente diez años después, Lucille Ball se decepcionó de su carrera fílmica. Arnaz todavía estaba tocando con su banda en centros nocturnos, y ocasionalmente desempeñaba papeles en películas y obras de teatro. Lucille Ball tenía un programa de radio (*"My Favorite Husband"*), que la CBS quería convertir en programa de televisión. Al principio, los ejecutivos se rehusaron a que Arnaz fuese su co-protagonista, pero Lucille no aceptaba ninguna otra alternativa. Lo que resultó fue un sainete que tenía como ingredientes esenciales la música latina y el acento hispánico. No solamente fue Arnaz una fuerza impulsora del enorme éxito de su esposa, sino también el cerebro de muchas series de horario estelar, incluyendo *Los intocables*. ¿Por qué era tan popular el cubano? En opinión de Andrews, un pariente extranjero con un acento embarazoso existe en el pasado de todo estadounidense. A todo mundo le gusta Ricky Ricardo, un latino con un fuerte acento cubano. (Arnaz algunas veces cometía errores al traducir el inglés de Lucy al español). ¿Será que al compartir el respeto por él, el público tranquiliza su conciencia? Hablando estrictamente, a pesar de su naturaleza cómica, *I Love Lucy*, del mismo modo que *West Side Story*, perpetúa una serie de estereotipos sobre los latinos y sobre las mujeres en general: Ricky Ricardo cantaba "Guadalajara", "Babalú" y "*Cuban Pete*"; los Mertzes celebraban un aniversario de bodas en el Copacabana, y Lucy decoraba su departamento como Cuba, con palmeras, sombreros, pollos y hasta una mula; pero no había un entendimiento profundo, no se expresaba una consideración honrada de las diferencias humanas. De acuerdo, el programa de televisión se anunciaba como mero entretenimiento. Sin embargo, su risa finalmente conseguía evitar la realidad, más que desembrollar sus complejidades. A los ojos del público de televisión, Arnaz surgió como lo máximo en *latin lovers* y bravucón. En un episodio, algo que Lucy lee en una columna de chismes la induce a pensar que Ricky anda con otra mujer. Para disculparse por lo que ella cree ser una falta de confianza en su cónyuge, prepara rápidamente el platillo favorito de su esposo. Lucy está siempre consciente de sus fantasías lingüísticas y alude a la incomodidad lingüística de todo el país con respecto a los acentos extranjeros. En otro episodio, avergonzada de los efectos que el descuidado inglés de su esposo puedan tener en su bebé próximo a nacer, ella contrata un tutor después de pedir a Ricky: "Por favor, prométeme que no le hablarás a nuestro hijo hasta que tenga 19 o 20 años". La dura prueba de Arnaz, como lo sabe Hijuelos (el ahora famoso principio de su segunda novela gira alrededor de una repetición de un episodio de media hora de "*I Love Lucy*"), es el sueño de todo latino de "hacerla en grande" en América. Y entre los latinos, los cubanoamericanos simbolizan triunfo y progreso, asimilación pero también identidad.

Miami se ha convertido en un reducto político cubanoamericano. En 1985, Radio Martí, una estación anticastrista que transmite a Cuba, se inauguró en Miami, y Cuba suspendió el acuerdo de inmigración. Y una década después, cuando Mikhail Gorbachov de la ex-Unión Soviética visitó Cuba, y tuvieron lugar el juicio y la ejecución de oficiales cubanos militares y de seguridad de alto rango, incluyendo al héroe de la República, General Arnaldo Ochoa Sánchez, acusados de tráfico de drogas, TV Martí transmitió el juicio mediante un globo anclado cerca de los cayos de Florida. No hay duda de que la ambivalencia de los emigrados cubanos ha provocado muchos efectos colaterales, incluyendo la atmósfera explosiva de la política radical cubana en Miami, cuyo más vigoroso exponente es Jorge Mas Canosa, fundador y jefe de la dogmática y derechista Cuban American National Foundation. El estilo dictatorial de Canosa—quien es sólo un capítulo en la casi infinita lista de tiranos del Caribe y otras partes de América Latina, cuya psiquis colectiva genera tales egomaníacos ávidos de poder extremo—es evidente en su denigrante campaña de "antidifamación" contra el periódico en español *El Nuevo Herald*, al cual los partidarios de Canosa han comparado con el órgano del Partido Comunista en la Habana. Otra consecuencia de la ambivalencia cubanoamericana es el compromiso incondicional de los cubanos de los Estados Unidos con la educación bilingüe, un movimiento que realmente comenzó en el condado de Dade a principios de la década de

1960, como resultado de la oposición de los emigrados adinerados e ideológicamente activos a permitir que sus hijos vivieran y fueran educados exclusivamente en inglés. Los emigrados cubanos tienen una percepción consciente y precisa de sí mismos y su pueblo. "Cuba era, es y volverá a ser el Edén" es la manera colectiva de ver una realidad perdida. La obsesión cubana de celebrar y glorificar el pasado de su nación con frecuencia se lleva a límites absurdos. (En esto también, la película *El Súper* ofrece un luminoso ejemplo). La diferencia de perspectiva se hace evidente frecuentemente entre generaciones: Mientras las víctimas directas de las nacionalizaciones y persecuciones de Castro tienden a implicarse más y por lo tanto tienen que ver el futuro en forma drástica, la nueva generación de cubanoamericanos, menos involucrados políticamente y más inclinados a aceptar el sueño americano, prefiere tomar una actitud evasiva. Lo que es incuestionable es que muchos en Miami esperan ansiosamente la fecha crucialmente redentora, y su paciencia se agota. Ya hay un gobierno en el exilio, con su presidente y gabinete, y se están llevando a cabo investigaciones respecto a la reapropiación legal de los bienes raíces perdidos en Cuba, con observadores que vigilan estrechamente las transacciones que se están clarificando en Rusia y Europa Oriental.

Cualquiera que sea la actitud de los exiliados cubanoamericanos con respecto al futuro de su isla natal, como lucha, como condición, el desplazamiento es y seguirá siendo una marca de los latinos. La agitación política está presente por doquier, en todo. Al sur del Río Bravo, nuestras contradicciones históricas son inmensas, lo cual significa que nunca habrá una revolución definitiva, ni un final de la secuencia de transformaciones ideológicas que asuelan al pueblo. Ser expulsado de su tierra, vagar por diásporas geográficas y lingüísticas, es parte esencial de nuestra naturaleza. Una vez que se llega a los Estados Unidos, las cosas se ponen peor. En el exilio, en la panza de la bestia, la mano amistosa del anglo, al mismo tiempo detestable y amable, simultáneamente abre un acogedor refugio y subyuga como victimario.

Muchas historias, un archipiélago fracturado geográficamente, herido por la historia, en el cual coexisten varias visiones del mundo.

TRES

En guerra con los anglos

WHO IS THE ALIEN, GRINGO?

El 29 de agosto de 1970—meses después de la manifestación por los derechos humanos en Denver y en otras partes, dirigida por César Chávez y otros líderes—el activista Rubén Salazar, radioproductor y reportero de *Los Angeles Times,* fue muerto por la policía de Los Angeles. El movimiento chicano, también conocido como La Causa, y El Movimiento, estaba en su apogeo. Poco antes, como se puede ver en el documental de Jesús Treviño *Requiem 29,* más de 30,000 personas participaron en la marcha del Comité del *National Chicano Moratorium* contra la guerra de Vietnam, en el este de Los Angeles.

Salazar, junto con dos amigos, había estado cubriendo una protesta que se convirtió en motín y se había detenido momentáneamente en el *Silver Dollar Bar* en el Whittier Boulevard, en la sección Laguna Park de Los Angeles. Pensando que adentro se hallaba un activista chicano armado, unos pocos oficiales de policía, después de sellar la puerta de entrada y gritarle al hombre que saliera, usaron gas lacrimógeno y tiraron una granada que le pegó a Salazar en la cabeza y lo mató. El pistolero fue identificado posteriormente, pero nunca arrestado. La muerte de Salazar hizo época y ominipresente en la toma de conciencia colectiva chicana. Abundan los monumentos al periodista: de California a Texas, y se nombran en su memoria parques, en bibliotecas, y proyectos de vivienda. Su vida y funeral, su pensamiento e imagen, han inspirado murales y otras formas de arte gráfico, y aparecen como símbolos de la resistencia, por ejemplo, en la novela de misterio de Lucha Corpi, publicada en 1992, *Eulogy for a Brown Angel*; y en *The Revolt of the Cockroach People* por Oscar "Zeta" Acosta, el abogado chicano militante, quien sirve de inspiración para el personaje samoano de 300 libras en *Fear and Loathing in Las Vegas*, de Hunter S. Thompson. Asesinado probablemente debido a que sus ensayos y reportajes de su periódico molestaban a las agencias gubernamentales y denunciaban injusticias cometidas contra chicanos, Salazar usaba sus foros, el periódico y los programas de radio, para verbalizar la situación adversa, tanto interna como externa, que sufrían los chicanos. Por tanto, personifica la forma en que el arte y la política están íntimamente entrelazadas entre nosotros los chicanos.

En tanto que los puertorriqueños continentales, son probablemente más cercanos a los negros estadounidenses que a ningún subgrupo latino, los mexicanoamericanos, los *mexicanos, pochos, la raza,* o simplemente *chicanos* (de *mechicanos*), han experimentado un tipo diferente de exilio que los que han sufrido otros hispánicos y se identifican fácilmente con los indios de Estados Unidos. Aunque la mayoría de los actuales mexicanoamericanos cruzaron la frontera ya sea como trabajadores agrícolas estacionales durante o después de la Segunda Guerra Mundial, o son descendientes de braceros, nosotros los mexicanoamericanos orgullosamente basamos nuestra condición de habitantes más antiguos de los Estados Unidos continentales, en el Tratado de Guadalupe Hidalgo, que terminó la guerra entre México y los Estados Unidos en 1848, y dio como resultado la venta que hizo México a los Estados Unidos de territorios en lo que ahora es California, Nuevo México, Arizona y Texas, por 15 millones de dólares. Desde el principio, la psiquis chicana ha sido hostil. La resistencia silenciosa y una negativa a aceptar su nueva condición, siempre ha dado un color a las vidas de los mexicanos al norte del Río Bravo.

Debe agregarse que no todos los mexicanoamericanos están en el suroeste. Nueva York en la década de 1980, por ejemplo, se podía haber rebautizado como Nueva Ciudad de México: en 1992, había un estimado de 200,000 mexicanos en el área metropolitana, principalmente de edades menores de treinta años, principalmente de Puebla, Oaxaca y otros estados sureños de México. El barrio Lawndale de Chicago ha sido llamada *La Villita*, porque la cultura mexicana es allí omnipresente. Y esto, sin tocar el resto del medio oeste.

Nosotros, los intelectuales chicanos, nos describimos como luchadores por la igualdad y la justicia en una resistencia de muchos años contra las fuerzas dominantes externas, personificadas frecuentemente por los anglos. Sólo mediante esfuerzos organizados han cambiado realmente las cosas. La Orden Hijos de América, por ejemplo, formada en 1921 en San Antonio para promover el registro electoral y la acción política de los mexicanoamericanos ayudó a crear un clima de entendimiento. Y se formaron organizaciones culturales en el suroeste para celebrar fiestas patrióticas mexicanas y estadounidenses sobre igual base. Aun cuando uno de los compromisos surgidos del Tratado de Guadalupe Hidalgo era que las festividades españolas e hispánicas se respetarían. Pero, fuera de casos esporádicos (el más importante es el de Miguel Antonio Otero, que en 1897 llegó a ser el primer chicano electo como gobernador del Territorio de Nuevo México), los políticos latinos, como grupo, no han obtenido puestos públicos sino hasta recientemente. Como dijo William Carlos Williams, un simpatizador puertorriqueño:

¡La historia, la historia! Tontos de nosotros, ¿qué sabemos o qué nos importa? La historia comenzó para nosotros con el asesinato y la esclavitud, no con el descubrimiento. No, no somos indios, pero somos hombres del mundo. La sangre no significa nada; el espíritu, el alma de la tierra se mueve en la sangre, se mueve en la sangre. Somos nosotros los que corrimos a la playa desnudos, los que gritamos 'Hombre del cielo'. Pelear, perseverar contra fuerzas externas opresoras agigantadas, está en el núcleo de nuestro ser. La lucha, la contienda, la pelea, el empeño. La oposición, por supuesto, es la declaración enérgica del inmigrante contra la vida de parias.

La mayoría de los chicanos llegaron al norte y entraron ilegalmente o de otra manera, como huéspedes. Las leyes de inmigración monitorean su entrada, aunque no su asimilación como latinos; también etiquetan a los recién llegados, estableciendo la manera en que la sociedad los percibirá en lo sucesivo. En 1917, por ejemplo, los Estados Unidos aprobaron el Acta de Inmigración, que requería que todos los inmigrantes, excepto los mexicanos, pagaran un impuesto individual y cumplieran el requisito de saber leer. Siete años después, el Acta Johnson Reed refinó las cuotas instituidas por primera vez en 1921: el gobierno limitaba estrictamente toda inmigración, excepto de las naciones de la Europa del norte y de occidente, lo que oficialmente significaba que a los hispánicos—parias, escoria social—se les trataba como de segunda clase después de los europeos como judíos e italianos, y se les acusaba de quitar empleos de otras gentes.

Nuestra historia, como la de los caribeños, es una dolorosa cadena de relaciones traumáticas con sociedades más poderosas que nosotros, desde los portugueses-ibéricos hasta los franceses, británicos y estadounidenses. El plan de San Diego, formulado en 1915 en San Diego, Texas, establecía la oposición mexicano-estadounidense en el sur. En 1932–33, la *Cannery and Agricultu-ral Workers Industrial Union* (Sindicato Industrial de Trabajadores de Envase y Agricultura) organizó y dirigió la huelga de algodón del Valle de San Joaquín, que se oponía a los salarios mínimos por debajo de la norma y a las condiciones miserables de trabajo. ¿Puede una cultura del aguante volverse una cultura del triunfo? Primero rendíamos culto a bandidos como Juan Cortina–quien dirigió una revuelta en 1859 para protestar por el maltrato angloamericano de los mexicanoamericanos de Texas–, Gregorio Cortez, Juan Flores, Jacinto Treviño, Tiburcio Vásquez (personaje de un drama de Luis Valdez) y, quizá mejor conocido, Joaquín Murrieta, cuyo nombre algunas veces aparece escrito con una sola "r". En lo que va del siglo, hemos perfeccionado el arte del activismo, y el enlace entre la agonía y el triunfo es obvio: los proscritos se mudaron de la periferia de la cultura a la escena central.

El padre Alberto Huerta, de San Francisco, California, ha dedicado una enorme cantidad de energía a descifrar las implicaciones históricas y metafóricas de las adversidades del legendario forajido mexicano Murrieta en el condado de Fresno. Murrieta era una especie de Robin Hood que peleaba contra la hegemonía de los anglos, por dolor y ultraje, dando dinero y felicidad a los pobres y desposeídos. Su muerte, como la de Pancho Villa, se ha convertido en mito. Durante la fiebre de oro, Murrieta viajaba de Sonora, México a California, con su hermano, su esposa y probablemente otros parientes y amigos. Su final permanece oscuro. Parece ser que un grupo de anglos borrachos violaron a su esposa, a él lo torturaron y colgaron a su hermano. Durante los pocos años siguientes, disfrazado de viejo, de indio o de lo que fuera, buscó a cada uno de sus torturadores y los mató. Las autoridades estadounidenses ofrecieron una recompensa por su cabeza después de que se convirtió en un criminal vengativo, símbolo de la animosidad chicana hacia la hegemonía de los angloparlantes. La época era la década de 1980, cuando Tiburcio Vásquez y otros fueron etiquetados como bandidos por la gran prensa por oponer resistencia a la ocupación de las tierras chicanas por parte de los anglos en California. Aquí está uno de varios corridos acerca de Murrieta:

Yo no soy americano
pero comprendo el inglés.
Yo lo aprendí con mi hermano
al derecho y al revés.
A cualquier americano
lo hago temblar a mis pies.

Cuando apenas era un niño,
huérfano a mí me dejaron.
Nadie me hizo cariño,
y a mi hermano lo mataron.
Y a mi esposa Carmelita,
cobardes la asesinaron.

Y me vine de Hermosillo
en busca de oro y riqueza.
Al indio pobre y sencillo
lo defendí con firmeza.
Y a buen precio los sherifes
pagaban por mi cabeza.

A los ricos avarientos,
yo les quité su dinero.
Con los humildes y pobres
yo me quité mi sombrero.
Ay, que leyes tan injustas
fue llamarme bandolero.

A Murrieta no le gusta
lo que hace no es desmentir.
Vengo a vengar a mi esposa,
y lo vuelvo a repetir.
Carmelita tan hermosa,
cómo la hicieron sufrir.

Por cantinas me metí,
castigando americanos.
"Tú serás el capitán
que mataste a mi hermano.
Lo agarraste indefenso,
orgulloso americano".

Mi carrera comenzó
por una escena terrible.
Cuando llegué a setecientos
ya mi nombre era temible.

Cuando llegué a mil doscientos,
ya mi nombre era terrible.

Yo soy aquel que domina
hasta leones africanos.
Por eso salgo al camino
a matar americanos.
Ya no es otro mi destino
¡por cuidado, parroquianos!

Las pistolas y las dagas
son juguetes para mí.
Balazos y puñaladas,
carcajadas para mí.

Ahora con medios cortados
ya se asustan por aquí.

No soy chileno ni extraño
en este suelo que piso.
De México es California
porque Dios así lo quiso
y a mi sarape cosida
traigo mi fe de bautizo.

Qué bonito es California,
con sus calles alineadas.
donde paseaba Murrieta
con su tropa bien formada,
con su pistola repleta
y su montura plateada.

Me he paseado en California
por el año cincuenta,
con mi montura plateada
y mi pistola repleta.
Yo soy ese mexicano
de nombre Joaquín Murrieta.

Habituado a la violencia, listo para matar tantos enemigos
como fuera posible, Murrieta inauguró, o al menos perpetuó, la
imagen del hispánico agresivo: listo para vengarse, atacar, dejar
aflorar su espíritu bárbaro. No es sorprendente que este personaje se haya metamorfoseado en un héroe entre los chicanos.
Muchos han escrito acerca de él, atribuyéndole con frecuencia
diferentes lugares de origen e identidades. En 1881, apareció un
cuento corto anónimo con el título *Las aventuras de Joaquín
Murrieta*. Ireneo Paz, abuelo de Octavio Paz, y Yellow Bird (John

Rollin Ridge) escribieron acerca de él; el segundo, en *Life and Adventures of a Celebrated Bandit: Joaquín Murrieta*, en 1925. Jill L. Cossley-Batt lo veía en 1928 como "el último de los guardianes de California", y Walter Noble Burns lo describía en 1932 como "el Robin Hood de El Dorado". Antes que ellos, Joaquín Miller publicó un poema en el que describía al proscrito como sigue:

> Nadie que sea decente ha visto a alguien igual.
> Mas, salvo por su sarape
> largo, suelto y ondeante y negro como un crespón,
> y los largos y sedosos rizos de negro cabello
> flotando al viento ligeros y feroces,
> podría pensarse que está descansando en su poltrona,
> o charlando en una feria campirana
> con un amigo o, tal vez, con una elegante dama:
> Tan garboso es su montar.

Pablo Neruda, galardonado en 1971 con el premio Nobel, lo describía como chileno en una dramatización poética, *Fulgor y muerte de Joaquín Murieta*. En 1967, Rodolfo "Corky" González escribió su poema épico *I Am Joaquín/Yo soy Joaquín*, sobre la identidad y lucha de los chicanos. El poema está considerado como una de las sugerentes obras literarias del movimiento chicano, y Luis Valdez lo convirtió en película. El personaje central del poema es el *vato* del barrio, un tipo social frustrado sin mucho interés en la educación; padece un bloqueo mental y no puede hablar español. Se siente intimidado, forzado a abandonar sus raíces. Rodolfo "Corky" González nació en Denver en 1928, en una familia de trabajadores de la industria del azúcar de remolacha. Como Floyd Salas, el autor chicano de *Buffalo Nickel* y otras novelas, fue boxeador—campeón de los Guantes de Oro—que se hizo profesional y fue entroun retador de peso pluma de 1947 a 1945. En 1957, llegó a ser el primer capitán chicano de distrito del Partido Demócrata. Luego entró al negocio de fianzas de caución, y estableció una agencia aseguradora de automóviles, pero siguió activo en la comunidad. En 1963, organizó "Los Voluntarios", un grupo contra la brutalidad policiaca. Después de esto, fue director del programa juvenil *War on Poverty* de Denver, pero fue despedido por su participación en una huelga. En el poema de González, Joaquín Murrieta se convierte en una metáfora que representa al pueblo entero:

> Soy la espada y el fuego de Cortés,
>   el déspota.
> Soy águila y serpiente
>   de la cultura azteca.
> ...
>
> Yo soy
> la mujer fervorosa de chal negro
> que muere conmigo
> o vive
> dependiendo del tiempo y del lugar.
> Yo soy
>   fiel
>   humilde
>   Juan Diego,
>   la Virgen de Guadalupe,
>   también Tonantzin, la deidad azteca.
> ...
>
> Cabalgué las montañas de San Joaquín,
> cabalgué hacia el oriente y hacia el norte, hasta las
> Rocallosas
>   y

todos los hombres temían a las armas
de Joaquín Murrieta.
Maté a los que osaban
    robarme mi mina
    a quienes violaron, a quienes mataron
    a mi amor,
    a mi vida.

Joaquín Murrieta sigue fascinando al público. Richard Rodríguez dedicó un capítulo completo a Murrieta en su libro publicado en 1992, *Days of Obligation*. De hecho, en el libro, Rodríguez
se obsesiona por encontrar la cabeza marcada con la recompensa
(de acuerdo con algunos rumores, fue devuelta por los soldados
del estado para cobrar la recompensa) después de que lo mataron en julio de 1853. Pero ¿dónde está?, ¿quién la tiene?. Rodríguez encuentra al padre Alberto Huerta, el académico chicano y
amigo de Danny Santiago. El padre Huerta está ansioso de encontrarla, siquiera para enterrarla con dignidad como un acto de
reconciliación. Dice Huerta: "Todos necesitamos encarar nuestra
culpa y nuestros temores, si hemos de reconciliarnos entre nosotros". Convertidos en detectives, el escritor y Huerta siguen una
pista tras otra hasta que eventualmente encuentran un curioso
anticuario que afirma que la cabeza deformada y monstruosa
que tiene escondida es la de Murrieta. Explorando imaginativa-
mente la vida de un mito así, Rodríguez viene a pensar en el Río
Bravo como una herida psíquica que divide las idiosincrasias de
México y los Estados Unidos. Murrieta es un emblema, un símbolo de la divergencia: parte estadounidense y parte mexicano.

Siempre combativas, las letras chicanas tienen un par de
sitios indiscutibles de litigio: la escena urbana y la vida rural de
los trabajadores inmigrantes. Hasta una fecha bastante reciente,
la mayoría de escritores chicanos llegaron al oficio sin mucha
educación, como "Corky" González. Como Rudolfo A. Anaya lo

dijo una vez: "El escritor hispánico nunca aprendió su oficio suficientemente bien. Es autodidacta y ha estado escribiendo por largo tiempo. Simplemente se sienta y escribe hasta que lo vencen el cansancio y las hemorroides". En los siguientes pocos párrafos listaré las más distinguidas obras literarias mexicano-estadounidenses, todas marcadas por un *leitmotif* común: un sentido de afirmación y resistencia, la lucha por continuar "una revolución interna". Estos escritores transmiten la necesidad de reconocer que la propia casa se ubica curiosamente en la diáspora. Aunque los chicanos están en su casa en los Estados Unidos, no es que hayan llegado al norte como otros latinos, sino que el norte vino a ellos. Mediante narraciones y poemas, los escritores se sumergen en un viaje político de descubrimiento colectivo.

Considerada la primera narración novelada escrita por un mexicano-estadounidense, *Pocho*, de José Antonio Villarreal, es una novela didáctica en la que Richard Rubio, un adolescente de Santa Clara, California, lucha por descifrar los enigmas de su identidad mexicano-estadounidense. Nacido en Los Angeles en 1924, Villarreal estuvo en la armada de los Estados Unidos, de 1942 a 1946. Recibió su licenciatura de la Universidad de California en Berkeley en 1950 e hizo unos ocho años de trabajo depostgrado en la Universidad. Trabajaba como consultor, supervisor de publicaciones técnicas y relaciones públicas, y profesor asistente de inglés en la Universidad de Colorado, y como escritor residente en la Universidad de Texas en El Paso. Se mudó a México en 1973, para trabajar como escritor independiente, agente de viajes, traductor y locutor de noticias, aunque con frecuencia regresa a los Estados Unidos a dar conferencias.

Leer a Villarreal ayuda a entender el conflicto entre las culturas anglosajona y chicana. Su obra subraya el choque que sufren los hispánicos al entrar al mundo anglo. En una crítica en *The Nation*, John Bright escribió: *Pocho* "es notable no sólo por sus propias virtudes intrínsecas, sino como una primera voz de un pueblo nuevo entre nosotros que hasta ahora había estado casi silencioso". Los primeros críticos alabaron el estilo y la estructura del escritor, sugiriendo que era realmente la primera narración de ficción sobre cómo crece un niño mexicano-estadounidense en el suroeste, en la cual se analiza a fondo el deseo, primero, de pelear contra la hegemonía y, luego, de volverse parte de ella.

Richard Rubio se enfrenta a varios retos sexuales, emocionales e intelectuales mientras trata de descubrir su papel como ciudadano estadounidense de ascendencia mexicana. Villarreal comienza ofreciendo una vista panorámica no relacionada de la Revolución Mexicana, en la que peleó el padre de Richard, y de la cual se ve forzado a escapar para sobrevivir. Richard, un adolescente metido en los libros, procura entender el comportamiento idiosincrásico de su padre, que idealiza, en un medio en el que las mujeres exigen cada vez más ser respetadas como iguales. Por otro lado, la madre de Richard, aparentemente mejor preparada para la vida en un ambiente no hispánico, finalmente corre de la casa a su mujeriego y abusivo esposo, solicitando el apoyo de Richard, quien se lo ofrece de mala gana. Como algunos críticos han sugerido, Richard no es un personaje totalmente convincente, especialmente en las reflexiones filosóficas de su adolescencia. Parece tener una madurez intelectual bastante más avanzada que su edad. La novela también se siente desequilibrada. El primer segmento sobre la Revolución Mexicana tiene poco que ver con el resto de la narración, y el final, en el que Richard debe decidir entre la educación y el ejército, es abrupto. A final de cuentas, el protagonista y la novela no logran despertar la simpatía del lector y se vuelven creaciones destinadas al olvido.

Villarreal es el autor de otras dos novelas, menos importantes en naturaleza, tono e impacto. *The Fifth Horseman*, que se presenta como un prolegómeno de Pocho, y parece predecible y desconectado, se enfoca a la Revolución Mexicana, una lucha armada en la que participó el padre del escritor antes de emigrar a los Estados Unidos. El protagonista de la novela es Heraclio Inés, un peón explotado que se alista en el ejército de Pancho Villa y al final se decepciona. En una introducción a la obra, el crítico Luis Leal habla de los antecedentes literarios de la novela, que relaciona con obras de Juan Rulfo (*Pedro Páramo*), Carlos Fuentes (*La muerte de Artemio Cruz*), Martín Luis Guzmán (*El águila y la serpiente*), Mariano Azuela (*Los de abajo*) y Agustín Yáñez (*Al filo del agua*), entre muchos otros. No obstante, el libro de Villarreal tiene la singularidad de haber sido publicado unos setenta años después de la lucha campesina y, lo que es más notable, a diferencia de sus precursores, se escribió originalmente en inglés. En este sentido, está más cercano a *Paralelo 42*, de John Dos Passos, que incluye un capítulo ("*Los ojos de la cámara. Noticiero XVII*") dedicado al México revolucionario, así como a *Death is Incidental* de Stirling Dickinson, y varias obras de Malcolm Wheeler-Nicholson, Carleton Beals y Richard Carroll. La tercera novela de Villarreal, *Clemente Chacón*, se puede considerar una secuela de *Pocho*, y relata la historia de un joven mexicano que triunfa como hombre de negocios en los Estados Unidos. Aunque atrajo poca atención cuando se publicó en 1984, críticos como Tomás Vallejos afirman que es la obra de ficción mejor acabada de Villarreal, con un despliegue de personajes que tampoco son muy notables, pero por lo menos mejor redondeados.

La importancia de Villarreal como escritor chicano y latino tiene una doble faceta. Primero, estuvo entre los primeros que cambiaron del idioma español al inglés, para alcanzar un público más extenso, y por esto se le considera como un vendido entre los chicanos radicales. En una entrevista en *Contemporary Authors*, dijo: "Como (niño), yo sabía sólo español. No fue sino hasta mi segundo año en la escuela cuando comencé a escribir y conversar en inglés, y en el quinto grado, aunque leía y escribía en español, y hablaba español exclusivamente en nuestro hogar,

el inglés coloquial se había vuelto mi segunda lengua. Para
entonces, yo sabía que quería ser escritor e intenté escribir relatos cortos sobre mi gente. Cuando tenía unos 13 años de edad,
me di cuenta de que la población no mexicana en mi país no
sabía nada de nosotros, no sabía que existíamos, no tenía idea de
que podíamos ser parte del grueso de la población de Estados
Unidos y contribuir a lo que yo creo que es... el crisol de fusión.
Resolví entonces que escribiría sobre mi gente. Yo quería que el
público americano supiera de nosotros. Creía, y todavía creo,
que podría conseguir esto mejor mediante la ficción". Villarreal
también abrió un nuevo campo narrativo introduciendo una distintiva perspectiva mexicanoamericana que tenía que ver con la
identidad y los conflictos culturales. Poco después de la publicación de *Pocho*, apareció la explosiva *City of Night* de John Rechy,
sobre homosexuales, prostitutas, y mexicanoamericanos en la
región fronteriza, seguida de las obras de Richard Vásquez y
Tomás Rivera, todos influidos por Villarreal. Y sin embargo, los
subsecuentes autores latinos y especialmente chicanos, no han
buscado inspiración en Villarreal. Los sucesores han encontrado
afinidades en otros personajes de la minoría, que con frecuencia
consideran *Pocho* como una obra de ficción tradicional escrita
por un aburrido realista. Muchos ni siquiera han leído su obra, y
en México, donde Villarreal ha vivido desde 1974, es totalmente
desconocido, ya que su obra nunca se ha traducido al español. Su
importancia y rango literario siguen siendo propiedad exclusiva
de los académicos e investigadores de los Estados Unidos. El
legado de Villarreal se puede encontrar en el choque cultural que
sigue ocupando la atención de los intelectuales y artistas chicanos y latinos. Es una piedra angular, una brújula, un mapa.

Aunque la novela chicana como género literario no apareció
plenamente desarrollada sino hasta la década de 1960, muchos
escribieron antes dramas épicos y poesía épica, desde Cabeza de
Vaca hasta Gaspar Pérez de Villagrá, autor del poema épico de

1598, *Historia de Nuevo México*, y la representación popular *Moros y cristianos*. Se publicaron unas pocas obras literarias en español antes del Tratado de Guadalupe Hidalgo: *Los comanches*, un drama alegórico de 1822 que circuló en forma anónima; el retórico, discursivo y mediocre diario de Fray Jerónimo Boscana, publicado en 1831, *Chinigchimich*; y la novela de 1885 de María Amparo Ruiz de Burton, *El cuatrero y el don*. Al ser adquiridos los territorios y gobernados por los Estados Unidos, comenzaron a circular leyendas en forma de canciones populares y corridos que hablaban de peligrosos bandidos como Gregorio Cortez y Juan Chacón, que no estaban dispuestos a aceptar la hegemonía anglo. (La película de Robert M. Young acerca de Cortez, *The Ballad of Gregorio Cortez*, es notable, como también lo es el video experimental de Beverly Sánchez Padilla, *The Corrida of Juan Chacón*). Una de las primeras novelas latinas en español, *El hijo de la tempestad*, de Eusebio Chacón, apareció en 1892. Luego vinieron las narraciones cortas humorísticas de Benjamín Padilla, publicadas en una serie llamada *Kaskabel*, en los periódicos del suroeste, de 1910 a 1929.

Después del movimiento modernista hispanoamericano, (comprendido entre 1885 y 1915, encabezado por Rubén Darío, Delmira Agustini, Julián del Casal, Manuel Gutiérrez Nájera y José Martí), varios exiliados que vivían en Nueva York, Washington, D.C., Miami y Los Angeles, incluyendo a José Juan Tablada, mantuvieron vivas las letras españolas en los Estados Unidos en forma de *haiku* y otros experimentos poéticos de vanguardia. En 1935, Miguel Antonio Otero publicó su memoria, *My Life on the Frontier, 1865–1882*. Y unos dos años después *Esquire* publicó algunos cuentos de Roberto Torres sobre la Revolución Mexicana. Cuando comenzó la Segunda Guerra Mundial, Roberto Félix Salazar publicó su poema "*The Other Pioneers*". En 1945, Josephina Niggli publicó *Mexican Village*, describiendo la enajenación de ser parte mexicano, parte anglo; y Mario Suárez desplegó su considerable talento narrativo en los cuentos cortos publicados por el *Arizona Quarterly* entre 1947 y 1948 (fue uno de los primeros escritores que utilizó en forma impresa el término *chicano*). Después de Villarreal, el florecimiento de la intelectualidad chicana era patente. La novela épica de Richard Vásquez, *Chicano*, apareció en 1970, seguida por *Sketches of the Valley and Other Works*, de Rolando Hinojosa-Smith, en 1973, y la novela de realismo mágico de Ron Arias, *The Road to Tamazunchale*, un tributo al estilo barroco de García Márquez y a las preocupaciones metafísicas de Borges, comenzó su cadena de numerosas ediciones en 1975.

El diablo en Texas, del novelista chicano Aristeo Brito, una especie de tributo al libro *Spoon River Anthology* y al Juan Rulfo de *Pedro Páramo*, es una extraordinaria historia acerca de Presidio, una aldea fantasma de la frontera frecuentemente visitada por el diablo, parte mexicano y parte anglo, cuya historia de desolación y miseria se cuenta sinfónicamente por abogados, renegados, niños nonatos y trabajadores agrícolas muertos, como se percibe en tres momentos diferentes (1883, 1942 y 1970). En esta novela, y en el núcleo de la progresión latinoamericana, hay dos temas unificadores: el recuerdo y la democracia. Una temática similar tiene *Peregrinos en Aztlán*, de Miguel Méndez, publicada primero en español en 1974, y ahora disponible en inglés en la traducción de David William Foster. La epopeya de Víctor Villaseñor, *Rain of Gold* y su secuela *Wild Steps of Heaven*, es el equivalente latino de *Raíces* de Alex Haley, y *Bless Me, Ultima*, de Rudolfo A. Anaya, es un cuento clásico sobre la llegada a la mayoría de edad en el suroeste. Tomás Rivera, considerado por muchos como el abuelo de las letras chicanas, escribió, originalmente en español, ... *Y no se lo tragó la tierra*, una colección de pequeños relatos sobre la vida rural itinerante, muy apreciada por los críticos latinos. Rivera, quien murió en 1984, nació en Crystal City, Texas, en 1935, y recibió un doctorado en lenguas

romances y literatura de la Universidad de Oklahoma. Un verdadero hombre de letras, era poeta, novelista, cuentista, crítico
literario, administrador de universidades y especialista en educación, cuya obra merece un público angloparlante.

Un puñado de enérgicos escritores chicanos que pelearon
agresivamente para conseguir una voz, están finalmente com-
partiendo el foro. Las mujeres novelistas latinoamericanas, debe
recordarse, tardaron unos 450 años para encontrar, parafraseando a Virginia Woolf, un espacio propio en la biblioteca de
literatura regional. Con la excepción de Sor Juana Inés de la
Cruz, una monja del siglo XVII que asombró al mundo de habla
española con sus sonetos conceptuales y prosa filosófica, no ha
sido sino hasta recientemente cuando se ha permitido al intelecto femenino iluminar la dimensión eclipsada de la mente hispánica. Rosario Castellanos, Isabel Allende, Elena Poniatowska y
Gabriela Mistral (esta última recibió el premio Nobel de 1945),
para nombrar unas pocas de las mejores, han explorado y disec-
cionado una faceta de la realidad que no había sido abordada
durante demasiado tiempo. Una lista de latinas igualmente
combativas, que escriben en inglés, podrían comenzar con las
breves remembranzas de Josephina Neggli, cuyo libro *Mexican
Village*, aparecido en 1945, es un clásico; otras se incluyeron en la
antología de literatura feminista, *This Bridge Called My Back*,
editado por Cherríe Moraga y Gloria Anzaldúa, que se publicó en
1981, el mismo año en que se publicó *Emplumada*, de Lorna Dee
Cervantes.

Sandra Cisneros, autora del bestseller *The House on Mango
Street*, se ha vuelto el símbolo máximo, la Frida Kahlo de su generación. Durante una entrevista, dijo una vez que ella comenzó a
escribir cuando no pudo verse a sí misma en las novelas e historias que leía. Nació en 1954, y su más famosa obra, *Woman Hollering Creek and Other Stories*, es un mosaico de voces de latinos
que hacen chistes, aman, odian y comentan sobre la fama y la

sexualidad. Llamarlas "cuentos" tal vez no sea siempre exacto. Son fotografías verbales, reliquias, reminiscencias del hacerse adulto en un medio mexicanoamericano, especialmente en San Antonio. La intención de Cisneros no es solamente explicar un trauma o evocar un cierto sabor de niñez, o un sentimiento largamente perdido por un ser amado o conocido, sino ofrecer una imagen persuasiva de las chicanas como agresivas e independientes. Su estilo franco, atractivo, rico en artificios de lenguaje, un poco oropelesco para mi gusto, lleva siempre una carga ideológica: es una escritora de opiniones, una intelectual que ataca las debilidades de la sociedad. Por ejemplo, en su texto "*Ojos de Zapata*", reevalúa la Revolución Mexicana de 1910 desde el punto de vista femenino: no es que sólo los soldados hayan peleado en la guerra, sino que sus mujeres también desempeñaron un papel fundamental: funcionaban como una brújula; aunque su batalla era íntima y doméstica, era igualmente importante. Y su obra "*The Marlboro Man*", sobre un macho que es también homosexual, me recuerda el brillante cuento de Nash Candelaria, "*The Day the Cisco Kid Shot John Wayne*", en el que la animadversión fílmica de Wayne contra los mexicanos se contradice por el hecho de que en la vida real se casó con mujeres mexicanas llamadas Pilar y Chata. La principal contribución de Cisneros a las letras latinoamericanas se puede encontrar en la energía con la que ella trata la experiencia hispánica al norte del Río Bravo, con un estilo auténtico y no defensivo.

Al lado de Cisneros, y también entre las más representativas escritoras chicanas, está Ana Castillo, veterana novelista, poetisa, traductora y editora, cuyos libros han sido publicados por pequeños impresores de Arizona, Texas y Nuevo México. Es una de las más audaces y experimentales y, como lo saben Robert Coover y William Gaddis, la experimentación cuesta. Nacida en 1953 en Chicago, Castillo es autora de *Sapogonía. An Anti-Romance in 3/8 Meter*, publicado en 1989, y *The Mixquiahuala*

Letters, una novela epistolar de vanguardia que es, para mí, su obra más memorable, además de la novela *So Far from God* y la colección de cuentos *Loverboys*. Construida alrededor de la amistad de dos mujeres latinas independientes, Alicia y Teresa, a quienes el lector acompaña a través de sus cartas introspectivas desde sus viajes juveniles a México hasta su edad madura en los Estados Unidos, *The Maxquiahuala Letters*, poco convencional y por eso quizás la obra de Castillo más aventurada e interesante, es un tributo abierto a *Hopscotch* de Julio Cortázar, una novela típica del *nouveau roman* francés y diseñada como un laberinto en el que el escritor sugiere por lo menos un par de secuencias posibles de lectura. El libro de Castillo ofrece tres secuencias: una para los lectores conformistas, otra para los escépticos y otra para los quijotescos. Su obsesión es voltear de cabeza los géneros populares y alambicados, releerlos desarmando su estructura. Por su parte, *So Far from God* es una parodia de las telenovelas en español. Enmarcada en dos décadas de vida en Tome, un villorrio del centro de Nuevo México, cuenta la historia de una madre Chicana, Sofía, y sus hijas, La Loca, Fe, Esperanza y Caridad, nombres que recuerdan un famoso melodrama del sur de la frontera. Estamos en el terreno del evidente sentimentalismo: el realismo mágico se combina con la sátira social al entretejer prostitutas, milagros, profecías, resurrecciones, y un recuerdo del activismo chicano de la década de 1960.

Como he estado sosteniendo, los lectores no necesitan remontarse demasiado en el tiempo para oír la perenne protesta chicana. Está por todas partes en la literatura, música y artes plásticas. El relato oficial de la experiencia mexicano-estadounidense es el libro de Rodolfo Acuña, *Occupied America: A History of Chicanos*. Como lo dijo una vez el autor, catedrático de la Universidad del Estado de California en Northridge, la primera edición recibió la influencia de escritores del tercer mundo como Frantz Fanon, y estaba llena de valor moral. El tono se ha moderado sólo

ligeramente en las siguientes dos ediciones. Ocho años después
de la primera edición, se publicó la segunda, un poco más cal-
mada y mucho más documentada. Ofrecía una enorme cantidad
de datos para explicar las injusticias sufridas por los chicanos en
Nuevo México, Texas y California. Y la tercera edición normalizada, publicada en 1988, la mejor conocida por los investigadores y estudiosos, se ha convertido gradualmente en la historia
oficial del movimiento chicano. Dividida en once capítulos, detalla la conquista del noroeste de México, la colonización de
Nuevo México y Texas (sus análisis del incidente del Alamo, por
ejemplo, está lleno de furia), y la ocupación de Arizona. En lo que
sigue, Acuña estudia la construcción del suroeste entre 1900 y
1930, examina la gran depresión, desde el punto de vista de los
mexicanoamericanos, y centra su atención en la agitación de la
década de 1960, sólo para terminar en dos secciones unificadas
por el título "*The Age of the Brokers*", en la que se analiza minuciosamente la administración de Ronald Reagan.

Acuña describe los modos en que el racismo y la discriminación eran comunes después de la firma del Tratado de Guadalupe Hidalgo: los que adquirieron las tierras de Nuevo México,
California, Texas y las otras regiones surianas, aunque se abste-
nían de tener esclavos, trataban como perros a los hispánicos.
En 1877, los mexicanoamericanos libraron la guerra de la sal,
cuando los anglotexanos les negaron sus derechos a la sal. Entre
los primeros intentos de organizar sindicatos agrícolas en Texas,
que tuvieron lugar en 1883, en 1888 los Gorras Blancas, un precursor de las organizaciones de derechos civiles, defendió los
derechos de los mexicanoamericanos contra los estancieros
anglos y las compañías ganaderas y madereras en Nuevo México;
un año después, el *United People's Party*, organizado por los Gorras Blancas en Nuevo México, lanzó candidatos mexicanoamericanos para puestos públicos en las elecciones locales por primera

vez. Al mismo tiempo, surgió entre los intelectuales un deseo de ver la historia desde el punto de vista de las víctimas. Circularon novelas, memorias, representaciones teatrales y relatos tales como la historia de California publicada en 1875 por Mariano Vallejo.

Entre tanto, al otro lado de la frontera, Porfirio Díaz dirigió con éxito un golpe de estado en 1876 en México, después del cual ejerció poder absoluto durante veintitrés años. Como sucede frecuentemente en América Latina, su régimen tiránico, que impuso nuevos impuestos prácticamente a todo, constituyó un período que permitió el desarrollo económico. Desde la Guerra de Independencia, unas seis décadas antes, las facciones políticas contrincantes y las potencias extranjeras habían peleado por retener el control del país. Díaz (cuya imagen, después de ser duramente atacada por los gobiernos revolucionarios fue finalmente rehabilitada en los libros de texto en la década de 1980 bajo la administración de Carlos Salinas de Gortari), estabilizó a México, trajo inversión extranjera, introdujo tecnología y construyó un útil sistema ferroviario. Pero los chicanos no participaron en esa transformación: fuimos vendidos como mercancía y olvidados. El trauma permanecería durante muchas décadas, y los chicanos todavía conservan un sentido de rivalidad con respecto a los mexicanos. El recuerdo es increíblemente doloroso, y no desaparece. El poema de Tino Villanueva titulado *"Scene from the Movie 'Giant'"*, refiriéndose a la versión fílmica de la novela de Edna Ferber, habla de un chicano que encuentra su propia identidad cultural al transformar su experiencia con el racismo en literatura:

Lo que me queda de 1956 es un instante en el Teatro
    Holiday,
donde una pequeña dimensión de una película,

como en un sueño, era toda la función.
Es hacia el final . . . La escena del café
que despliega un claro de luz, un deseo sin tapujos.

Ver esa escena otra vez, aunque a veces no hay
gozo en las viejas cintas. Comienza con el tintineo
de campanas y su verdad más obvia:
que la puerta frontal del café del camino
se abre y se cierra como los Benedicts (Rock Hudson y
    Elizabeth

Taylor), su hija Luz y su nuera Juana
y su nieto Jordy, pasan por ella no sin ser vistos.
Nada se enfoca en un acto real de bondad
en los ojos de Serge, dueño del
café, que está que derrapa por la ojinegra Juana,

cansado de la demasiada nostalgia que viene del rechazo.
Se cruzan las miradas de Juana, apenas detrás de la
    puerta, y Serge,
corpulento y descontento detrás del mostrador. Silencio
    por doquier,
tomando el nombre de odio, y Juana
no puede aguantar el terror, la mirada oscura de Serge

contra la piel de ella. De repente, suenan las campanas
    otra vez.
Con callado esfuerzo en su andar, entran tres mexicanos
a quienes Serge se rehúsa a servir . . .
Esos gestos de él, esas miradas que podrían matar.
Un corazón que se lleva en la memoria durante años.
    Una escena

del pasado me ha sorprendido en el acto de vivir, aun
cuando
no puedo decirme a mí mismo, salvo en frases de
congoja,
en un papel, como aguanté la arrogancia de esa voz
bronca que venía
de los brillantes tintes de la pantalla.
Cómo es que al principio casi no sentí ganas de decir
nada

y ahora me pregunto hasta si podré vivir suficiente para
decir
el epílogo. Recuerdo esto y me recuerdo a mí mismo,
sentado en una butaca de la hilera de atrás, soy una luz
pequeña,
vacilante, impotente, de aspecto lugareño,
impensable cuando tenía catorce años.

Nuestro siglo XX comenzó con la organización de sindicatos
para defender a sus miembros. La huelga de la mina Clifton-
Morency en 1903, por ejemplo, aunque no triunfó, politizó a los
trabajadores mexicanoamericanos de Arizona y Nuevo México.
Un capítulo fascinante en la política latinoamericana se refiere a
los hermanos Flores Magón, Ricardo y Enrique. Douglas Day, el
biógrafo de Malcolm Lowry, escribió una novela acerca de ese
período. Oponiéndose al régimen de Díaz, los hermanos anar-
quistas Flores Magón estaban exiliados en Texas. En 1905,
comenzaron a publicar la influyente revista *Regeneración*, y un
par de años después, fundaron el Partido Liberal Mexicano (el
PLM de triste fama), un partido político sindicalista anarquista
del sur de los Estados Unidos. El partido tenía una gaceta,
Aurora, en la que la poetisa Sara Estela Ramírez, organizadora del

PLM y una de las primeras activistas de los derechos femeninos, escribía columnas. La voz ideológica de los Flores Magón tuvieron ecos de largo alcance, y la Revolución Mexicana, dirigida por Emiliano Zapata y Pancho Villa, que comenzó en 1910, provocó la primera emigración en gran escala de campesinos pobres hacia el norte. Los hermanos Flores Magón fueron hallados culpables de violar el Acta de Espionaje de los Estados Unidos y sentenciados a prisión en 1912. Sin embargo, la ideología siguió viviendo, y durante la agitación chicana de la década de 1960, la anarquía adquirió una nueva amplitud. La regeneración llegó a ser un espíritu: el espíritu que estaba detrás del anarquismo.

La inmigración y sus descontentos: sus altas y bajas siempre dependen de la necesidad de mano de obra barata, y su reglamentación es irremediablemente injusta. Una de las etapas de las relaciones de los gobiernos de los Estados Unidos con América Latina comenzó en 1924, con la llamada Ley de Cuota, que redujo el número total de inmigrantes, y determinó el número para cada nación de origen, favoreciendo a los europeos y descartando de hecho a los asiáticos e hispánicos. En 1933, la Política del Buen Vecino, aplicada por el presidente Roosevelt, declaró la oposición del gobierno a la intervención armada en América Latina. Aproximadamente una década después, Washington instituyó el Programa Laboral de Emergencia, conocido como el Programa Bracero, para importar trabajadores mexicanos durante la Segunda Guerra Mundial, porque los soldados—negros, blancos, asiáticos y otros—estaban ocupados combatiendo al enemigo. "Ustedes necesitan la mano de obra, nosotros necesitamos el dinero", parecía ser el lema. En 1965, una enmienda de la excluyente Acta McCarran-Walter de Inmigración y Naturalización reemplazó al sistema de cuotas nacionales con limitaciones hemisféricas, estableciendo la aceptación de refugiados políticos. Así, la "Cortina de Tortilla", como se llama al Río Bravo, se podría considerar simplemente como un punto de tránsito: hasta el TLC de 1994, el flujo de mano de obra era abrumador, y las economías de los Estados Unidos y de México dependían de la movilización de esa energía humana.

Alrededor de 1940, a los adolescentes chicanos, principalmente en California, ya se les conocía como *pachucos*. Como miembro de la sociedad Guggenheim y todavía joven, Octavio Paz pasó tiempo en Los Angeles al final de la década de 1940. La Segunda Guerra Mundial había apenas terminado, y la población latina de California se estaba haciendo bastante visible. El resultado del ejercicio de Paz en la región fue su revelador libro *El laberinto de la soledad*, cuyo primer capítulo está dedicado a los *pachucos*, hijos radicales de padres mexicanos, nacidos al norte de la frontera. Paz escribe: "[los mexicanoamericanos] han vivido en la ciudad [de Los Angeles] durante muchos años, usando la misma ropa y hablando el mismo idioma que los otros habitantes, y se sienten avergonzados de sus orígenes; sin embargo, ahora, se les podría confundir con estadounidenses auténticos. Me rehúso a creer que las facciones físicas son tan importantes como se piensa comúnmente. Lo que los distingue, creo, es su aire furtivo e inquieto: actúan como personas que usan disfraces, que tienen miedo de verse como extranjeros porque los podría despojar y dejarlos completamente desnudos". También afirma que los *pachucos* reaccionan contra la hostilidad que los rodea mediante la afirmación abierta de su personalidad. Los describe como mexicanos solitarios, huérfanos a quienes les faltan valores positivos, almas perdidas sin una herencia íntegra: idioma, religión, costumbres, creencias. No es difícil entender por qué Paz ha enfurecido a tantos intelectuales chicanos: sus puntos de vista sobre los mexicanos al norte del Río Bravo son negativos, reduccionistas. Más que sentir admiración por el híbrido que se está formando frente a sus ojos, rechaza la cultura hispánica del suroeste como ilegítima y carente de autenticidad. No es sorprendente que desde que su clásico de

1950 se publicó, sus observaciones se discuten una y otra vez entre los latinos, como si en el hecho de oponerse a Paz se estuviera forjando una nueva conciencia.

En 1968, los estudiantes chicanos de *high school* hicieron un boycott en Los Angeles para protestar contra la deficiente educación impartida en las escuelas públicas. Durante el boycott, casi 3500 estudiantes no fueron a clases durante ocho días. La escena estaba lista para César Chávez, originalmante llamado César Estrada Chávez, fundador de *La Causa*, una organización no violenta que luchaba por hacer a los chicanos, e indirectamente a los latinos, darse cuenta de las ventajas del sueño americano. Como entidad política, Chávez, que tenía una estatura de 1.60 metros y nunca fue un orador elocuente ni simpático, padre de *La Huelga*, admirador de Mahatma Gandhi, preconizaba la resistencia al prejuicio y la discriminación y proponía el biculturalismo. Era la década de 1960, y el mundo de los latinos nunca volvería a ser el mismo. A diferencia de sus precursores pioneros, Chávez logró organizar a los trabajadores agrícolas en un grupo unificado. Su *National Farm Workers Association*, llamada después *United Farm Workers*, se unió a una gran huelga de cosechadores en 1966, y junto con la líder Dolores Huerta, una importante activista chicana, dirigió a los trabajadores agrícolas en una marcha de tres millas de Delano, California a Sacramento. Un número nunca visto de citadinos chicanos y no chicanos apoyó la huelga, acelerando así la transición de un movimiento laboral a lo que llegó a ser el movimiento chicano de derechos humanos. Otros personajes se unieron a Chávez en la lucha. Por ejemplo en Denver, Rodolfo "Corky" González dirigió la Cruzada por la Justicia; en Nuevo México, Reies López Tijerina organizó la *Alianza Federal de Mercedes*; y en Crystal City, Texas, José Ángel Gutiérrez formó el partido *La Raza Unida*. El apoyo y la actividad de los estudiantes fueron también componentes importantes del movimiento chicano, y fueron representados, después de 1969, por el *Movimiento Estudiantil Chicano de Aztlán*. La resistencia continuó. El boycott de la uva pronto se extendió a Canadá y Europa, y Chávez adquirió un enorme poder político, y un aura de santidad.

El boycott de la uva fue seguido por un período de agitación durante el cual, por ejemplo, los líderes políticos entraban violentamente a los tribunales en Tierra Amarilla, Nuevo México para liberar a sus colegas detenidos, y los estudiantes activistas fundaron los Gorras Cafés en Los Angeles, una organización militar según el modelo de las Panteras Negras. Como resultado, se extendió una toma de conciencia de las cosas latinas, y en 1970 y más tarde, se establecieron programas de estudios chicanos en universidades de Arizona, California, Colorado, Nuevo México, Texas, el medio oeste y la costa noroeste del Pacífico.

Nueva York y otras ciudades importantes del noreste, no estuvieron demasiado atrás. Inspirados por los Panteras Negras y sus equivalentes chicanos, los activistas puertorriqueños organizaron a principio de la década de 1970, e incluso antes, formaron grupos como los *Young Lords*. Mediante motines en East Harlem, choques violentos con la policía y otras formas de protesta, simpatizaron con sus hermanos mexicanoamericanos de la otra costa. Se llamaban a sí mismos "nacionalistas revolucionarios", y sus demandas incluían la independencia de Puerto Rico, el fin del racismo y la discriminación, y la mejoría económica y educativa para la comunidad borinqueña. Se consideraba al *establishment* anglo como un mal. Reinaba la animosidad entre los latinos. Era una guerra abierta sin concesiones.

César Chávez, la fuerza que estaba detrás de gran parte de este cambio, nació en 1927, cerca de Yuma, Arizona. Fue el segundo de los cinco hijos de Juana y Librado Chávez. Sus abuelos paternos habían emigrado de México en 1880. César pasó su niñez en la granja familiar de 160 acres. Pero, durante la gran depresión, la familia perdió su granja. Junto con miles de otras familias del suroeste, los Chávez buscaron una nueva vida en California. La encontraron: cosecharon zanahorias, algodón y otros cultivos en los valles áridos, siguiendo al sol en busca de la siguiente cosecha y el siguiente campamento de trabajadores itinerantes. César nunca se graduó de la *high school*. Como decía su obituario en el *New York Times* cuando murió a principios de 1993, Chávez una vez contó sesenta y cinco escuelas primarias a las que había asistido, "durante un día, una semana, o unos pocos meses". Sus padres se establecieron en San José en 1939, donde su padre se hizo activo en el esfuerzo de organizar a los trabajadores en una planta de empaque de fruta deshidratada. La experiencia fue decisiva, y permaneció para siempre en su mente. Chávez sirvió durante dos años en la Armada durante la Segunda Guerra Mundial, y luego reanudó su vida como trabajador itinerante. Se casó con Helen Fabela en Delano, y tuvo ocho hijos. Profundamente influido por radicales profesionales, ayudó a los chicanos a organizarse en un bloque político al principio de la década de 1950. Se afilió a organizaciones dedicadas al servicio de la comunidad, ayudó a registrar a los *pochos* para votar, y más tarde criticó a las organizaciones por dejarse dominar por liberales no hispánicos. Abandonó estas organizaciones y regresó a Delano para formar la *National Farm Workers Association*.

El censo de 1960 decía que los chicanos, 3,842,000 de ellos, eran la segunda minoría más grande en los Estados Unidos. En 1965, el mismo día en que el presidente Johnson firmó el Acta de Derechos al Voto, eliminando toda prueba discriminatoria de calificación para el registro de electores, la National Farm Workers Association de Chávez se unió a los trabajadores agrícolas filipinos en la huelga de la uva de Delano, California. En 1965, como afirmaba el *New York Times*, Chávez había organizado a 1,700 familias y había persuadido a dos productores a aumentar moderadamente los salarios. Su joven unión era demasiado débil para una huelga fuerte. Pero 800 trabajadores en el *Agricultural Workers Associaton Organization Committee*, virtualmente moribundo, hicieron huelga contra los productores de Delano, y algunos de los miembros del grupo de Chávez pidieron unirse a la huelga.

Ese fue el principio de los cinco años de La Huelga, en la cual el frágil líder laboral se volvió internacionalmente famoso al batallar contra el poder económico de los productores y corporaciones del Valle de San Joaquín. En 1966, Chávez y Reies López Tijerina dirigieron a los miembros de la alianza en recuperar parte del Bosque Nacional Kit Carson en Nuevo México. Y en la huelga de Albuquerque, cincuenta chicanos protestaron contra su falta de representación en la Comisión de Igualdad de Oportunidad de Empleo (*Equal Employment Opportunity Commission*). Ese fue también el año en que el partido de las Panteras Negras, el partido revolucionario de los negros, se fundó en Oakland, California por Huey P. Newton y Bobby Seale.

Como Gandhi, Chávez hizo con frecuencia huelgas de hambre para acentuar su peticiones, y se hizo líder internacional alrededor de 1968, cuando tuvo lugar su campaña más notable: pidió a los estadounidenses no comprar uvas de mesa producidas en el Valle de San Joaquín hasta que los productores estuvieran de acuerdo en los contratos con el sindicato. El boycott resultó ser un enorme triunfo; una encuesta de opinión pública citada por el *New York Times* encontró que 17 millones de americanos habían dejado de comprar uvas debido al boycott. En julio de 1970, después de perder millones de dólares, los productores de uva finalmente estuvieron de acuerdo con firmar. Fue el punto culminante en la carrera de Chávez en especial, y de hecho de cualquier líder latino. Su angélica lucha también tuvo un lado oscuro. Como buen dictador hispánico, intolerante, antidemocrático, autoritario, purgó a su sindicato de funcionarios no latinos. Construyó una oficina general del sindicato, tipo comuna, llamada "La Paz" en un antiguo sanatorio en Keene, cerca de Bakersfield, California. (La prueba por la que pasó Chávez se describe en la película de 1972, *Yo soy chicano*).

El folklore, como dice Américo Paredes, es de especial importancia para los grupos minoritarios porque su sentido básico de identidad se expresa en un lenguaje sin rango oficial, diferente al que se usa en la cultura oficial. Nuestro folklore es multifacético, complejo. Pintamos, escribimos, gritamos, bailamos: expresión pictórica, literatura, música, movimiento corporal. Las pintas de paredes y el arte callejero son nuestras formas favoritas de protesta. Como los cuadros, según John Berger, subrayan un acto de posesión, nosotros transgredimos, invadimos, infringimos y desobedecemos. Al atacar la estética de la civilización occidental, creamos una alternativa caótica: murales en enormes muros y signos indescifrables en las paredes urbanas. Como señala Tomás Ybarra-Frausto, el crítico de arte, una firma del arte callejero chicano, una forma de protesta, es el símbolo *c/s*, que significa *con safos*; este logotipo aparece frecuentemente en la parte inferior de una pinta o un mural en caligrafía de barriada, y sirve como amuleto contra otros pintarrajeos. También es una advertencia de que cualquier insulto que sufra la obra también lo sufrirá la parte ofensora. Este signo también se usa para enlazar murales creados por chicanos con pintas (*graffiti*), una forma fundamental, si bien anárquica, de activismo político, omnipresente en la década de 1960, y todavía en gran parte una forma en que los jóvenes manifiestan su inconformidad. Para entender las pintas, es crucial el *rascuachismo*, una singular estética encarnada por estas artes: el intento de introducir la cultura vulgar en el arte distinguido.

El muralismo y las pintas, por supuesto, son hermanos. Y el muralismo urbano es quizá el mejor exponente del arte *rascua-*

chi. El arte chicano en los Estados Unidos, tanto público como privado, ha recibido profundamente la influencia de los *tres grandes*: el trío de muralistas mexicanos–José Clemente Orozco, Diego Rivera y David Alfaro Siqueiros–, quienes en la década de 1930, en lo que algunos críticos llamaron la fiebre mexicana, pintaron proyectos artísticos del *New Deal* al norte del Río Bravo: gloriosos murales en California, Michigan, New Hampshire y Nueva York acerca de la realidad postrevolucionaria en México y en la vasta órbita hispánica. Desde mediados del siglo XIX hasta la década de 1930, el arte pictórico latinoamericano seguía siendo una sombra en el mundo anglosajón. En los Estados Unidos, alrededor de 1929, Antonio García, considerado precursor de los pintores chicanos de la actualidad, comenzó a producir pinturas tales como *Aztec Advance*, que se basaban en temas precolombinos y destacaban el valor de las raíces hispánicas. Su contribución y la de sus contemporáneos chicanos permaneció desconocida hasta que los muralistas mexicanos de izquierda llegaron a la escena, y gradualmente comenzó a reconocérseles. Aunque otros pintores, incluyendo el caricaturista José Guadalupe Posada, cuyas *calaveras* se inspiraron fuertemente en la revolución socialista, también siguen siendo fuerzas estimulantes, los tres muralistas han recibido enorme aprecio popular. A Orozco se le contrató para pintar en Pomona, en el Dartmouth College, así como en la New School for Social Research, y Rivera fue contratado para pintar en el Instituto de Artes de Detroit y en el Centro Rockefeller. Siqueiros, curiosamente, llegó a los Estados Unidos como exiliado político, y fue el único marxista ortodoxo del grupo; sus amigos y camaradas lo reprobaron al final, considerándolo peligroso y más radical que Rivera. Siqueiros pintó murales en Los Angeles en 1932 que atacaron al imperialismo, el racismo y la corrupción. Participó en la guerra civil española, y se vio envuelto en el asesinato de León Trotsky en

1940, en Coyoacán, un suburbio de la ciudad de México. El historiador de arte Richard H. Peel ha descrito cómo los pintores mexicanos, en la era en que Edmund Wilson persuadió a los artistas de que confrontaran su vida diaria—de que actuaran, de que se comprometieran—llegaron a ser un estímulo para muchos intelectuales de los Estados Unidos, incluyendo los chicanos, cuando adoptaron las "doctrinas gemelas de la comunidad y el colectivismo".

Como se esperaba, la fiebre se eclipsó después de una década. Orozco, Rivera y Siqueiros regresaron a su país natal. Estalló la Segunda Guerra Mundial, y un cambio de estado de ánimo político invadió a los Estados Unidos. La admiración pronto se volvió repudio. El expresionismo abstracto invadió el mundo del arte, y los asuntos políticos, por lo menos temporalmente, se relegaron a un segundo plano. Incluso la izquierda política empezó a sentirse incómoda con el mensaje directo y descortés de los muralistas. Los antistalinistas y trotskistas comenzaron a atacar a Siqueiros por el papel que desempeñó en la década de 1930. Algunos de los murales de Rivera en los Estados Unidos, incluyendo uno de los de la Escuela de Bellas Artes de California, y otro en el Centro Rockefeller en Nueva York, fueron destruidos o cubiertos en esa década o después de la guerra, porque no se acomodaban al espíritu de las exposiciones de esa época; otras pinturas se almacenaron en bolsas y no se exhibieron al público durante años. En alguna fecha de 1934, después de la destrucción del mural del Centro Rockefeller, que provocó controversia y numerosos escritos de opinión, Rivera produjo, en el Palacio Nacional de Bellas Artes de la ciudad de México, una segunda versión de su mural del Centro Rockefeller, como revancha.

Antes del enfriamiento respecto a los muralistas mexicanos, el interés artístico en las cosas hispánicas alcanzó un clímax en 1940, con *Twenty Centuries of Mexican Art*, una exposición patrocinada por el Museo de Arte Moderno de Manhattan y el gobierno mexicano. Éste fue un golpe ideológico para vender el arte mexicano a los Estados Unidos, que habría de ser repetido medio siglo después en la misma institución. La primera exhibición tuvo lugar después de la controvertida nacionalización que hizo Lázaro Cárdenas de la industria petrolera, y de que el sentimiento *antigringo* al sur de la frontera se hizo general; se hizo un esfuerzo por promover una imagen de la psiquis mexicana como antigua, equilibrada y rica en tradición y simbolismo religioso que surgió de un país con abundancia de dramas históricos y la constante búsqueda de su identidad. Los objetivos de la segunda exposición importante de arte mexicano en el Museo Metropolitano de Arte en 1990 eran similares: mostrar México como un amigo, un vecino políticamente estable, listo para orientar sus miradas hacia el norte y volverse parte del Acuerdo Norteamericano de Libre Comercio con los Estados Unidos y Canadá.

Curiosamente, la primera exposición no logró atraer interés en la mujer de Rivera, física y psicológicamente traumatizada, la pintora Frida Kahlo. De padre judío húngaro y madre mexicana, Kahlo había quedado paralítica por un accidente automovilístico en su adolescencia. Como su biógrafo Hayden Herrera señaló, ella fue educada como católica conservadora; pero en etapas posteriores de su vida se convirtió en una vociferante ideóloga política y afiliada al Partido Comunista. Alentaba a los pintores nativos a alejarse del arte europeo de caballete hacia el arte inspirado por la literatura marxista y el folklore mexicano. Admiradora de Emiliano Zapata, fue feminista e indigenista que apoyó enérgicamente el crecimiento del nacionalismo mexicano. Pardójicamente, admiraba a William Blake y a Paul Klee, Paul Gauguin y al primitivismo de Henri Rousseau; pero, más que nada, ella estaba en contacto con la esencia femenina del espíritu hispánico. A finales de la década de 1980, Kahlo obtuvo una segunda oportunidad gracias a sus interpretaciones surrealistas. El arte pictórico de Kahlo, en palabras de un crítico, algunas veces parece como una queja metamorfoseada en imágenes.

Aunque la obra de Kahlo había sido ignorada en los Estados Unidos, los políticos, los artistas y los superestrellas del rock, latinoamericanos y de otros orígenes, desde Madonna hasta Luis Valdez y Gloria Estefan, considerarían finalmente a Kahlo como una mártir política en el sentido más amplio: íntimamente, como una mujer llena de fortaleza, traicionada una y otra vez por su mujeriego esposo, con quien compartía una relación tormentosa, si bien artísticamente estimulante y, públicamente, como una militante luchadora lista para el sacrificio para hacer progresar la causa de las mujeres en la sociedad. Pronto su pintura comenzó a sobrepasar la de Rivera en la atención y valor monetario, y no es sorprendente que, desde la década de 1960, numerosas pintoras chicanas han encontrado en Kahlo el perfecto ídolo. Por ejemplo, el *Homenaje a Frida Kahlo, de* Yreina D. Cervantez, que recorrió los Estados Unidos a finales de la década de 1980, como parte de una extraordinaria exposición llamada "CARA, *Chicano Art: Resistance and Affirmation*", está llena de los temas favoritos de Kahlo—embarazo, sangre, flores y desnudez— y es un sólido tributo a la influencia del sur de la frontera.

La música latina, influida directamente por Violeta Parra, Víctor Jara, Caetano Veloso, Silvio Rodríguez, la *nueva trova cubana* y tipificada por las canciones de Rubén Blades y letra del compositor ciego puertorriqueño José Feliciano, es menos franca políticamente que otras artes latinoamericanas. Se toca en clubes nocturnos y en auditorios, y parece preferir oscilar entre los dilemas existenciales y el folklore. (Rubén Blades tiene una canción sobre la muerte accidental del bravucón Pedro Navajas a manos de una prostituta). Músicos tales como Teresa Covarrubias, Suzanne Vega (hijastra del novelista puertorriqueño Ed Vega), Eddie Cano, Ritchie Valens, los Caifanes, los *Illegals* y los Lobos, todos han cantado sobre sucesos cotidianos, amor posesivo, venganza y encuentros obsesivos con el sexo opuesto. Esta identidad latina personal y beligerante, se ha forjado en películas, incluso más allá de las fronteras nacionales. Una de las primeras películas sobre chicanos, *Campeón sin corona* de Alejandro Galindo, versa sobre Robert "Kid" Terranova, un boxeador de barriada que carece de la confianza en sí mismo necesaria para llegar a ser estrella y que sufre la intimidación psicológica de Joe Ronda, un mexicanoamericano dado a gritar en inglés durante las peleas. La trama, que utiliza el auténtico lenguaje vernáculo de la ciudad de México, trata del complejo de inferioridad latino. También se han explorado en películas sobre chicanos algunos incidentes históricos cruciales. Por ejemplo, la controvertida película filmada en forma independiente en 1954, *Salt of the Earth,* sobre la huelga en la que participaron chicanos en Silver City, Nuevo México, fue producida por la *International Union of Mine, Mill and Smelter Workers*, y tuvo un reparto que incluía a la actriz mexicana Rosaura Revueltas, quien fue deportada de los Estados Unidos por su participación en la película.

Hasta la fecha, el arte latino conserva un tono beligerante, no sólo porque introduce mensajes ideológicos, sino—lo más importante—porque promueve y utiliza el folklore indígena para solidifcar una identidad colectiva imprecisa, con un carácter no oficial. En la década de 1930, mientras los *tres grandes* eran vitoreados por los anglos, el artista chicano Patrocinio Barela, un tallador de Nuevo México, obtuvo reconocimiento nacional también por sus santos, que buscaban su inspiración en lo profundo del folklore mexicanoamericano y siguen siendo atractivos para los coleccionistas de arte moderno. A finales de la década de 1940, tuvo lugar una importante revolución para el arte latinoamericano, cuando la escultura de Armando Baeza de la Virgen María ganó un premio en Los Angeles y fue inmediatemente elogiada por *Newsweek* y otros medios de comunicación.

En restrospectiva, la apreciación esporádica de estos logros
sobresalientes marcó un tiempo de inseminación creativa, en
preparación por la abrumadora explosión de imágenes visuales.

El arte latinoamericano, comprometido políticamente, profundamente enraizado en la tradición hispánica, adquirió verdadera importancia y significación en la década de 1960,
primordialmente entre los chicanos, como parte integral de la
subversión de la *United Farm Workers Union* de César Chávez, un
movimiento constituido por ex-concesionarios de tierras despojados de su parcela, obreros urbanos y estudiantes de California,
Texas y Nuevo México, que estaban dispuestos a estampar su
firma en la mente nacional. El arte callejero, el tipo inmortali-
zado por los tres grandes, se puso nuevamente en boga en pósters y murales que expresaban el enojo popular y la angustia que
aparecieron, como un arco iris después de la tormenta, en todo
el suroeste y tan lejos como Chicago. Una influencia ideológica
crucial fue la revolución cubana. Mientras tanto, la revolución
también parecía introducir una nueva era en el arte de la impresión gráfica, que estaba principalmente basada en un apasiona-
miento onírico hacia una benigna utopía hispánica. (Desde 1959,
Fidel Castro y el Ché Guevara eran naturalmente los ídolos de los
impresores de pósters). Las exposiciones de pósters cubanos que
anunciaban campañas contra el analfabetismo y campañas de
vacunación, ataques contra el imperialismo extranjero y la adulación de la cultura soviética, influyeron a los artistas de otros
países. *The Art of Revolution: Castro's Cuba, 1959–1970*, un volumen grande e ilustrado, llegó a talleres en California, Nuevo
México y Texas, y las exposiciones de artistas cubanos en galerías latinoamericanas al norte del Río Bravo se recibieron con
gran entusiasmo. Comprensiblemente, de los grupos latinos que
estaban activos durante esa época, los cubanoamericanos, la
mayoría de los cuales habían estado en los Estados Unidos sólo
durante unos pocos años, fueron los menos entusiastas y com-

prometidos, y los más ambiguos acerca de las esperanzas radicales expresadas durante la década de 1960.

El grito de Aztlán, la primera galería de arte chicano, se abrió en Denver a finales de la década de 1960. El póster de Ester Hernández, *Sun Mad Raisins*, que capta el espíritu de los tiempos, fue una valiosa síntesis de la animosidad colectiva: nosotros contra los anglos, una vieja lucha de liberación, una necesidad de reposeer lo que se perdió. El movimiento de trabajadores agrícolas también produjo un foro mediante el cual podrían expresarse los artistas chicanos: *El malcriado: The Voice of the Farm Worker*. Esta publicación quincenal bilingüe, que salió por primera vez en 1964, incluye caricaturas hechas por su caricaturista titular Andy Zermeño, que recordaban, en su enfoque irónico de los eventos histórico, a las del pasquinero mexicano José Guadalupe Posada (cuyos grabados aparecerían en la cubierta). Las caricaturas registraban las actividades de Richard Nixon y el boycott de las uvas de Chávez; don Socato, uno de los personajes de Zermeño, era una especie de nacido para perder, de quien todos abusaban, señalando una vez más la dicotomía de la época entre opresión y liberación.

El objetivo de este recuento que hago del arte latino es mostrar cómo la creatividad ha sido un vehículo para el conflicto y la resistencia. La continua falta de acceso a las instituciones convencionales y el sentido de que la vida tiene que vivirse en la periferia ha forzado a los artistas a asumir una voz política y comprometerse con ella. Esa voz ha conducido hacia un sentido de nacionalismo cultural. Mediante el teatro, las novelas, los poemas y los cuentos, mediante el arte pictórico, la comunidad ha creado una distinción entre "nosotros" y "ustedes", entre una cultura dominante y una cultura oprimida. Por consecuencia, en la conformación de una obra de arte entra la mitologización y una cantidad increíble de propaganda. Como no existe un lugar físico para sentirse cómodo, el artista se siente llamado a crear un espacio abstracto donde los hispánicos al norte del Río Bravo se puedan sentir en casa: una geografía imaginaria que con frecuencia invierte los papeles sociales. "Nosotros tenemos el poder aquí, no ustedes!", parece decir implícitamente el artista. Irónicamente, la guerra que se pelea mediante el arte acaba por abrir nuevas puertas a la militancia, lo cual significa que los artistas latinos ven la creatividad como hermana de la política. Crear es transformar, acusar, hacer evidente el sufrimiento.

En la década de 1960, la faceta demasiado ideológica del arte latino expresaba abiertamente el sentimiento anti-Vietnam. Se crearon pósters para promover campañas antibélicas que se organizaron desde 1967 por varios líderes chicanos como "Corky" González y López Tijerina, así como para manifestar el apoyo, principalmente entre chicanos al *American Indian Movement*. En ese tiempo, los grupos de nativos americanos se estaban haciendo más visibles en las actividades políticas. Por ejemplo, la antigua prisión de Alcatraz fue ocupada, y los navajos y hopies ocuparon sus antiguas tierras. Esta acciones les recordaron a los mexicanoamericanos sus propias raíces nativas antes de la llegada de los conquistadores españoles, y dio como resultado el neoindigenismo, un concepto estético que se manifestaba en la literatura, la música y las artes visuales, que sugería que la gente de Aztlán eran realmente "*más mexicanos que los meros mexicanos*", sencillamente porque los aztecas—como civilización coherente—se habían originado en California y Nuevo México. (La geografía original concreta cambiaba de un intérprete a otro). Las imágenes aborígenes, ya presentes en el arte de Posada, Siqueiros, Orozco y Rivera, adquirieron un tono refrescante entre los muralistas chicanos y pintores al óleo, y la búsqueda de una identidad colectiva mediante fuertes ingredientes religiosos, místicos y espirituales estaba íntimamente ligada con la denuncia del racismo y la discriminación por parte de los an-glos, y con la liberación de la opresión en general.

Al principio de la década de 1970, empezaron a aparecer trabajos eruditos sobre las artes latinas, acompañados por un sentido de logro colectivo. *Mexican American Artists*, de Jacinto Quirarte, una investigación histórica del arte y los artistas chicanos que se publicó en 1973, ofrecía una vista enciclopédica del desarrollo de la tradición pictórica y legitimaba la artesanía colectiva. Más o menos por la misma época, el *Los Angeles County Museum of Art* abrió una exposición de un cuarteto artístico conocido como Los Four—Carlos Almaraz, Frank Romero, Beto de la Rocha y Gilbert Luján—y siguieron muchas otras exposiciones de pintores chicanos.

El movimiento chicano y la creciente importancia de los mexicanoamericanos en el suroeste propició un puñado de exploraciones cinematográficas de calidad dispar, desde *De sangre chicana* (1973) de Pepito Romay, que fue bien recibida en Los Angeles hasta películas de baja calidad como *Soy chicano y mexicano y Chicano grueso calibre*. Esta última se hizo para el creciente número de residentes sin educación y con frecuencia ilegales que residían en Los Angeles y sus alrededores que, por ser varios millones, constituían un lucrativo mercado para productores del sur de la frontera. Alfonso Arau, un actor-director con residencia en México y Hollywood, y esposo de la novelista Laura Esquivel, hizo *The Promised Dream*, sobre los trabajadores ilegales mexicanos en los Estados Unidos, y *Chicano Power*, una sátira del movimiento chicano de la década de 1960. Sin embargo, el activismo político pronto se desvaneció. Se puede decir que, en general, los latinos consiguieron un sentido de autoestima y la certeza de que el país pondría atención si el alboroto era suficientemente ruidoso y tumultuoso. No obstante, no puedo dejar de percibir una sensación de derrota general: ninguno de los objetivos que se expresaron en ese tiempo–justicia, libertad, movilidad ascendente– cambió las condiciones sociales efectivas de los chicanos, puertorriqueños, centroamericanos y sudamericanos en los Estados Unidos. Aunque los pintores latinoamericanos extraordinarios (Rufino Tamayo, Fernando Botero, Jacobo Borges, Alberto Gironella, Roberto Matta) han conseguido prestigio internacional, junto con los escritores del realismo mágico de países como Colombia, Perú y Argentina, ha habido un interés considerablemente menor hacia la mayor parte de las cosas latinas, tanto pictóricas como literarias.

La beligerancia generalmente aceptada de los latinos ha aislado a los que representan el conformismo. Así, mientras Joan Baez, autora de las memorias *Daybreak* y *A Voice to Sing With*, cuyas canciones y convicciones políticamente comprometidas probablemente se han fortalecido por su difícil vida personal, consigue el aplauso, Anthony Quinn, actor y pintor que escribió una autobiografía, *The Original Sin: A Self-Portrait*, simboliza el vendido. El consumismo evidentemente mejora el mensaje ideológico. Una película didáctica como *Stand and Deliver* de Ramón Méndez—basada en la vida de Jaime Escalante, un maestro colombiano de matemáticas en un barrio pobre de Los Angeles que encontró un método persuasivo para ayudar a sus estudiantes rezagados para pasar un difícil examen de matemáticas—subrayaba el potencial intelectual de los latinos, dejando de lado la política. El dramaturgo y director teatral y cinematográfico Luis Valdez es un ejemplo de un artista que ha adoptado coherentemente un mensaje ideológico en su obra. Nacido en una familia de trabajadores agrícolas inmigrantes en Delano en 1940, Valdez ha visto, en su etapa inicial, producciones de sus obras (su primera obra teatral de duración completa, *The Shrunken Head of Pancho Villa*, se representó en el *San José State College* en 1964) y luego maduró convirtiéndose en un dramaturgo con una voz resonante y teatral. *Zoot Suit*, su obra de 1988, entre las mejores representadas por su compañía, Teatro Campesino, fue la primera obra teatral que se estrenó en Broadway. Con base en ella, se hizo una asombrosa película experimental dirigida por

Valdez en 1981, con Edward James Olmos en el papel de un agitador vestido de pachuco. Como afirma el crítico Jorge Huerta, la obra teatral, que trataba del tristemente célebre juicio por el asesinato de Sleepy Lagoon en 1942, expone los males sociales y está cercano en estilo al docudrama que debe mucho a Berthold Brecht: se usa una técnica didáctica durante toda la obra; se utilizan recortes de periódico como decoraciones del escenario, y el narrador, el pachuco, que representa el concepto azteca del *nahual,* el otro yo, detiene con frecuencia la acción para señalar un punto. Desde *La carpa de los rascuachis* hasta la representación en la escena de una comedia de televisión en *I Don't Have to Show You No Stinking Badges!* y la película *La Bamba*–en la que el músico chicano Richard Valenzuela, después de adoptar el nombre Ritchie Valens para escribir y grabar "Come On, Let's Go" y "Donna", muere en un accidente aéreo de 1959, junto con Buddy Holly— las obras teatrales y películas de Valdez conservan una notable autenticidad en su intento de estudiar los mitos y estereotipos latinos.

Arte y política: la encrucijada donde ambos se encuentran es un termómetro que grafica el calor que está en el corazón de la comunidad latina. El desarrollo de una identidad colectiva entre los hispánicos al norte de la frontera puede dividirse en tres etapas claramente separadas: (1) desde 1848 hasta mediados de la década de 1940, con el incidente de Sleepy Lagoon y la agitación del *Zoot Suit* en la que los artistas comenzaron a entender su papel como voceros de las masas silenciosas; (2) desde el final de la Segunda Guerra Mundial hasta el movimiento chicano, en el que se inyectó al arte con un explosivo mensaje ideológico; y (3) desde mediados de la década de 1970 hasta el presente, una era en que los latinos han viajado lentamente hacia el escenario central, usando su arte como espejo del alma, nunca al reemplazar lo no político por lo político, sino, debido a la moda multicultural, al ser aceptados por la sociedad en su conjunto como mino-

ría victimada que necesita ser oída. Se pueden señalar etapas
concretas, desde un arte producido para consumo comunitario
hasta un arte que alcance a un público no latino. Por medio del
arte, se ha peleado una feroz guerra contra el *establishment*
anglo, en la cual el vencedor podría haber perdido una o dos
batallas, pero la perseverancia y el compromiso dio por resultado una victoria final. Insisto, se debe recordar que, como las
sociedades latinoamericanas son increíblemente represivas, el
mudarse a los Estados Unidos, la búsqueda de la libertad, es aún
más apasionada. Y una vez que se prueban los jugos de la libertad, no es probable que se rechace su delicioso sabor. Desde los
tiempos coloniales, el arte hispánico ha sido imbuido de política;
en una nueva etapa, los Estados Unidos solamente acentúan
ciertas tonalidades. En resumen, ser latino de moda en la actualidad es el resultado de una larga lucha ideológica a través de las
décadas. No se puede entender a Sandra Cisneros sin precursores como Posada, Rivera y Frida Kahlo, sin César Chávez y
"Corky" González. Rubén Salazar, para cerrar el círculo, es un
modelo de emulación esencial: un rebelde, un revolucionario
cuyas obras fueron armas. El descontento y la rebelión son, por
excelencia, las banderas artísticas de los chicanos: pelear, resistir, rebelarse. Nuestra odisea se dirige hacia la reconquista, un
intento de recuperar el pleno control sobre lo que se nos robó.
¿Triunfará la lucha? Viene a la mente la notable novela *The Con-
fessions of Zeno*, de Italo Svevo, sobre un hombre que dedica toda
su vida a dejar de fumar. Cuando el protagonista logra vencer su
adicción, al final de su vida, repentinamente se da cuenta de que
tratar de dejar de fumar era un fin en sí mismo, una manera de
vivir, y ni el fumar ni el no fumar tienen ya sentido. El fin se cambia por el medio, la meta se reemplaza por la energía de la lucha.
Entre los chicanos, cuando es posible, se subraya la palabra
oposición: oposición y violencia, oposición y rebelión, incluso

cuando la agresión no es un acto deseado, sino una simple reacción, como en el poema *Stupid America*, de Abelardo Delgado:

Estúpida américa, mira a ese chicano
con un gran cuchillo
en su firme mano.
No quiere matarte;
sentado en un banco, talla crucifijos;
pero no lo dejas.
Estúpida américa, oye a ese chicano
que grita improperios en la calle.
El es un poeta
sin papel ni lápiz,
y como no puede escribir, explota.
Estúpida américa, aquel chicanito,
que tronó en inglés y en las matemáticas,
él es el picasso
de tu costa oeste,
pero va a morir;
mil obras maestras,
colgando en su mano.

CUATRO

Fantasmas

"FELIZ LA NACIÓN, AFORTUNADA LA ERA, CUYA HISTORIA no está escindida", dijo Benjamín Franklin en el *Poor Richard's Almanac*. A esto agregaría yo: "Infeliz la nación cuya fundación nació de la codicia". Mientras los puritanos de las trece colonias veían al nuevo mundo como el paraíso en la tierra, un nuevo hogar, una puerta cerrada a la madre patria, la corona española envió exploradores y conquistadores para apropiarse de las tierras al otro lado del Atlántico: para dominar, poseer y subyugar. Los conquistadores no eran educadores, personas de visión, innovadores tecnológicos ni visionarios filosóficos. Su objetivo tácito era expandir los dominios del imperio español, no crear una nueva patria. Los iberos que vinieron a conquistar pertenecían a los peores segmentos de la sociedad: orgullosos pícaros, criminales brutales, codiciosos buscadores de oro y ambiciosos militares, cuya torpe moralidad era todavía feudal en un tiempo en que los europeos más avanzados estaban experimentando con el librepensamiento y el capitalismo burgués.

Nosotros los latinoamericanas estamos poseídos por un sentido de orgullo externo. Sin duda, el verdadero compromiso de una persona en la vida es llevar su orgullo a todas partes. La condición social no se consigue, sino que se hereda: un hijo de extranjeros, de piel clara, rubio y de ojos azules, está protegido por un aura benigna, sin importar sus características generales o individuales. Se considera que una familia con recursos económicos, a menos que sea dada a frecuentes malos comportamientos, posee orgullo externo. Nos importa el *qué dirán*, los puntos de vista de los otros. El mérito y el logro son siempre fantasmas que se desvanecen en nuestras casas. Habitamos un palacio de espejos movedizos, un laberinto donde se entretejen la ficción y la realidad, extranjeros en el mundo anglosajón, donde el poder pasa de los liberales a los conservadores y de vuelta a los liberales, mientras el futuro está siempre abierto.

Se cuenta que el 10 de diciembre de 1830, menos de una semana antes de su muerte, Simón Bolívar dijo, después de que un médico insistió en que se confesara y recibiera los sacramentos: "¿Qué significa esto? . . . ¿Puedo estar tan enfermo que me habláis de testamentos y confesiones? . . . ¿Cómo saldré jamás de este laberinto?" Lineal y circular, inextricable e impenetrable, el laberinto—complejo, curvado, distorsionado, vacilante, enredado, con constantes bifurcaciones—es un mapa de la mente latina. La aparente confusión que proyecta es sólo una ilusión, una máscara diseñada para engañar a la mente, un ocultamiento preparado para atraparte, para engañar tus sentidos a pesar de tu más alambicada agudeza. Una metáfora de ambigüedad metafísica, una figura que cambia según la perspectiva, confunde, enfurece y desorganiza; pero, en su falta de organización, en su caos, es un ejemplo de perfecta astucia.

Somos inestables. Incorporamos simultáneamente la claridad y la confusión, la unidad y la multiplicidad. No fue por accidente por lo que Gabriel García Márquez dedicó una novela completa a desvelar lo que Bolívar quiso realmente decir por "el laberinto". Y García Márquez no fue el único: Jorge Luis Borges pasó su vida imaginando laberintos perfectos: lineales, rectangulares y circulares; espaciales y temporales; materiales y espirituales. Se imaginó un laberinto de laberintos, un laberinto sinuoso y extendido que abarcaría el pasado y el futuro, y de alguna manera, las estrellas. Octavio Paz, en *El laberinto de la soledad*, describe a los hispánicos como atrapados en un laberinto de nostalgia e introspección. El abierto ataque de René Marqués a la anexión de Puerto Rico por los Estados Unidos y el fuerte teatro realista de Miguel Piñero hablan de los laberintos de la violencia y la dominación. La prosa de Cristina García trata de la memoria como laberinto, y *The Autobiography of a Brown Buffalo* de Oscar "Zeta" Acosta habla de la política y la identidad como una telaraña. La primera obra publicada por Julio Cortázar con su propio nombre, *Los Reyes*, versa sobre el mito del minotauro. La pirotecnia verbal del cómico mexicano Cantinflas era un enredo. Las pintas murales son una paradoja visual. El arte del pintor cubanoamericano Emilio Falero, incluyendo su pintura al óleo *Findings*, explora un completo sincretismo de estilos. *Las meninas* de Diego Velázquez, una pintura de 1656 sobre la pintura y el pintor, es un ejercicio de autoreflexión. El pintor español Joan Miró nunca fue ajeno a los laberintos, diseñados para intrigar y entretener, y tampoco lo fue el cineasta español Luis Buñuel. En términos culturales, por supuesto, el manantial, la fuente de fuentes, es el gran escritor español Miguel de Cervantes, el perfecto ejemplo de un hombre atrapado en los corredores laberínticos de la razón y la locura, la iluminación y el oscurantismo, Erasmo y Maquiavelo. Su *alter ego*, Alonso Quijano (también llamado Quejado o Quezada, aka Don Quijote), puede muy bien ser el personaje hispánico por excelencia, un caballero incapaz de distinguir entre la realidad y los sueños, un punto esencial de la condición latina.

Somos quijotescos, anárquicos y fatalistas de corazón, aprisionados en nuestra propia individualidad y sentido del tiempo, eternos habitantes de un traumático jardín de la historia. La Mancha, donde los enormes molinos de viento son enemigos gigantescos y las pobres mozas son damas decorosas, es nuestra eterna geografía. Considérense ciudades que, en el sentido jungiano, expresan en su arquitectura la mente colectiva de sus habitantes. Los mapas de las ciudades latinoamericanas son extremadamente barrocos. Deliberadamente agotamos las posibilidades de diseño con ornamento y exceso. Piénsese en cualquier ciudad, desde Montevideo a Lima y Bogotá. Alejo Carpentier, en un penetrante ensayo titulado "La ciudad de las columnas", afirma que en la Habana, una metrópoli con innumerables columnas, es casi imposible encontrar dos que sean iguales; cada una pertenece a un estilo arquitectónico diferente o, para decirlo como Carpentier, son sencillamente horribles creaciones, cada una diferente de su propia manera, una mezcolanza de conceptos estéticos que nunca constituyen un todo homogéneo. De la simplicidad de un convento al delirio barroco de una mansión aristocrática, Carpentier vio sólo confusión y ordenado desorden en nuestra arquitectura: una falta de originalidad e, irónicamente, una artificial autenticidad. A nuestras ciudades les falta planeación urbana y padecen un mal diseño de sus rutas de tránsito, sus sistemas de desagüe y su alambrado eléctrico y telefónico. Como una pirámide, están hechas de añadiduras, niveles y superficies que se agregan a lo anterior, pero sin la cimentación necesaria para soportar el peso y la complejidad de la estructura completa.

Los hispánicos, obviamente, no son los únicos propietarios de un laberinto platónico. ¿Qué, si no un laberinto, es el reino de Kafka? Pero la compleja cartografía mental del checo está a años luz de la de los hispánicos. La nuestra no es ni un laberinto burocrático, ni uno psicológico. Vemos al mundo como mitad mentira, mitad verdad. Los conquistadores españoles son símbolos, no de *laissez faire*, sino de la perversa acumulación de fuerza y autoridad. La historia es un laberinto de bifurcaciones éticas. La muerte trae el nacimiento y trae la muerte. Por lo tanto, no es sorprendente que la palabra española que significa tanto *history* como *story*, pasado y ficción, sea *historia* Nuestro pasado es un panteón de héroes míticos, fabulosos y con frecuencia anacrónicamente artificiales, fabricados para complacer al régimen, despojados de su más interno espíritu rebelde– hombres con espíritus valientes que terminaron como nombres de calles y en libros de texto sin valor real: la historia oficial, el enfoque del pasado que el gobierno establece y controla–; siempre es excluyente y nunca incluyente. Porfirio Díaz, quien gobernó a México de 1884 a 1910, fue un tirano infame o el promotor del crecimiento económico, según quién lo describa y cuándo. Fue la causa de la sangrienta Revolución Mexicana, que mató a millones y empujo al país al caos, o el promotor de una inigualable estabilidad. A José de San Martín, a Esteban Montejo, al Ché Guevara y a Enriquillo, nacido con el nombre Guayocuya, el fugitivo colonial dominicano, se les considera liberadores o lunáticos, santos o mártires, visionarios o tontos, fomentadores del progreso o del retroceso.

Nuestra historia es un espejismo, una invención. No sin razón ordenó Ch'n Shih Huang Ti, emperador de China en la época de Aníbal la construcción de la Gran Muralla y, simultáneamente, decretó quemar todo libro escrito antes de que él llegara al poder. Para abolir el pasado y reinventar el presente: conformar el futuro. Su objetivo era construir un universo autoprotegido, autónomo, donde las cosas pasadas pueden reinventarse, una realidad donde la historia es controlable y los seres humanos no están a su merced. Umberto Eco, el autor de *El nombre de la rosa*, habló una vez de cómo el espagueti con albóndigas es una creación estadounidense. En el siglo XIX, el espagueti italiano fue la solución a los tiempos en que la carne escaseaba. Así, mezclar pasta y carne es un anacronismo típicamente estadounidense: inventar, comenzar de cero, reformar el pasado. La dulzura del triunfo futuro es la única recompensa.

Los hispánicos, por otro lado, estamos pegados a nuestro origen bastardo. Más que tener un sentido de lo que está bien y mal, valoramos las cosas por el beneficio que ofrecen. La amistad promueve contactos, ayuda a avanzar en la carrera y es un paso en el camino ascendente al poder. Temerosos del futuro, nos escondemos en el pasado: un pasado traumático en el que se nos forzó a asumir la identidad del colonizador, una máscara. Los misioneros españoles, considerando a los nativos como idólatras, decapitaron a las religiones que encontraron, reemplazaron a los dioses aborígenes con objetos de culto europeos, "civilizados". Quetzalcóatl y Coatlicue se volvieron Jesucristo y la Virgen María. En este caso, sin embargo, a pesar de la decapitación, el cuerpo se dejó intacto. Asombrados por la traumática reacción de la población india ante la pérdida de sus epicentros espirituales, los españoles decidieron reemplazarlos con centros espirituales españoles. Así, se construyeron iglesias sobre las pirámides y templos, lo que significa que la subestructura del catolicismo hispánico está poblada por imágenes teológicas sincréticas. Encima de ídolos derruidos, la Iglesia fundó un santuario.

Como estructura arquitectónica, la pirámide se construye añadiendo nuevas y más pequeñas plataformas a las existentes. Como las religiones precolombinas ya estaban acostumbradas a las añadiduras, la imposición de la contribución española se aceptó, en cierta forma, con naturalidad, como se ilustra por la leyenda de la segunda venida de Quetzalcóatl como hombre blanco y barbado, una premonición que permitió el libre reinado de Hernán Cortés. Esta ilustración también señala la densidad de nuestra cultura. Cuando los prisioneros rezan arrodillados a San Lázaro en el Caribe, también rinden tributo a Babalú, aunque sus templos estén separados. El catolicismo y la espiritualidad yoruba, el catolicismo y los mitos aztecas, cohabitan. En una parábola cubana, un vagabundo llamado Lázaro va a la casa de Bulón, el rico, de donde es despedido, y los perros de Bulón lo persiguen. Cuando Lázaro va al cielo, Bulón va al infierno, donde pide la ayuda de Lázaro. La parábola recuerda un *pataquí*, una leyenda yoruba, aceptada y leída en Cuba como leyenda católica y africana, en el que la deidad se niega a alimentar a un Babalú condenado al hambre y la enfermedad, y como el cuento incluido en el Nuevo Testamento

Tal estrategia religiosa, decapitar, aculturar, es radicalmente diferente de la de los colonizadores peregrinos de lo que llegó a ser los Estados Unidos; esta diferencia surge simplemente porque los nativos del norte del Río Bravo estaban demasiado dispersos para oponerse en forma efectiva a los colonizadores ingleses. Careciendo de un centro, nuestros estilos mestizo y mulato están siempre cambiando, lo cual permite una identidad multicultural que transige en las traducciones espirituales y lingüísticas. José María Arguedas, de ascendencia quechua, profesor de antropología en la Universidad de San Marcos, Perú, y autor de *Yawar Fiesta*, no pudo encontrar un puente sólido entre sus pasados indio y europeo. Forzado desde la niñez hasta la edad adulta a vivir eternamente dividido entre el quechua y el español, el instinto y el intelecto, se suicidó. Fue, sin embargo, una excepción. No importa lo frágil que sea la transacción, el arte de traducirse uno mismo, lingüísticamente o de otra forma, está en el mismísimo núcleo de nuestra conciencia popular, aunque algunos lo consideran como si fuera un beso del diablo. La siguiente copla de Sor Juana Inés de la Cruz ilustra este punto:

En confusión, mi alma
se divide en dos:

una es esclava de la pasión,
la otra sirve a la razón.

Quizá el mapa alegórico perfecto de nuestra mente colectiva,
una expresión metafísica del extravío en el laberinto, la evidencia del desconcertante encuentro con el caos es la vida de
Cabeza de Vaca, comenzando con su viaje por la Florida como
parte de una expedición de 1527 para conquistar la región que se
encuentra al norte del Golfo de México. El autor de la *Relación*
(también conocida en su segunda edición como *Naufragios*, y
traducida al inglés como *Adventure in the Unknown Interior of
America*), Alvar Núñez Cabeza de Vaca nació alrededor de 1490.
Creció en Jerez, un pequeño pueblo de Andalucía conocido por
la bebida del mismo nombre, y comenzó su carrera militar
cuando era adolescente. Peleó en la batalla de Ravena y sirvió
como alférez en Gaeta, en las afueras de Nápoles. Fue parte de la
expedición de trescientos hombres al Nuevo Mundo. encabezada por el tuerto y barbirrojo Pánfilo de Narváez. Al naufragar
debido a un huracán en una isla de la costa de Texas, los hombres llegaron al continente y caminaron hacia el norte. Durante
ocho años vagaron por Texas, Nuevo México, Arizona y el norte
de México, y se redujo su número de trescientos a cuatro. Capturado por los indios y luego fugitivo, escribió una relación que
ofreció a los europeos la primera información sobre el suroeste:
su clima, flora y fauna, y las costumbres de los nativos. Cabeza de
Vaca fue el primero en ver una zarigüeya y un búfalo, el Missis-
sippi y el Pecos, el puré de piñón y la harina de semilla de mez-
quite. Suya es también la primera descripción literaria que se
conoce de un huracán antillano. Cabeza de Vaca regresó a
España en 1537 y entregó su informe al rey Carlos V.
Cuando Hernando de Soto recibió el real encargo para Florida, el rey nombró a Cabeza de Vaca *adelantado* de las provin-
cias sudamericanas del Río de la Plata, hacia donde navegó en

1540. Trató de rescatar la colonia de Asunción, asediada y enfermiza, y realizó una expedición de 1000 millas a través de las ignotas—y, según se suponía, impenetrables—selvas, montañas y aldeas, descalzo, entre 1542 y 1543. Luego se obsesionó con otro objetivo: penetrar Paraguay y encontrar la ciudad perdida de Manoa; pero un motín destruyó sus sueños. Fue el blanco de la intriga y la envidia, y finalmente lo depusieron y regresaron a España, encadenado, en 1543. Fue juzgado y sentenciado al destierro en África durante ocho años. Sin embargo, el rey anuló la sentencia, le otorgó una pensión y le dio un empleo. Murió en 1557. Su relación del viaje a América del Sur, que se conoce como *Comentarios*, apareció dos años antes de su muerte.

El viaje de Cabeza de Vaca llegó a ser una odisea a través del laberinto. Aunque se mantuvo firme en la tradición de todos los colonizadores, que estaban listos para descubrir una nueva realidad en el nombre del rey, su único logro fue la relación de sus propias limitaciones. En varios sentidos, las aventuras de Cabeza de Vaca hacen recordar el libro *Heart of Darkness*, de Joseph Conrad, publicado en 1899, y considerado ahora la puerta de una nueva toma de conciencia sobre el impacto europeo en África. Ambas obras se mueven psicológicamente hacia una comprensión culminante. Están llenas de una velada imaginería simbólica. Penetran el tiempo y el espacio antropológicos, rastreando el engañosamente largo camino desde el mundo primitivo al civilizado, y sugiriendo que el triunfo de la razón y el orden no produce necesariamente la tranquilidad y una forma superior de sociedad.

Los relatos de Cabeza de Vaca y Conrad ilustran que el colonialismo no es una ruta feliz; que finalmente causa violencia y odio y el choque de las culturas diferentes. Ambos tratan de la idea del hombre que intenta explorar y entender el universo, y declaran que la verdad está en los ojos del observador. La quietud preternatural de la selva y las voces de un enviado en desgra-

cia y de un misionero son símbolos del poder y sus descontentos
e ineficacia. Sin duda, las palabras de Kurtz en *Heart of Darkness*,
"¡El horror! ¡El horror!", resumen el peregrinar de Cabeza de
Vaca. A su llegada, cree (como se le ha enseñado) que él es superior. Como tesorero y capitán de la expedición, ayuda al gobernador Pánfilo de Narváez a organizar a los hombres, y está listo
para capturar los territorios desde el Río de las Palmas, hasta lo
que llama "el Cabo de Florida". Pero la furia de la naturaleza y los
aborígenes se han subestimado.

Cabeza de Vaca sobrevive, pero no sin sufrir una profunda
transformación. Se adapta a las costumbres de una tribu que lo
ha capturado, y ayuda a curar a sus enfermos. Finge tener poderes proféticos, rezando y usando el sentido común, así como su
precario pero útil conocimiento de la medicina y los primeros
auxilios. Sin embargo, los indios son más brillantes que él. Lo
desvisten, lo hacen bailar y cantar, lo transforman. En pocas
palabras, Cabeza de Vaca es el primer español que pierde el control de la situación histórica en que se embarca y se deja moldear
por los aborígenes. Su odisea hace pensar en un magistral
cuento corto contemporáneo por el fabulista guatemalteco
Augusto Monterroso ("El eclipse"). Esta obra, favorita del crítico
judío norteamericano Irving Howe, trata del hermano Bartolomé Arrazola, perdido en una selva centroamericana. Hay un
sol ardiente, y casi ha abandonado toda esperanza. Se queda dor-
mido, y cuando despierta, está rodeado de un grupo de nativos
listos para sacrificarlo en un altar. Está asustado, y busca la manera de escapar. De repente, se le ocurre una solución, "una idea
que consideraba digna de su talento, cultura universal y el profundo conocimiento de Aristóteles". Recuerda que va a haber un
eclipse total ese día. Con su conocimiento limitado de los idiomas aborígenes, les dice a sus verdugos que él puede oscurecer el
sol de medio día. La historia termina unas dos horas después,
con la sangre del sacerdote regada en la piedra sacrificial, "mien-

tras uno de los nativos recitaba sin elevar la voz, sin prisa, uno por uno, las infinitas fechas en que habría eclipses solares y lunares, que los astrónomos de la comunidad maya habían previsto y escrito en sus códices sin la valiosa ayuda de Aristóteles".

La máxima expresión del laberinto hispánico es el carnaval, una ocasión para poner en libertad a los fantasmas físicos y espirituales, haciendo del mundo un escenario, a la manera de Calderón de la Barca, lleno de sorpresas y secretos–y así, precisamente, es como nosotros los latinos entendemos la realidad: como un teatro de dimensiones mayores que las reales, un espacio de ocio y representación teatral sin fin. Integrado más y más en el desfile moderno o, como lo llaman los portorriqueños *la parada*. El carnaval es una mezcladora más grande que la realidad, en la que la identidad individual simultáneamente se esconde detrás de máscaras y se revela abiertamente, se pierde y se reconstruye, donde las gentes dejan momentáneamente de ser ellas mismas. La densa identidad hispánica permite los sacrificios rituales, que liberan la energía reprimida y suspende las reglas de la moralidad. Los hombres se visten de mujer, y viceversa, lo que significa que el transgresor se vuelve andrógino durante un día. Nuestra vida tropical, como decía Guillermo Cabrera Infante en *Tres tristes tigres*, es como la hora del espectáculo: ¡*Señoras y señores*, bienvenidos al cabaret más famoso del mundo, un paisaje de belleza sobrenatural, el mundo maravilloso y extraordinario! Sus exóticas maneras se extienden a los más diversos sistemas de signos: la música, el canto, la danza, el mito, el lenguaje, la comida, el vestido y la expresión física.

Los carnavales de Brasil y el Caribe—en San Juan, la Habana y Rio de Janeiro—son especialmente famosos. El metabolismo del evento se relaciona directamente con la densidad cultural de la región. Por ejemplo, durante el *Día de Reyes*, un carnaval para los esclavos en la Cuba colonial, un día permitido tanto por el régimen como por la religión, los negros bailaban cerca del palacio del gobernante. El gobernador, o quienquiera que estuviera gobernando, junto con sus ministros, gozaban del baile y tiraban dinero a los esclavos, todos los cuales quedaban libres durante ese día. La gente seguía bailando por las calles de la Habana, hasta avanzada la noche. En una danza sacrificial (ver el *Sensemayá* de Nicolás Guillén), los negros mataban la serpiente, un acto que simbolizaba su esperanza de un futuro sin esclavitud. Los gobernadores, los amos de los esclavos, los propietarios de las plantaciones y el resto de la gente en el poder, permitían esa conducta para que la animosidad contra ellos se canalizara en una forma menos amenazante que la confrontación directa. Varios críticos, comenzando por el crítico literario ruso Mikhail Bakthin, autor de un fascinante estudio sobre Dostoievski, ha estudiado el carnaval. Bakthin cree que el carnaval es una oportunidad para ridiculizar, burlarse del poder autoritario que controla la sociedad. Umberto Eco, desde un punto de vista diferente, sostiene que el carnaval, esencialmente no oficial, es oficial durante un período preciso, lo cual significa que el régimen incluye su propia rebeldía, que permite a las fuerzas que se le oponen expresar su animosidad sin castigo, en un espacio y tiempo específicos. El francés René Girard dice que el carnaval es la representación social de un sacrificio, y que todo sacrificio implica la necesidad metafórica de la sangre de aquellos a quienes se odia, lo que significa que, mediante el carnaval, la gente canaliza su rebeldía contra el sistema. La mejor descripción que conozco de nuestros carnavales prueba que hay algo extraordinariamente andrógino en esta fiesta de Antonio Benítez-Rojo:

> Su movilidad, su difusa sensualidad, su fuerza generativa,
> su capacidad de nutrir y conservar (los jugos, la prima-
> vera, el polen, la lluvia, la semilla, el retoño, el sacrificio

ritual: éstas son palabras que llegan para quedarse). Piensa en los floreos de sus danzas, los ritmos de la conga, la samba, las máscaras, las capuchas, los hombres vestidos y pintados como mujeres, las botellas de ron, los dulces, el confeti y las serpentinas de colores, la algarabía, el carrusel, las flautas, los tambores, la corneta y el trombón, las bromas, los celos, los silbatos y los gestos, la navaja que derrama sangre, la muerte, la vida, la realidad en avance y retroceso, torrentes de gentes que inundan las calles, la noche encendida como un sueño interminable, la figura de un ciempiés que se arma y desarma, que se enrolla y se estira bajo el ritmo del ritual, que huye del ritmo sin escapar de él, difiriendo su derrota, escabulléndose y escondiéndose, incrustándose finalmente en el ritmo, siempre en el ritmo, el pulso del caos [que es el universo].

Carnavales, desfiles, fiestas: color, máscaras, teatralidad. Somos reinas y reyes de la fiesta. Néstor García Canclini, antropólogo que estudió en París con Paul Ricoeur y es profesor en México, dice en su libro *Las culturas populares en el capitalismo*, acerca de la cultura de masas al sur del Río Bravo, que la fiesta en el mundo hispánico "se puede considerar como una representación de las fisuras entre el campo y la ciudad, entre los elementos indios y occidentales, sus interacciones y conflictos. Esto se demuestra por la coexistencia de antiguas danzas y grupos de rock, por cientos de ofrendas indias a los muertos, fotografiadas por cientos de cámaras, por el cruce entre los rituales arcaicos y modernos, en aldeas campesinas, y por las fiestas híbridas con las que los inmigrantes de las ciudades industriales invocan un universo simbólico que se centra alrededor del maíz, la tierra y la lluvia". Lo que caracteriza la fiesta latinoamericana es la posibilidad de disolver las fronteras raciales, culturales y sociales. La fiesta abre el espíritu y permite alianzas que de otra manera no podrían tener lugar; es una consecuencia de la densidad cultural y étnica y de la falta de movilidad social. En contraste con las fiestas estadounidenses, que son sencillas y no rompen las reglas de conducta, las fiestas latinas son complicadas, densas y laberínticas. Todos participan en el movimiento frenético, el sonido y el erotismo; bebemos, bailamos, reímos y amamos, perdiéndonos en la multitud e ignorando nuestras lastimaduras espirituales. La fiesta no debería ser entendida como una interrupción trascendental de la vida diaria, sino como una manera de afirmar lo que nos niega una naturaleza hostil o una sociedad injusta. Mediante la fiesta, un pueblo o un barrio entero se reúne, y la suma de energías individuales se transforma en una abrumadora explosión de energía. El ritmo es el latir del corazón de la comunidad, la unión mediante el movimiento y la expresión. Vivimos para gozar y gozamos para vivir.

Aunque el tiempo del carnaval es eterno, el tiempo latino es lento, mítico, anhistórico. Discrepando de la creencia de Lutero de que las acciones sólidas son declaraciones, todo lo postponemos: *hoy no, mañana*. Nos preocupamos menos del acto de hacer que sobre el acto de ser. Como dijo una vez Carlos Fuentes en un discurso inaugural en Harvard:

Hace algún tiempo, estaba yo viajando en el estado de Morelos, en el centro de México, buscando el lugar de nacimiento de Emiliano Zapata, la aldea de Anenecuilco. Me detuve y pregunté a un campesino qué tan lejos estaba la aldea. Me contestó: "Si usted hubiera salido en la madrugada, usted estaría ahí ahora" Este hombre tenía un reloj interno que marcaba su propio tiempo, y el de su cultura. Pues los relojes de todos los hombres y mujeres, de todas las civilizaciones, no están puestos a la misma hora. Una de las maravillas de nuestro amenazado planeta es la diversidad de sus experiencias, sus recuerdos y sus deseos.

Cada cultura tiene su propio reloj. El campesino de Fuentes mide el tiempo de una manera singular, no por las normas europeas, sino de una manera interna, intuitiva, sin prisa. Los anglos ahorran tiempo; nosotros lo desperdiciamos. Una vez asistí a una reunión internacional de escritores en la que un participante de Argentina llegó tarde. Su retraso fue deliberado. Como compartíamos el mismo cuarto en el hotel, yo sabía que el se despertaba antes del amanecer, se bañaba y desayunaba, pero cuando llegaba la hora en que él debía ir a algún sitio, esperaba diez o quince minutos, sólo se sentaba y esperaba. Estaba consciente de que la gente estaba esperándolo, y ésta era la razón por la que llegaba tarde. No era simple desconsideración ni un juego de poder. Tampoco era un ejemplo más de desperdiciar el tiempo. Era el deber de mi colega llegar tarde: como si viviera con un cuarto de hora de retraso con respecto al resto del mundo. En América Latina, no se perdería el tiempo si tanta gente no lo matara. Nuestra siesta con frecuencia dura dos o tres horas. Los negocios cierran, y se detiene toda actividad. "La siesta del martes", de Gabriel García Márquez, es una ilustración de esta peculiar actitud: Una mujer pobre llega de un pueblo distante, acompañada de su hija, para averiguar el paradero de los restos de su hijo muerto, Carlos Centeno, muerto a tiros cuando trataba de robar una casa a media noche. Cuando llegan a medio día a la iglesia, se encuentran con que el sacerdote, el sacristán, y todo el resto de las gentes del pueblo, fingen estar durmiendo, y se rehusan a cooperar. A nadie le importa. El tiempo se detiene.

La religión y la vida terrena, la eternidad y la circularidad, son nuestro habitat. En *Hunger of Memory*, Richard Rodríguez yuxtaponía el reloj con el crucifijo, artefactos conexos en nuestra alma dividida:

> Crecí como católico en casa y en la escuela, en privado y en público. Mi madre y mi padre eran católicos profundamente piadosos; todos mis parientes eran católicos. En casa, había imágenes religiosas en una pared de casi cada habitación, y había un crucifijo arriba de [la cabecera de] mi cama. Pasé los primeros doce años de estudiante en escuelas católicas donde podía mirar al frente de la clase y ver un crucifijo colgando encima de un reloj.

Metafóricamente, la llegada de los iberos a *l'Amerique latine* durante el siglo XVI marca el ingreso de los hispánicos a los horarios occidentales. Los aztecas, los nahuas y otros habitaban en una secuencia de calendarios no lineales, no consecutivos. Los conquistadores iniciaron a los nativos en los modos del Viejo Mundo, imponiendo su mundo espiritual sobre los "idólatras". El resultado fue trauma y sufrimiento. El intento de narrar, de poetizar nuestra acumulación laberíntica de fuerzas externas e internas, de verbalizar el sonido de nuestro reloj interno, hizo nacer un espíritu barroco y un rico reparto de personajes fantasmales. Los indios y los negros, por ejemplo, cada uno con su tiempo interno, son fantasmas omnipresentes y eternos, "huéspedes" indelebles de nuestro arte y nuestras letras. Se pueden ver en *Borderlands/La Frontera: The New Mestiza*, de Gloria Anzaldúa; en *Ecué-Yamba-O*, la primera novela de Alejo Carpentier; en *Yemayá and Ochún*, de Lidia Cabrera; en *Pedro Páramo*, de Juan Rulfo, y en la obra maestra *Hombres de maíz*, del guatemalteco Miguel Ángel Asturias, quien ganó el premio Nobel de literatura en 1967; y en cualquiera de las numerosas novelas épicas de

Jorge Amado, un tradicionalista cuyas tramas abundantes en personajes recuerdan el arte de Charles Dickens, y quien ha documentado la identidad híbrida de los brasileños y otros sudamericanos, una mezcla de portugueses o españoles, africanos y pueblos nativos. La transculturación en América Latina es un proceso en el que la promiscuidad étnica y cultural da como resultado una encimadura de diferentes relojes internos. De manera que cuando se busca el reloj de relojes, el reloj unificador, lo que se encuentra es una colosal fractura. El mundo hispánico es tan afín al espíritu barroco porque el alma colectiva es una mezcladora en la que chocan los diferentes tiempos: el africano, el indio, el europeo, y la mezcla resultante de estos tres componentes básicos.

El tiempo y la raza se relacionan así directamente. No se puede entender uno sin la otra. Los libros de Amado—perfectos ejemplos de lo que se conoce en los círculos intelectuales del hemisferio sur como "novelas totales", proyectos literarios ambiciosos y exhaustivos en los que se representa cada aspecto particular de la sociedad, cada clase, cada credo y cada interés ideológico—incluyen escenarios arquetípicos llenos de dirigentes de la secta *candomblé*, doncellas virginales, obreros urbanos pobres, profesores universitarios ambiciosos, políticos corruptos y reporteros de periódicos. El claro objetivo de Amado es recrear la dinámica de la raza, del poder y del dinero en un medio que está constantemente danzando al compás del tamborileo sincopado de la samba. En una narración, por ejemplo, Santa Bárbara del Trueno, una santa cristiana fusionada con el espíritu femenino Oyá Yansán, en las religiones sincréticas afro-cristianas, sufre una mutación física milagrosa de la inmovilidad a la entidad viviente. Despierta por el olor de la canela y el tabaco, lista para rescatar a un creyente bastardo. Su desaparición enciende un furor e inicia toda clase de subtramas en las que detectives y periodistas tratan de explicar el insólito misterio.

Abundan los espíritus *orixá*, las ofrendas *ossé*, los santos y los artefactos ornamentales. Pronto se convierte la personalidad de Santa Bárbara del Trueno en una alegoría del alma colectiva de Brasil: ni cristiana ni africana, ella es una suma de partes, una entidad religiosa que necesita traducirse a los feligreses que celebran su doble identidad: europea y nativa. Como Virgilio cuando muestra a Dante el camino, Amado, nacido en 1912 en una granja cacaotera en el sur de Bahía, nos guía a través de un submundo de superstición e idolatría sin la perspectiva obtusa y paternalista de la superioridad occidental. Su pasmoso viaje mágico sirve para recordar que los hispánicos son muchas cosas a la vez: multicolores, multiétnicos, multiculturales. La multiplicidad de la raza es tabú entre nosotros, y rara vez se comenta abiertamente entre hispánicos. Por esto, la famosa declaración del crítico cubano Fernando Ortiz, "la cultura caribeña es *blanquinegra*" es, en esencia, profundamente irónica, simplemente porque, aunque como pueblo somos un compuesto étnico, no discutimos las costumbres étnicas. La obra de Amado es un espejo cuyo reflejo nunca enciende un debate continental. ¿Qué, pues, puede esperarse de los latinos, portadores ancestrales de ese tabú que viven en una realidad en la que, desde Crown Heights hasta Watts, muchos mueren en guerras étnicas urbanas, donde la raza es un tema candente de discusión? Perplejidad. De bronceado a mulato, de blanco níveo a indio, nuestros colores tienen una amplia gama; pero falta por analizar un racismo antiguo y desenfrenado que corre en nuestra sangre. Sí, *racismo*. La sociedad se queda callada cuando se enuncia esta palabra. Nadie acepta la responsabilidad. Nadie escucha.

En los Estados Unidos, una nación obsesionada por las guerras raciales y culturales, nosotros los latinos somos ambiguos, suspicaces y molestos. "Gallo, caballo y mujer por su raza has de escoger", dice un dicho mexicanoamericano. ¿Hemos de reevaluar nuestro enfoque ancestral de la raza? Piri Thomas pasó la mayor parte de su adolescencia y principios de su edad adulta cambiando entre sus identidades puertorriqueña y negra. Las raíces de Aztlán y las mestizas están omnipresentes en la ficción de Miguel Méndez y Alejandro Morales, en la poesía de Lorna Dee Cervantes y la obra narrativa de Cherríe Moraga. La última escribe en *The Last Generation*: "*Aztlán*. No recuerdo la primera vez que oí esa palabra, pero recuerdo que tomó por sorpresa a mi corazón el saber de ese lugar, ese 'secreto paisaje' totalmente evidente en las playas, en los llanos y en las montañas del suroeste estadounidense. Un terreno que no comprendí por completo al principio, pero que sigo tratando, en mi propia, pequeña manera, de habitar por entero y hacerlo habitable para sus ciudadanos chicanos".

Una conexión bien clara en la historia latinoamericana entre negros e hispánicos es Arthur Alfonso Schomburg, el famoso bibliófilo negro. Un miembro respetado de los masones de Prince Hall, dirigió la *Negro Collection* en la Universidad de Fisk, y llegó a ser Conservador de su propia colección en la Biblioteca Pública de Nueva York, una colección que es el núcleo del actual Centro de Investigación Schomburg sobre Cultura Negra. Íntimo amigo de W. E. B. DuBois y Carter G. Woodson, pasó su vida reuniendo pruebas de que "los negros tienen historia". (Elinor Des Verney Sinnette, en la Universidad de Howard, escribió una apasionante biografía sobre este hombre y su obra). Pocos saben que Schomburg nació, según la mayoría de fuentes de información, en Puerto Rico en 1874, y que cuando llegó a Nueva York era un joven militantemente activo implicado en las luchas revolucionarias en el Caribe. Aunque llegó a ocupar puestos elevados en el mundo intelectual negro, su inglés escrito era, para usar la expresión de su amigo, el filósofo y educador Alain LeRoy Locke, "imposible". Bernardo Vega, al describir el estilo de Schomburg, decía que reflejaba "la cualidad hispánica, latina, de su espíritu y cultura". Lock corregía ocasionalmente los escritos de Schomburg y, según lo cita Des Verney Sinnette, describía su esfuerzo como "una obra de amor, pues Schomburg es un viejo y leal amigo a quien no se puede culpar por su extravagante inglés, ya que nació en Puerto Rico y se educó en español".

Schomburg frecuentemente daba conferencias y ponencias sobre costumbres negras. Íntimamente relacionado con personajes en el renacimiento de Harlem, que incluían a Langston Hughes, Claude McKay y Marcus Garvey, aportó un ensayo, *The Negro Digs Up His Past*, para la antología publicada por Locke en 1925, *The New Negro*, que llegó a ser como un número especial de la revista *Survey Graphic*. Aunque nunca escribió un manuscrito de la longitud de un libro, sus escritos incluyen un opúsculo sobre el poeta cubano Plácido y un par de artículos en el periódico de Martí, *Patria*. En un ensayo, Schomburg hablaba de Franscisco Xavier Luna y Victoria, el primer obispo nativo de la Iglesia Católica en Panamá, cuya madre era negra. Y para la revista de Dubois, *Crisis*, escribió varios artículos: *The Fight for Liberty in Santa Lucía*; sobre la revolución de independencia de Haití, así como "la lucha desesperada que tuvo lugar aproximadamente al mismo tiempo en la isla [antillana] de Santa Lucía; un estudio de Evaristo Estenoz, un general negro cubano que peleó por los derechos de las gentes de ascendencia africana y fundó el Partido Independiente de Color en Cuba; una evaluación del pintor español mulato Sebastián Gómez, un esclavo del pintor blanco Bartolomé Esteban Murillo; un artículo sobre Juan de Pareja, otro pintor español negro, y un bosquejo biográfico sobre el general Antonio Maceo, un héroe afrocubano. Sin duda, los comentarios de Schomburg sobre las costumbres de la raza y sobre el racismo en América Latina y el Caribe, especialmente la negativa de los dirigentes a conceder representación política a los negros (salvo la que les fuese otorgada como caridad), es esencial. Aparte de las plantaciones, los negros se empleaban, especialmente en Brasil y en Cuba, como trabajadores agrícolas, sirvientes domésticos y vaqueros. Algunas veces se permitía a los negros pasearse libremente, y pronto los negros se volvieron agentes cruciales de la aculturación, que transmitían símbolos y temas africanos a la población general, cambiando la forma en que la sociedad se percibía a sí misma. (En Cuba, en particular, entre los siglos XVI y XIX, el folklore de la comunidad negra se toleraba fácilmente).

Como se mencionó antes, en el *día de reyes*, en la Habana, se liberaba a los negros durante un día, algo que nunca se ha visto en otras partes de la región. Las asociaciones conocidas como *cabildos*, dedicadas a los diferentes orígenes africanos de los negros cubanos, alentaban a cada esclavo a buscar las ropas específicas que eran parte de su abolengo africano, y usarlas en la calle para bailar y cantar. Como resultado de esto, aunque pocos lo saben, el ejército cubano que luchó por la independencia durante la guerra española-estadounidense estaba compuesto principalmente de negros y mulatos. Como los trabajadores contratados del sur de China constituían 3 por ciento de la población en la segunda mitad del siglo XIX, el ejército cubano también incluía muchos chinos, un grupo étnico al que todavía menos hispánicos quieren reconocer. Los chinos habían llegado a Cuba como trabajadores, en condiciones miserables. Una crónica histórica relata cómo se le interrogó a un soldado cubano capturado por el enemigo qué diablos hacía entre negros y asiáticos. Este incidente ilustra la textura racial de la época, con frecuencia desconocida por los que no está familiarizados con la historia caribeña. Antonio Maceo, el jefe de estado mayor del ejército cubano, era un cubano rodeado de un gran número de coroneles, tenientes y generales negros.

El indio también permanece impotente en vastas regiones de Hispanoamérica: perseguido, explotado, silenciado, olvidado o ignorado. Aunque tanto los negros como los indios son parte integral de la cultura hispánica, su interrelación es una cadena de contratiempos. Como lo dice Borges categórica y sarcásticamente en su *Historia universal de la infamia*, "en 1517, Fray Bartolomé de las Casas tuvo mucha piedad de los indios que se consumían en el penoso infierno de las minas de oro del Caribe, y propuso al emperador Carlos V la importación de negros, quienes se consumirían en el penoso infierno de las minas de oro del Caribe."

El mismo término *indio*, para empezar, es un malentendido histórico que provino de la convicción de Colón de que había llegado a la India durante su primer viaje. Actualmente, la palabra es despectiva y ofensiva: ¡*No seas indio!*: ¡no seas estúpido!. La palabra *indio* simboliza la vida rural, no europea, un vínculo con el instinto, un testimonio de un pasado con el que América Latina se siente incómodo. Cuando la independencia se hizo un tema del que se hablaba a principios del siglo XIX, los políticos y los diplomáticos discutían sobre maneras de aniquilar a los indios, de destruirlos para poder imponer la "civilización" en sus tierras. Como se puede ver en el *Facundo* de Domingo Faustino Sarmiento, y en veintenas de obras argentinas como *El gaucho Martín Fierro* de José Hernández, los pueblos europeizados del Río de la Plata, pelearon para erradicar a los gauchos, mientras se atacaba a los indios, un símbolo de la barbarie, un recuerdo de un pasado indeseable, en México, los Andes y América Central. El gaucho, un vaquero o jinete, era con frecuencia un personaje divertido para la intelectualidad argentina. Se le veía como bestial, un instrumento brutal de un tipo de dictadura que forzaba a la sociedad a alejarse de Europa. En cualquier caso, el indio y el gaucho eran personajes bucólicos que tenían que sacrificarse para conseguir la modernidad.

Al principio del siglo XX, un movimiento estético y político conocido como *indigenismo*, luchó por regresar a las fuentes, por dar a los indios su bien merecida categoría. Se crearon oficinas gubernamentales para rescatar y fomentar tribus casi extintas, y se trató al indio como una especie animal en extinción, un objeto científico de curiosidad que sería objeto de discusión en seminarios y se introduciría como un buen salvaje en novelas y obras teatrales. Al establecerse la modernidad, se utilizó a los indios como recordatorios del pasado colectivo y, trágicamente, como productores de *souvenirs* turísticos. Sin lugar a dudas, la América Hispánica convirtió a su población aborigen en una imagen congelada de tarjeta postal: sarapes y sombreros, muñecas y bordados que venden los indios pobres en mercados patrocinados por el gobierno: recuerdos a la venta, la pirámide de Teotihuacán como un escenario para la fotografía perfecta. En los países andinos como Perú y Bolivia, por otro lado, los indios siempre vivieron totalmente marginados, privados de historia y tratados como fantasmas, como obreros esclavos cuyas tierras fueron robadas, como seres insignificantes; su presencia sigue siendo no reconocida en la dinámica de la cultura oficial; no tienen acceso a las constituciones de sus países, y a pesar de una cantidad de enmiendas legales, probablemente nunca lo tendrán. Hispanoamérica sigue incómoda cuando se trata de aceptar su patrimonio precolombino; tiende a mirar más bien al norte y al otro lado del Atlántico.

La homosexualidad es otro fantasma reprimido en nuestro clóset, que también se deben entender a la luz de los cismas que dividen nuestra alma colectiva. Como la nuestra es una galaxia de brutos tipos machistas y mujeres virginales y sumisas, los homosexuales, aunque fatalmente aplastados en las batallas entre los sexos, representan otra faceta de aquello a lo que me refiero como "identidades traducidas". Reprimidos, silenciados, ¿no deberíamos también reconsiderar nuestro infame y dogmático enfoque de la sexualidad? Y, si lo hacemos, ¿qué pasará con nuestra viril imagen fálica latina, de puños crispados, hombros anchos y pelo en pecho? Cultivamos una devoción obsesiva, cuasirreligiosa a la figura maternal: la mamá grande—*madre sólo hay una*−...*y como tú, ninguna.* La mamá controla y regula el afecto. Genera la culpa y compensa el sufrimiento. El hogar es su terreno y su altar. La adoramos, la reverenciamos y le rendimos culto. Es la columna vertebral de la familia, una *aleph* en la que todo comienza y converge. Entre los hispánicos, la mayoría de improperios verbales atacan a la madre como la fuente definitiva de dignidad: *Chinga tu madre. Puta madre.* En efecto, en el centro de la fe hispánica, está la adoración a la Virgen. Coatlicue, Yemayá, y la Virgen María. Estamos inundados de vírgenes: Virgen de Guadalupe, Virgen de la Caridad del Cobre, Virgen del Rocío, Virgen de la Macarena, Virgen de Triana, Virgen de Coromoto. "La figura virginal que ha presidido la vida de España y América Española con tal poder y durante tanto tiempo", sostiene Carlos Fuentes, "no es extraña a [los] antiguos símbolos maternales tanto de Europa como del Nuevo Mundo. En España, durante la gran celebración de Pascua, y en la América Española mediante un lazo restablecido con las religiones paganas, esta figura de veneración se vuelve también una madre inquietante y ambigua, directamente vinculada con la diosa original de la tierra". Como en el autorretrato de Yolanda M. López como la Virgen de Guadalupe, que tiene tonalidades modernas, la Virgen se representa como mestiza, étnicamente vinculada a su pueblo.

Somos víctimas de un complejo de inferioridad basado en el sexo y la raza, "un *latin lover*", dice Luis Valdez en su obra teatral *Zoot Suit*, "no es nadie más que un *foking Mexican*". Siempre que llego a la ciudad de México, alguien listo para llevar mi equipaje siempre dice: "¿A dónde le llevo las maletas, patrón?" Todavía no he abierto la boca, pero ya me están llamando su "patrón". Una respuesta normal en español es "a sus órdenes", o "mande usted", denotando una falta de autoestima. Pero el machismo es abundante. El papá simboliza el poder abstracto. Un *deus absconditus*, taciturno y evasivo. Él dicta desde lejos sus deseos. Su frecuente ausencia, su incompetencia, están ligadas con la llegada de los conquistadores ibéricos como solteros o esposos en líos, caballeros que estaban más que listos para abusar de las indias y violarlas, dejándolas solas y embarazadas.

Recuerdo una ocasión en la Feria del Libro de Guadalajara, cuando el director de la Editorial Planeta se sentó conmigo y con un amigo mío homosexual de Venezuela, residente de Nueva York, y en un repugnante despliegue de pirotecnia machista, habló durante casi una hora sobre el tamaño de su pene. Cada vez que se refería a los homosexuales, usaba términos tales como "pervertido", "raro", "torcido" y "depravado". El hecho de que junto a él estaba alguien que se describía a sí mismo como un "escritor maricón" sólo servía para exacerbar sus ataques. Glorificaba a los Estados Unidos como la nación más grande de la tierra, pero aseguraba que la anormalidad sexual finalmente provocaría su caída. Días después, mi amigo venezolano me dijo que el editor le hizo propuestas furtivas esa misma noche. Acabaron juntos en un cuarto de hotel.

En la escuela, se pide a los niños que prueben constantemente su energía y fuerza muscular, que sean muy machos. Las niñas pueden llorar, expresar sus emociones internas; pero a los hombres se les impele a permanecer callados en vez de compartir sus altas y bajas psicológicas. Abrirse, es un signo de debilidad femenina, mientras que penetrar, meter, significa superioridad. Ejercer el acto sexual es probar el "yo" macho, someter la propia mitad femenina. La apariencia física es fundamental: la obesidad, el cojeo, y hasta la calvicie, denotan una condición incompleta y una característica afeminada. Los modelos que se emulan son todavía las estrellas de cine de la era de oro de las películas en blanco y negro del cine mexicano, tales como Pedro Armendáriz, Jorge Negrete y Pedro Infante: un bigote ultramasculino a lo Emiliano Zapata, pelo corto y oscuro y una misteriosa sonrisa a lo Mona Lisa; cuerpos vigorosamente delgados y bien construidos, y un invencible sentido de orgullo primordial simbolizado por una pistola que nunca dejan. La temeridad está en el núcleo del carácter macho: mejor matar que vivir de rodillas. La cobardía significa vulnerabilidad. La deformidad no era solamente una evidencia de debilidad, sino señal de no estar listo para enfrentarse con el mundo rudo. A pesar de su bravura, Cantinflas era antimachista: pobremente vestido, mal hablado, de baja estatura, nada guapo y sin pistola. Las películas mexicanas de las décadas de 1940 y 1950 son sobre revolucionarios y charros, vestidos de ropa rural, machos listos para conquistar la confianza de su amada mediante un despliegue de fuerza: la encarnación del aspecto masculino del alma colectiva hispánica.

Como baluarte nuclear, la familia perpetúa el sentido de que la virginidad femenina es un requisito, para llegar pura al lecho nupcial, mientras que a los hombres se les anima al libertinaje sexual, a probar las aguas de la cópula. Una prostituta es siempre una conquista fácil, y el acto sexual concertado no es el reto ideal del macho. Cortejar a las mujeres con serenatas y flores, llevarlas a la cama, desvestirlas, mancillarlas—ningún término se aplica mejor—sólo para arrojarlas a la calle: éste es el sueño oculto de todo hispánico. Los piropos, galimatías callejeros expresados espontáneamente, menos para alabar la hermosura de una mujer que para probar, mediante lánguidos ensueños, nuestro control sexual, son un despliegue extremo del violento erotismo que nos invade. Tómese el ejemplo de Oscar "Zeta" Acosta, el abogado y novelista chicano que era admirador de Benny Goodman y Dylan Thomas, y un cercano amigo de Hunter S. Thompson. Escribió dos fascinantes novelas acerca de la agitación sobre los derechos humanos en el suroeste, *The Autobiography of a Brown Buffalo* y *The Revolt of the Cockroach People*, que se pueden leer como el rito del paso de un hombre de la adolescencia al machismo fanfarrón. En sus cubiertas, una fotografía hecha por Annie Leibovitz muestra a Acosta como un personaje de Tennessee Williams, un despliegue perfectamente inseguro de músculos, con una expresión facial que denota desesperación espiritual: en camiseta y elegantes pantalones, excitado pero preocupado, gordo, con úlceras, con pronunciadas arrugas en la frente. Tiene treintainueve años, y un poco desgastado. Acosta vivió su vida pensando que su pene era muy pequeño, lo cual, en sus palabras, lo volvería automáticamente maricón. Toda su obra está invadida por observaciones sobre un vergonzoso complejo psicológico. Acosta se percibía con frecuencia a sí mismo como anómalo, una metástasis viril.

Si no hubiera sido por mi gordura, probablemente hubiera yo podido ejecutar esos elegantes clavados de *jacknife* y salto del ángel tan bien como lo hace el resto de ustedes. Pero my madre me concibió obeso, feo como un cerdo, y absolutamente sin ninguna cualidad compensatoria. ¿Cómo podría andar por ahí con sólo mis calzones *Jockey*? Los V-8 no ocultan la grasa, como usted sabe. Esto es por lo que finalmente comencé a usar calzoncillos tipo *boxer*. Pero para entonces era demasiado tarde. Todo mundo sabía que yo tenía el órgano sexual más pequeño del mundo. Ante la mirada y las risitas de una muchacha, los tipos acostumbraban a cantar mi canción privada, con la tonada de *Little Bo Beep*: "¿Dónde, dónde puede estar mi niñito? ¿Dónde, donde puede estar? Es tan rollizo, panzón, que no se puede mover. ¿Dónde, dónde puede estar?"

Machismo y caudillaje: un caudillo es un hombre cuya superioridad lo hace dirigir y mandar a otros, un dictador que gobierna con voluntad férrea y controla por la fuerza: "Yo, el supremo". Su control de las vidas de otras gentes, sin embargo, no tiene la intención de ser un empeño egoísta. Más bien, el caudillo encuentra frecuentemente una forma de hacerse ver como un servidor público, autopresentándose como mártir de una causa colectiva La gente común difícilmente tiene un sentimiento de humillación al ser sometida, simplemente porque todo hombre es un gobernante, un macho, en su propia casa, y toda mujer está acostumbrada a que la controlen. Bernal Díaz del Castillo, cronista de la conquista de México, dice que cuando Cortés recibió el poder de dirigir su ejército, inmediatamente tomó las maneras de un caballero. Comenzó a adornarse y a cuidarse mucho más de su apariencia que anteriormente. Usaba un penacho de plumas, un medallón y una cadena de oro, y una capa de terciopelo ornamentado con lazos de oro. De hecho, Díaz del Castillo observa que se veía como un bravo y galante capitán. Augusto Pinochet, Fulgencio Batista, Fidel Castro, Porfirio Díaz, Francisco Franco, Anastasio Somoza, Dr. Francia (idealizado por Thomas Carlyle) . . . hay muchos.

En la educación, la política, la cocina, el erotismo, el machismo se puede encontrar donde quiera. Desde Pamplona a Guadalajara, el rodeo estilo mexicano, y la tauromaquia y el elaborado arte del toreo, que hipnotizó a Ernest Hemingway, son expresiones machistas. Con sus sensuales atuendos, el torero, encarnación del honor, danza por la arena haciendo ademanes eróticos. El estilo y el ritual, caricaturizados en *Matador*, una película del director español Pedro Almodóvar, son de suprema importancia. La manipulación que el matador hace del animal es un signo del control humano sobre el instinto. Rara vez se habla de la compasión y de los derechos de los animales, como en el cuento infantil de Munro Leaf, publicado en 1936, una sensiblería anglo, *The Story of Ferdinand*, con acaramelados dibujos de Robert Lawson, que trata de un toro sensitivo y sentimental con un ego delicado, que ama el olor de las flores y se niega a participar en una corrida en Madrid. En realidad, la crianza de toros destinados a morir en la arena es un enorme negocio en todo el mundo hispánico.

De igual manera al charro, hermano del gaucho argentino y del *cowboy* estadounidense, cuyo uniforme–que incluye un gran sombrero y una capa para atrapar un caballo o un toro– antecede a la Revolución de 1910, se le exige que dome con su energía a los caballos salvajes. Una *charreada*, con enormes cantidades de participantes y espectadores, se lleva a cabo en una plaza. Según lo describe el folklorista John O. West, quien dedica parte de su libro *Mexican-American Folklore* a describir las características de la charreada, durante una competencia típica, caballo y jinete, como si fueran uno solo, galopan hacia la cerca, deteniéndose en el momento preciso para evitar el choque. Cuando el caballo se ha detenido por completo, a una señal de los jueces, el jinete hace girar al caballo un ángulo de 90 grados, con sus patas traseras en un punto fijo. La segunda señal pide una vuelta de 360 grados, después de la cual el jinete desmonta y vuelve a montar sin ningún movimiento del animal y sale de la arena, hacia atrás, en una línea recta por lo menos de sesenta yardas. La más ligera desviación o vacilación del caballo significa puntos de castigo.

El *coleadero*, que se cuenta entre los eventos más populares del suroeste, se realiza en una callejón en forma de llave, en la que se "colean" reses en un evento vívido y lleno de polvo. Se suelta una res de un corral que está en un extremo del callejón. Junto a la res cabalga un vaquero, saluda a los jueces, palmea a la res en las ancas tres veces y desliza su mano por el lomo del animal hasta que puede agarrar la cola. Tiene que enredar la cola alrededor de su bota y hacer que corra el caballo. El movimiento hacia delante hace perder el equilibrio a la res, y mientras más violenta es la caída, mejor la calificación.

En sus raíces mediterráneas, el romance estilo latino se dirige hacia una primera impresión y un primer encuentro. Lo que venga después, es secundario. El cortejo se vuelve un prólogo del amor, y se acompaña con frecuencia con serenatas y un ramo de flores (sin embargo, las costumbres se van perdiendo gradualmente al hacerse común la tecnología y las relaciones rápidas). Dominado por la duda y la inseguridad, el espíritu machista se recrea con el reto: al probar sus estrategias románticas, al ponderar su presencia física, al contar sus víctimas. El aguantar, el mostrar energía, como señala Samuel Ramos en su influyente *Perfil del hombre y de la cultura en México*, está enraizado en nuestra cultura. Nuestra familia nuclear, con frecuencia bastante grande debido a la oposición religiosa al control natal, es al mismo tiempo un baluarte y un trampolín para conseguir el triunfo. El interés en sí mismo y la lealtad son los aglutinantes que la mantienen unida. La familia le otorga a la persona un sentido de dignidad, de responsabilidad para mantener esa dignidad, y de proteger el orgullo de los otros miembros de la familia. Los secretos de una familia son recónditos, encerrados en una caja de alta seguridad. Sin la dignidad que salvaguarda el honor de la familia y perpetúa una visión artificial de la moralidad, una persona se ve empujada a la desesperación y la soledad: nada funciona, ninguna puerta se abre, no llega nunca el triunfo. *Es gente bien educada*. La dignidad significa educación, un sentido del orden, y el mantenimiento del *status quo*. Cualquiera puede probar su delicado sabor. Todo lo que necesita es autocontrol.

La sexualidad, en la familia hispánica, constituye una telaraña, y a los homosexuales se les percibe absurdamente como enfermos y desgraciados. Aunque se elogian la monogamia y la castidad, las hijas que sufren abuso sexual por parte de sus padres se encuentran por todas partes, especialmente en la clase pobre. (La mayoría de las víctimas guardan su secreto enterrado para siempre). El incesto y la promiscuidad son fenómenos recurrentes, y las relaciones extramaritales con frecuencia con acuerdo tácito entre marido y mujer, también abundan. Aunque tales reglas de conducta pueden no ser drásticamente diferentes de las de otras sociedades, entre los hispánicos un orgulloso sentido de responsabilidad y dignidad y la necesidad compulsiva de salvaguardar el honor de la familia, constantemente fomentado por la Iglesia Católica, hacen a nuestros códigos considerablemente más hipócritas. Como Judith Ortiz Cofer escribió en su libro de prosa y poesía *The Latin Deli:*

> El libro en castellano de los sueños
> dice que el árbol es mi padre.
> El fruto que se esfuma,
> las palabras no dichas,
> esperanzas y deseos no cumplidos.
> Pero no me dice
> por qué tengo hambre todavía,
> después de haber comido.

Los *compadres*, padrinos de algún hijo, leales amigos de la familia que toman la responsabilidad de un niño a falta de los padres, son una faceta de la familia extensa, que con frecuencia incluye numerosos primos, tíos y parientes distantes. Incluso entre los de la periferia, prevalece el código de honor. Dignidad y honor. Rodrigo Díaz de Vivar, conocido como el Cid en el poema épico de Guillén de Castro y Belvis y la tragedia de Pierre Corneille, quien peleó contra los moros en España, luchó por vengar la dignidad de sus hijas, y su propio honor, después de que sus yernos las abandonaron.

La dignidad excluye la intimidad, la introspección y el desdén de la publicidad negativa. Por consecuencia, el mundo hispánico, según se inclinaba a mostrarlo Luis Buñuel, está poblado de males enmascarados y pecados generacionales. Tal comportamiento, insisto, está incrustado en nuestra historia. Como 1492 fue también el año del triunfo de la limpieza étnica en España, los conquistadores iberos llevaron al Nuevo Mundo el concepto de *pureza de sangre*. Como se ve en las comedias de Lope de Vega y en la poesía conceptual de Francisco de Quevedo, el honor de un hombre estaba fundamentado en un abolengo cristiano puro, nunca degradado por trazas de judíos y musulmanes. Entre los hispánicos, la religión promueve xenofobia, intolerancia y un desdén por los diferente. La intolerancia, sin duda, es una importante marca de fábrica del alma hispánica. Con pocas excepciones, los misioneros en el Nuevo Mundo no defendieron a los indios. Al contrario, los maltrataban, forzándolos a convertirse a la cristiandad mediante la tortura o el abuso. No es sorprendente, por lo tanto, que nuestras rebeliones son afines a las explosiones contra la Iglesia Católica. La famosa imagen del fotógrafo Andrés Serrano de un crucifijo barato, de plástico, sumergido en un líquido burbujeante y con un título ofensivo, la cual, según Robert Hughes, fue influida por la pintura de Max Ernst de la Virgen María dando nalgadas al niño Jesús, es sintomática del enojo que hay dentro de la psiquis hispánica.

El sexo es poder. Paz sostiene en *El laberinto de la soledad* que, para los hombres, ejercer el acto sexual es poseer, controlar y dominar. Las mujeres se abren, lo que significa que están rotas, incompletas, mientras que los hombres penetran, invaden conquistan y capturan. *Coger*, el verbo hispánico para *fornicar*, también significa *apoderarse de algo y llevárselo*. (Otras alternativas verbales son *linchar* y *chingar*). Aunque nuestro folklore está lleno de tipos andróginos, las distinciones de género prevalecen en la sociedad. La nuestra es abiertamente una cultura falocéntrica, llena de erotismo latente, placer físico detrás de la puerta, y abuso sexual. Careciendo de dignidad, honor e integridad, los homosexuales sufren desdén, abuso y ridiculización sin fin. Machos quebrantados, a quienes frecuentemente se llama *putos y maricas*, los homosexuales, como fantasmas en el espejo colectivo, personifican al placer físico. Abiertos acerca de su sexualidad, reciben el desprecio social con un admirable sentido de orgullo, un tipo diferente de *aguante* a lo largo de lo que parece una existencia infernal. El comportamiento homosexual es omnipresente en el mundo hispánico. Durante el período de las plantaciones en el Caribe y el sistema de caciques en América Latina, los encuentros eróticos entre las clases nunca fueron estrictamente heterosexuales. Había numerosas relaciones homosexuales en forma regular, incitadas por los plantadores y los mayorales. Las mujeres jóvenes, tanto indias como esclavas, se convirtieron en objetos de deseo, eran usadas para satisfacer a los terratenientes, y también sucedió lo mismo con adolescentes masculinos, aunque quizá en menor grado, en una fiesta epicúrea de frenéticas relaciones. Muchos oficiales del ejército en el gobierno comunista de Cuba, por ejemplo, y muchos revolucionarios cercanos a Fidel Castro durante el levantamiento de Sierra Maestra, eran homosexuales, aunque ocultaban sus encuentros del público, simplemente porque el falocentrismo es inherente a la psiquis hispánica. Los habitantes perfectos del limbo, blancos de la intolerancia forzados a regatear un espacio donde pudieran exponer su "yo" interno, numerosos hispánicos homosexuales son escritores y artistas, desde José Lezama Lima a Manuel Puig.

Los escritores homosexuales y las escritoras lesbianas en los Estados Unidos, que comparten el *pathos*, están también en el frente de una batalla estética e ideológica. De Pat Mora a Cherríe Moraga (quien formuló el concepto de "Aztlán maricón") y Gloria Anzaldúa; de Reinaldo Arenas a Jaime Manrique, de John Rechy a Elías Miguel Muñoz y Arturo Islas, cuya literatura, hablando metafóricamente, está escrita en su propia epidermis, son la prueba viviente del doloroso encuentro entre cuerpo e intelecto. La novela de Rechy, *City of Night*, considerada la primera novela latina abiertamente homosexual, es un documento crudo del mundo de luz neón de los prostitutos, de los trasvestistas, hombres solitarios estigmatizados que buscan encuentros sexuales fortuitos. *The Greatest Performance* de Muñoz es probablemente la primera novela latina que trata del SIDA, y Richard Rodríguez, en su segundo libro, *Days of Obligation*, incluye un ensayo, *Late Victorians*, sobre su propia homosexualidad y sobre el SIDA en general. Reflexiona sobre el impacto de la epidemia. "Nos hemos acostumbrado a cifras que desaparecen de nuestro paisaje. ¿No nos lleva esto a interrogar al paisaje?", pregunta.

Arenas, autor de *Otra vez el mar, El mundo alucinante* y *El palacio de las blanquísimas mofetas*, vivió y escribió la última parte de su obra en Manhattan, hasta su suicidio. Es también autor de la memoria *Antes que anochezca*, un documento devastador desde cualquier punto de vista, que describe su adversa situación como escritor homosexual en la Cuba de Fidel Castro, su escape durante el puente naval de Mariel, su vida en el submundo de los Estados Unidos como escritor y caso célebre, y su sufrimiento con el SIDA. Murió en 1990, después de dejar una carta abierta en la que culpaba a Castro por su trágico destino. Su obra es característica de la literatura cubanoamericana, en el aire que tiene de nostalgia y un *pathos* político casi destructivo. En 1968, a la edad de 28 años, Arenas declaró que había fornicado con más de 5,000 hombres, además de mujeres, animales y objetos naturales (árboles, hoyos en el suelo, bolsas de supermercado, y así sucesivamente). Si no hubiera muerto a los 47 años, el número podría haber llegado alrededor de 8,500. Lo notable de *Antes que anochezca*, además de la honradez de Arenas, es el hecho de que el libro proviene del mundo de habla hispana, donde las confesiones eróticas son escasas, y rara vez tan políticas.

En [Cuba], yo creo que es raro el hombre que no ha tenido relaciones sexuales con otro hombre. El deseo físico sobrepasa cualesquier sentimientos de machismo que nuestros padres hayan procurado instilar en nosotros.

Un ejemplo de esto es mi tío Rigoberto, el más viejo

de mis tíos, un hombre casado y serio. Algunas veces iba yo a la ciudad con él. Yo tenía apenas unos ocho años de edad, y montábamos en la misma silla. Tan pronto como estábamos en la silla, comenzaba a tener erección. Quizá, de alguna manera, mi tío no quería que eso sucediera; pero no podía evitarlo. Me ponía en posición: me levantaba y ponía mi trasero en su pene, y durante ese paseo, que duraba una hora o algo así, o iba rebotando en ese enorme pene, como si fuera montando en dos animales al mismo tiempo. Creo que, finalmente, Rigoberto eyaculaba. Lo mismo pasaba en el camino de regreso. Tanto él como yo, por supuesto, actuábamos como si no nos diéramos cuenta de lo que sucedía. El silbaba o respiraba fuerte mientras trotaba el caballo. Cuando regresaba, Carolina, su esposa, le daba la bienvenida con los brazos abiertos y un beso. En ese momento, todos estábamos muy felices.

Arenas describía la sociedad hispánica como obsesionada con los actos homosexuales, y en toda su autobiografía, se trata a intelectuales como Antonio Benítez Rojo, José Lezama Lima, Lidia Cabrera, Virgilio Piñera y Heberto Padilla, ya sea como objetos de adoración o como blancos del ridículo. Una ventana a una alcoba oculta de la psiquis latina, la autobiografía de Arenas es un aparador de la vida hispánica como un perenne carnaval. Guillermo Cabrera Infante escribió en un obituario: "Tres pasiones regían la vida y la muerte de Reinaldo Arenas: la literatura (no como juego, sino como un fuego devorador), el sexo pasivo y la política activa. De las tres, la pasión dominante era, evidentemente, el sexo, no sólo en su vida, sino en su obra. Fue el cronista de un país regido no por el ya impotente Fidel Castro, sino por el sexo . . . Dotado de un talento en bruto que casi llega a la genialidad [su autobiografía], vivió una vida cuyo principio y fin fueron sin duda lo mismo: desde el principio, un acto sexual largo, sostenido".

Si Arenas simboliza a las personas concretas insignificantes en la sociedad hispánica, también tenemos otros tipos de fantasmas: los fantasmas del recuerdo. Más que la muerte, la vida terrena, hecha de virajes imprevistos, es misteriosa ante nuestros ojos, enigmática, esotérica, mística y risible. En una leyenda mexicanoamericana recontada por John O. West, una mujer, María, muere dejando solo a su pobre marido José. Después de un tiempo, su vecina, Donanciana, por lástima, le lleva alimentos y flores y comienza a cuidarlo con regularidad. Después de un tiempo, él se enamora de ella y se casan. Una noche, cuando Donanciana se queda con su hermana en una aldea cercana, José duerme fuera en una choza, bajo los álamos. A media noche, despierta repentinamente, al sentir que algo frío oprime sus pies. A la tenue luz de la luna, ve al fantasma de María. Aterrorizado, vocifera, entra a la casa y atranca la puerta. Al siguiente día, va a ver a un sacerdote, quien lo confirma en su convicción de que María era una buena alma. José le debe preguntar a su ánima, cuando vuelva, qué es lo que quiere. José vuelve a dormir fuera la siguiente noche. María lo despierta, y él dice: "¿Qué quieres de mí?" Ella responde: "Estoy contenta de que estés feliz con Donanciana, pero no puedo descansar porque le debo al abarrotero, Xavier, *seis pesos*. Por favor, dale el dinero". Al siguiente día, José es el primer cliente de Xavier, paga la deuda, y María nunca vuelve.

Este es el tipo de nuestros fantasmas amables y simpáticos. La excelente definición que Ambrose Bierce hace de un fantasma es: "el signo exterior y visible de un miedo interior". Como escribió en el *Devil's Dictionary:*

Un fantasma: él lo vio.
Aquel oscuro objeto le cerraba la vía.

No tuvo tiempo, al menos, de detener la marcha y huir:
Un terremoto fiero golpeó hasta destruir
aquel infeliz ojo
      que un fantasma miró.
Cayó cual largo era. Impasible,
seguía, amenazante, aquel objeto horrible.
Dispersó las estrellas que su otro ojo veía
y un poste, sólo un poste, fue todo lo que vio.

Temores externos e internos. Tenemos un clóset lleno de
sombras y apariciones, concretas y abstractas, que nos ayudan a
lidiar con los obstáculos que nos presenta el destino. Como lo
mostraba Ernest Hemingway en *The Old Man and the Sea*, un
cuento sobre la bizarría de un pescador en guerra contra un
monstruo del océano, nosotros desafiamos la muerte, mirándola
no como un evento terrible, final y desesperado, sino, más bien,
como una continuación de la existencia terrena por otro medio;
un encuentro con la nada que merece un grano de azúcar. En
verdad, la calavera o esqueleto de azúcar que se exhibe en el Río
Bravo, un esqueleto vuelto dulce, la metamorfosis del miedo en
dulzor, es una característica del folklore omnipresente en el arte
pictórico. En *El descanso final o la entrada*, de la artista chicana
Santa Berraza (1980–1984), que también formó recientemente
de la exposición itinerante CARA, las calaveras decoraban los
márgenes de los retratos de hombres jóvenes y viejos, mientras el
fantasma de Emiliano Zapata resuena en el trasfondo. La muerte
rodea a los vivos. Y el famoso póster de Ester Hernández, de
1982, *Sun Mad Raisins*, un fantasma reemplaza a la muchacha de
Sun Dry Raisins. Los muertos, a los ojos hispánicos, nunca están
distanciados de los vivos. Durante el día de muertos, erróneamente entendido como la respuesta al *halloween* al sur del Río
Bravo, y vívidamente descrito en *Bajo el volcán*, de Malcolm
Lowry (sobre un cónsul británico perdido espiritualmente en

Cuernavaca), familias completas campesinas y urbanas de clase media baja de México y Centro América pasan una noche en los cementerios, junto a sus queridos difuntos, ofreciéndoles alimentos y una oportunidad de reunirse, por lo menos durante un día. La decoración de las tumbas es un requisito esencial: flores, velas, papel crepé, imágenes de santos y fotografías, vuelven festivas a las tumbas, y se confecciona un tipo especial de pan dulce: el *pan de muertos*. Más que alimentar el miedo, mediante el folklore, los latinos miran a los muertos como consejeros y compañeros. John Nichols, un autor de Nuevo México, en *The Milagro Beanfield War*, parte de su trilogía *Nirvana*, presenta a un viejo muerto que se comunica constantemente con los vivos. El personaje recuerda a Melquíades, el gitano que parece fantasma, en *Cien años de soledad*, de Gabriel García Márquez, el que narra las memorias de la familia Buendía. También recuerda una deslumbrante historia de Enrique Anderson Imbert, un escritor argentino, catedrático de Harvard, sobre un académico que recibe una invitación para decir una desafortunada conferencia en la Universidad de Brown. A su llegada, el protagonista se aloja en una vieja mansión, no lejos de donde antes vivió el escritor de horror H. P. Lovecraft. Un posadero obsesivo lo conduce a su cuarto, no sin antes observar en el vestíbulo una pintura al óleo de un caballero que resulta ser el último miembro de la familia a la cual pertenecía originalmente la casa. Jeremiah Tecumseh Chase—que así se llamaba, según le informa el posadero—está de pie, orgulloso con su uniforme del ejército, con un rifle a su lado, y tiene una sonrisa notablemente desdentada. Intrigado por esa extraña característica, el profesor pregunta al posadero, quien le responde con un relato de lujuria y traición. Un heroico sargento de la Guerra Civil, Chase se había casado con una mujer de celestial belleza. Una mañana, mientras su socio de negocios de Connecticut se hospedaba en la casa de Chase, éste despertó temprano y decidió ir a cazar aves. Invitó a su socio a acompañarlo, pero el socio se excusó. Chase se vistió, preparó sus armas y demás equipo, y le dio a su esposa el beso de despedida. A la mitad de la cacería, se dio cuenta de que había olvidado su reloj y decidió volver a casa. Al entrar a su habitación, encontró juntos en la cama a su socio y a su esposa. Los dos hombres comenzaron a pelear. El socio hirió a Chase en la barbilla con su espada, y los dientes de Chase salieron volando. Entonces, los hombres sacaron sus pistolas; el duelo que siguió dejó a ambos muertos, y a la mujer viuda.

Hasta esta fecha, concluye el posadero, el sargento Chase anda penando por la mansión, en la oscuridad. Unos minutos después, el profesor, que tiene unos sesenta años, cansado del largo viaje, pide toallas y jabón y se encierra en su cuarto. Se desviste, se pone a releer partes de su conferencia, pone su dentadura en medio vaso de agua en su mesita de noche y piensa en el retrato del sargento, que vio en el vestíbulo. Lo debieron haber pintado después de la muerte de Chase–piensa–. Luego, se duerme tranquilamente. Alrededor de media noche, oye una extraña sucesión de ruidos–una puerta que se abre, una conversación en voz alta, un tiro de pistola, risas, una dama que gime–. Cuando abre los ojos, ve al fantasma de Chase acercarse a él iracundo. Cierra sus ojos, pensando que todo es un sueño. Después de un momento, los ruidos cesan y las cosas vuelven a la normalidad. A la siguiente mañana, sin embargo, se da cuenta de que su dentadura desapareció del vaso y, sin ellos, siente vergüenza de dar su conferencia. Lo que es sorprendente es que, en vez de regresar rápidamente a casa, el profesor se queda una noche más en la mansión. Quiere ver una vez más al sargento Chase y pedirle que le devuelva su dentadura. Lo consigue después de una amistosa conversación con el fantasma.

La muerte como comunión. Mientras que el *halloween* es una fiesta de horror cómico, el día de Muertos, celebrado en México y Centro América el día 2 de noviembre y dedicado a rogar por la salvación de los difuntos que están en el purgatorio, así como por segmentos de la población chicana en el suroeste de los Estados Unidos, es una ocasión pastoral para las masas, un evento social en el que la tristeza juega sólo un pequeño papel y desaparece la frágil separación entre la vida y la muerte. Creemos que la muerte es una geografía, una mónada de Leibnitz, un universo paralelo. Consecuentemente, un espíritu masculino, una especie de *dybbuk*, podría tener un romance con una mujer. El trascendentalismo es un acto mundano. Todo creyente es un *espiritista*, que confía su alma a las deidades precolombinas. Entre nuestras más memorables leyendas de fantasmas, transmitida de generación en generación, está *La llorona*, la mujer que, de acuerdo con algunos folkloristas, es el fantasma de la amante de Hernán Cortés e intérprete, disfrazada. La Malinche, dice una leyenda, estaba encinta, esperando a un hijo del conquistador. Al ser reemplazada por una aristocrática esposa española, decidió vengar su honor cazándolo para matarlo. La aristocracia urbana, por otro lado, nunca bastante lejana del pueblo sencillo, alimenta miedos cosmopolitas. En palabras de Rubén Darío,

> Dichoso el árbol que es apenas sensitivo,
> y más la piedra dura, porque ésa ya no siente,
> pues no hay temor más grande que el temor de ser vivo,
> ni mayor pesadumbre que la vida consciente.

> Ser y no saber nada, y ser sin rumbo cierto,
> y el temor de haber sido y un futuro terror...
> Y el espanto seguro de estar mañana muerto,
> y sufrir por la vida y por la sombra y por

> lo que no conocemos y apenas sospechamos
> y la carne que tienta con sus frescos racimos,

y la tumba que aguarda con sus fúnebres ramos
¡Y no saber a dónde vamos,
ni de donde venimos!...

Mientras el *halloween*, un despliegue de temas góticos, se burla de la muerte, el día de muertos es un matrimonio con la otra vida. Las *calaveras* son poemas, ilustrados con caricaturas de esqueletos, dibujadas especialmente para el día de muertos, son una especie de *valentine* que se envía a la gente, en la que se hace burla amistosa de políticos, eventos históricos y figuras públicas. Visto desde una perspectiva europea, derivan de la imaginería medieval de la danza macabra. El crítico de arte Peter Wollen opina que la tradición proviene de las pinturas al fresco del siglo XV, y de la *Danza de la muerte*, una serie de grabados en madera de Hans Holbein el Joven, publicados por primera vez en 1538. El personaje de la calavera, que forma parte importante de la tradición popular chicana, es una creación del pasquinista y grabador José Guadalupe Posada, a quien se considera precursor de los pintores Diego Rivera, David Alfaro Siqueiros y José Clemente Orozco, y un influencia importante en el arte chicano moderno. Como Posada vivió en un momento histórico crucial, su arte está directamente conectada con su vida, y esta interrelación debe tomarse en cuenta.

Un hombre de origen humilde, Posada nació en 1851 en la ciudad de Aguascalientes, México. Sus padres eran de ascendencia indígena, analfabetos. Germán Posada, su padre, era panadero y tenía una pequeña panadería. Petra Aguilar, su madre, era ama de casa. En su adolescencia, Posada estudió con Antonio Varela, en la Academia Municipal de Dibujo de Aguascalientes. En 1867, comenzó a practicar el oficio de pintor, y al siguiente año fue aprendiz en el taller de litografía de un personaje bien conocido de la época, Trinidad Pedroza. Años después, viajó a la ciudad de México, y conoció al artista y grabador Manuel

Manilla, quien lo presentó a Antonio Vanegas Arroyo, editor y publicador de gacetas callejeras, y un verdadero pionero del periodismo moderno. Arroyo percibió no solamente el talento artístico de Posada, sino su prodigiosa iniciativa. Ofreció contratarlo, con la promesa de completa libertad artística. Trabajando con Arroyo, Posada produjo cientos de miles de caricaturas, cartas de amor, libros escolares, juegos de cartas, extras de nota roja, y anuncios comerciales como carteles para funciones de circo y corridas de toros.

Aunque Manuel Manilla fue el primero en dibujar algunas calaveras en los periódicos y las gacetas callejeras, se piensa comúnmente que Posada, durante su asociación con Arroyo, creó estos dibujos humorísticos y vívidos de calaveras o esqueletos vestidos, dedicados a actividades tales como el baile o el ciclismo, o bien tocando guitarra, bebiendo y divirtiéndose con máscaras. Como las popularizó, con frecuencia recibe equivocadamente el crédito de su invención. Sin duda, personalizó de tal manera la imaginería, que sus calaveras han llegado a ser alegorías de su patria: son para México lo que el *Tío Sam* es para los Estados Unidos.

Originalmente, él sólo intentaba celebrar el día de los muertos, cuando los pobres y analfabetos hacen días de campo y duermen en los cementerios para estar cerca de sus muertos queridos. Pero las calaveras se hicieron inmensamente populares. Cautivaron públicos haciendo burla de obras literarias, desde *Don Quijote* hasta el drama de José Zorrilla, *Don Juan Tenorio*. Veintenas de artistas recibieron la influencia de las calaveras, muchas de las cuales formaban parte de los movimientos chicanos de la década de 1960. El mural de Rivera *Sueño de una tarde de domingo en la Alameda Central*, que estuvo en el Hotel del Prado de la ciudad de México hasta el temblor de 1985, muestra el esqueleto de una dama de sociedad ataviada con una mascada y un sombrero. Posada está de pie, del brazo del esqueleto, a su izquierda, y a la derecha del esqueleto está Frida Kahlo y un autorretrato aniñado de Rivera. Muchas de las calaveras de Posada no llevan firma, y en el transcurso de los años, se le han atribuido falsamente las obras de incontables imitadores y falsificadores. Murió en 1913, en plena revolución. Había vivido en la miseria en una vecindad cerca del mercado de Tepito y fue sepultado en una fosa común en el Panteón de Dolores.

Posada hizo a la muerte divertida, lúdica y menos atemorizante. La fe en lo no probado y anticientífico, los modos alternos de creencia, la sabiduría popular y la superstición son una marca distintiva de los latinos, una prueba de que el paganismo y la idolatría todavía impregnan nuestro inconsciente. Nuestro sincretismo, que con frecuencia implica prácticas místicas e idólatras como la santería y el vudú, es—sin lugar a dudas—un síntoma de nuestra densidad cultural. Mientras el protestantismo encontró una nueva tierra en América del Norte con la llegada de los colonialistas británicos, el catolicismo se estableció en el mundo hispánico a través de una cadena de dolorosos ataques e interrupciones. Pero los misioneros que forzaron a los indios americanos a convertirse, lograron sólo un triunfo parcial. Continuamos creyendo en lo sobrenatural. Diego de Torres, virrey de Perú, expresó a sus iguales europeos la actitud desilusionada con la que se acercaban los nativos al catolicismo. "Expresan duda y dificultad sobre ciertos aspectos de la fe", escribió, "principalmente el misterio de la Santísima Trinidad, la unidad de Dios, la pasión y muerte de Jesucristo, la virginidad de Nuestra Señora, la santa comunión y la resurrección". La duda, nuestra coartada. A través de la superstición, viajamos de regreso a un pasado precolombino. Como está claro en *Bless Me, Ultima*", de Rudolfo A. Anaya, sobre una curandera con poderes sobrenaturales que inicia una amistad con un pequeño de Nuevo México, un personaje siempre importante entre los latinos es el curandero, lo cual indica que, a pesar de la disponibilidad de medicina científica moderna, muchos permanecen leales a modos alternos de curar, basados con frecuencia en hierbas. Como muestra John O. West, estamos regidos por el *mal de ojo*, así como *el susto*, que se cura mediante la invocación de los nombres de los santos en náhuatl al mismo tiempo que se "limpia" al paciente con mazorcas, y por el *empacho*, un peligroso estado que hace que el alma se salga del cuerpo: el equivalente de depresión y angustia. Desde Miami y Nueva York hasta Los Angeles, las *botánicas* o farmacias populares juegan un papel importante en la vida del barrio. Los ciudadanos llegan a comprar medicinas no científicas para curar enfermedades físicas y psicológicas. Además, varios rituales que se conocen en Perú como *chamico* y en México como *toloache*, se sugieren a las mujeres para controlar a sus maridos, y para evitar que se vayan con otras mujeres. Nuestro desfile de artefactos supersticiosos y curanderos por fe, también incluye a los *graniceros*, gente a la que le ha caído un rayo y que tiene el poder de controlar el clima.

Múltiples identidades, cultura densa: nuestra psiquis colectiva es un laberinto de pasión y poder, un carnaval de sexualidad, raza y muerte. ¿Pueden los Estados Unidos asimilar en su multifacético metabolismo tal despliegue de irracionalidad y legado ancestral, del cual es imposible despojar a los hispánicos? Al acogernos en sus brazos protectores, al dar cabida a los latinos, ¿debería la cultura anglosajona expandir, reformar su visión general respecto a la fe y la razón? Como dice un proverbio español: "El que adelante no mira, atrás se queda". Y "adelante" significa mestizaje.

Sanavabiche

NUESTRA LENGUA, NUESTRO YO.

Alburquerque, un relato familiar escrito por el chicano Rudolfo A. Anaya, trata de un joven, hijo ilegítimo, un campeón de boxeo que se abre camino al triunfo, peleando, y comienza con la siguiente afirmación: "En abril de 1880, el ferrocarril llegó a la villa de Albuquerque, Nuevo México. Dice la leyenda que el jefe de estación anglosajón no podía pronunciar la primera "r" en *albur*, de manera que la eliminó al pintar el letrero de la estación para la ciudad. . . ." Al intentar restaurar la ortografía original española, Anaya tenía la esperanza de recuperar el patrimonio latino, no solamente de la metrópoli bicultural y bilingüe, sino—indirectamnte—de todo el país. ¡Pronuncia Nuevo Méjico y Tejas, tacha *Albuquerque*! ¿Será la futura ortografía de los Estados Unidos, en español, *los yunaited estates*?

A diferencia de otros grupos étnicos, nosotros los latinos somos sorprendentemente leales a nuestra lengua materna. Debido a la cercanía geográfica de los países de origen, y la diversidad en la composición de sus comunidades, el español sigue siendo una fuerza unificadora, al usarse en la casa, en la escuela y en las calles. Treinta y cuatro porciento de chicanos nativos, 50% de puertorriqueños continentales, y 40% de cubanoamericanos nativos, han participado en programas de educación bilingüe. *To be o ser*, esa es la verdadera cuestión: el español y el inglés, una lengua natal y otra adoptada, un pie aquí y otro al otro lado de la frontera o del Caribe, un hogar en la patria y en el extranjero. Un gallo en los Estados Unidos canta: "*Cock-a-doodle-do* "; otro en Guatemala dice: "Qui-qui-ri-quí"; un tercer gallo, latinoestadounidense, cockadudledea y quiquiriquea simultáneamente.

Español o inglés: ¿cuál es la verdadera lengua materna del latino? Ambas lo son, además de una tercera opción: el *spanglish*, un híbrido. Habitamos en un abismo lingüístico: "Entre Lucas y Juan Mejía", dice un dicho dominicano: entre dos mentalidades y perdido en la traducción. Gustavo Pérez-Firmat, escribió en su poema, *Dedication*:

El hecho de estarte escribiendo
en inglés
ya falsifica lo que
te quiero decir.
Mi tema:
cómo explicarte
que no soy del inglés,
aunque tampoco soy de ninguna otra parte,
si no de aquí,
en inglés.

O bien, considérese un segmento de su *Bilingual Blues:*

I have mixed feelings about everything.
Soy un ajiaco de contradicciones.

Vexed, hexed, complexed,
hyphenated, oxygenated, illegally alienated,
psycho soy, cantando voy:
You say tomato,
I say tu madre;
You say potato,
I say pototo.
Let's call the hole,
un hueco, *the thing*
a cosa, *and if the* cosa *goes into the* hueco,
consider yourself at home,
consider yourself part of the family.
Soy un ajiaco de contradicciones,
Un potaje de paradojas,
A little square from Rubik's Cuba,
que nadie nunca acoplará,
(Cha-cha-chá).

La lealtad al español o al inglés depende de a qué generación se está uno dirigiendo. Como el español fue por muchas décadas una lengua doméstica prohibida en escuelas y lugares públicos en el suroeste, Florida y partes de la Nueva Inglaterra, la comunidad la tomó como un signo de resistencia. Tomás Rivera habla de este dilema en su obra: "*Yo hablo español* significaba 'no me rendiré a los valores ni modos de vivir de los anglos' ". "¡No se admiten perros ni mexicanos!", decía un letrero del sur cuando a finales de 1960, Gabriel García Márquez viajó con su esposa e hijo en un viejo automóvil por todo el sur, buscando rastros del arte de William Faulkner. No fue sino hasta los finales de la década de 1960 cuando los latinos abrieron una puerta a un nuevo despertar: el conocimiento de que—aunque eran hispánicos—hablar bien el inglés podía sólo ser un beneficio. A partir de la década de 1970, el bilingualismo se puso de moda.

El movimiento de educación bilingüe se originó en 1960, en el condado de Dade, Florida, donde las escuelas públicas se inundaron inesperadamente con cubanos que huían del régimen de Castro. Principalmente porque estaban seguros de regresar a su isla natal, la prerrogativa de estos nuevos exiliados era conservar su lengua latina, el español, como parte integral del ambiente pedagógico de sus hijos. Consecuentemente, pelearon por leyes inteligentes que permitieran a sus hijos recibir enseñanza en ambos idiomas en las escuelas públicas. Así, la educación bilingüe no fue el resultado del bajo desempeño académico de los niños latinos, sino un intento de permanecer leales a las raíces étnicas. Surgió entre los cubanos como solución de una necesidad de su vida en el exilio, no como una realidad de los mexicanos de clase baja, ni de los niños puertorriqueños de California o Nueva York. A mediados de la década de 1970 y durante la de 1980, el programa se expandió a estados como Texas, Massachusetts y Nueva Jersey, y su alcance fue realmente enorme. Las escuelas podían solicitar fondos federales para implementar el método bilingüe y, debido a complejidades legales y como resultado de batallas políticas de líderes astutos, el dinero gubernamental que se les daba para otros propósitos educativos se condicionaba con frecuencia a la implementación de cursos de español. La ironía se hizo clara. En un momento dado, el estado no sólo favorecía los programas educativos bilingües, sino que obligaba a las escuelas a implementarlos, concediendo así a la cultura hispánica la legitimidad académica que ningún otro grupo había tenido nunca.

Sin duda, se había establecido un patrón incluso antes de la década de 1960. La *National Conference of Spanish-Speaking People*, dirigida por Luisa Moreno y Josefina Fierro de Bright, constituida en 1938, fue una de las primeras organizaciones chicanas de derechos civiles que igualaba la libertad de expresión con la libertad de uso del idioma. Y, casi una y media décadas más tarde, otra organización, *The American Council of Spanish-Speaking People*, tuvo su convención inicial en El Paso. En la época en que estaban germinando las actividades del condado de Dade, nació, como resultado de la evolución de los clubes *Viva Kennedy*, de Texas, en 1960, la *Political Association of Spanish-Speaking Organizations*, conocida como *PASSO*, que adquirió fuerza política en el sureste. El resultado fue evidente: el español había llegado para quedarse, y las leyes tenían que adecuarse a él. En 1974, en el juicio de Lau contra Nichols, la Suprema Corte dictaminó que los programas escolares exclusivamente en inglés en las escuelas públicas eran discriminatorios.

Es un hecho que la palabra *inglés* no está en ninguna parte de la Constitución de los Estados Unidos, ni en ninguna enmienda subsecuente. Como escribió Theodore H. White en 1986, los americanos son una nación que nació de una idea; la idea, no el lugar, creó al gobierno de los Estados Unidos. El lugar, por supuesto, también incluye el idioma; después de todo, se nace en un idioma. El tema de la codificación de una lengua nacional ni siquiera se puso a discusión en la Convención Constituyente de Filadelfia en 1787. La diversidad social tampoco era entonces un tema de discusión: Inglaterra era la madre patria, y el inglés la lengua materna. Pero 194 años después, en 1981, la enmienda del idioma inglés, promovida por el *English Only Movement*, se introdujo al Congreso. El inglés, atacado como la única fuerza aglutinante que mantendría unido al país, estaba sangrando. El intento de convertir al inglés en el idioma oficial de la nación fue la medicina. El Congreso había aprobado el Acta de Educación Bilingüe en 1968 y, siete años después, la enmienda que concedía el derecho al voto a los bilingües. A principio de la década de 1980, la demografía había alterado la composición racial de la población. Una gran cantidad de inmigrantes no europeos estaban estableciendo su residencia en la costa oeste y en Nueva

Inglaterra. Muchos llegaron de Asia, del sur del Río Bravo o del Caribe, poniendo en peligro la tradicional supremacía blanca.

Pelear sobre el idioma nacional no es, ciertamente, nada nuevo. Incluso desde que se establecieron los primeros colonos ingleses en la Nueva Inglaterra, y especialmente durante las oleadas migratorias alemanas, judías e italianas, muchos estadounidenses habían defendido al inglés como idioma nacional. Por ejemplo, después de la guerra contra México, los políticos del norte y del sur del Río Bravo acordaron que el español y el inglés serían los idiomas de los territorios recién adquiridos, que no habría una lengua, sino dos. La promesa se dejó sin cumplir, y los derechos de idiomas para los hispanoparlantes—que entonces eran una ligera mayoría en la región—se ignoraron. Así, aunque la enmienda del idioma inglés podría no llegar nunca a convertirse en ley, los temas que giraban alrededor de ella dividen a la nación.

El español y el inglés: *SEpnagnlisshh*. El idioma es una herramienta utilísima para contrastar ambas visiones del mundo: la de los Estados Unidos y la de América Hispánica. El español, de naturaleza laberíntica, tiene por lo menos cuatro conjugaciones para referirse al pasado, y el único tiempo futuro rara vez se usa. Se puede imaginar un evento pasado en múltiples formas, pero cuando se trata de un evento futuro, el que habla en Buenos Aires, la ciudad de México o Caracas tiene poco de donde escoger. Un hecho sintomático: los hispánicos, incapaces de recuperarse de la historia, están obsesionados con el recuerdo. El inglés, por otro lado, es exacto, directo, casi matemático, un idioma con mucho espacio para los condicionales, listo para capturar el destino. El español atribuye género a los objetos, mientras que en inglés, los mismos objetos carecen de género. Como si uno no fuera suficiente, el español tiene dos verbos para *to be*: uno que se usa para describir la permanencia, y otro para referirse a la ubicación y la temporalidad. Así, una sola frase, por ejemplo el famoso dilema de Hamlet: *To be or not to be*, cuando se traduce al español tiene un significado doble, nunca autoexcluyente ni claramente divisorio: *To be or not to be alive; to be or to be here.* Ser o no ser, estar o no estar, (y, consecuentemente, estar y no ser, ser y no estar). El inglés simplifica: *to be*, punto, aquí y ahora. Así mismo, el español tiene dos verbos equivalentes a *to know*, uno que se usa para caracterizar el conocimiento por experiencia; el otro, para designar información memorizada: *conocer y saber.* Por ejemplo, *conocer Praga* no es lo mismo que *saber el contenido de la Declaración de Independencia.* Mucho menos barroco, el inglés rechaza las complicaciones.

En el amanecer de la historia hispanoamericana, algo se perdió en la traducción: un sentido de pertenencia, una identidad cristalina. Bernal Díaz del Castillo, en su *Crónica de la Conquista de la Nueva España*, afirma de que, después de que Moctezuma II dio a Hernán Cortés obsequios de oro y otros objetos preciosos, le ofreció además veinte esclavas, entre las cuales estaba la Malinche, también conocida por su nombre indio, Malintzin, y su nuevo nombre español, Marina. La Malinche pronto se convirtió en amante del conquistador, y en la traidora azteca; y, más que nada, traductora e intérprete. Amor e idioma: ¿qué tan exacta era? A través de ella, Cortés descubrió el verdadero poder y la estrategia de su enemigo. Consecuentemente, *malinchista*, al sur del Río Bravo, se refiere, en su amplia gama de significados, a una persona cobarde y apóstata, a un desertor, un *traduttore traditore.* Como escribió Alejo Carpentier sobre cómo uno descubre su propio vehículo de comunicación después de un largo viaje: "Me sentí preso, secuestrado, y cómplice de algo execrable, encerrado en el avión, con la oscilación rítmica ternaria del fuselaje luchando contra un viento de frente que, a veces, bañaba las alas de aluminio con una ligera lluvia. Pero ahora, una extraña voluptuosidad adormece mis escrúpulos. Aquí me penetra una fuerza lentamente por los oídos, los poros: el idioma. Aquí esta, entonces, el idioma que yo hablaba de niño; el idioma en que aprendí a leer y a solfear; el idioma que se había enmohecido en mi mente, puesto a un lado como una herramienta inútil en un país donde no me podría ayudar".

Con sus raíces romances, el español es capaz de una pirotecnia asombrosa. Un favorito entre los hispánicos es el genial cómico Cantinflas, un genio lingüístico. Aunque Mario Moreno Reyes, su creador mexicano, falleció en 1993 a la edad de 81 años, su sublime personaje, creado en 1936, Cantinflas, un pícaro protagonista de cuarenta y nueve películas, sobrevive simultáneamente como arquetipo y como símbolo de la psiquis hispánica: un arquetipo del *lépero* urbano hispánico, un pícaro rebelde con tradiciones semirrurales, desorientado pero astuto, que confunde a otros mediante una verbosidad despreocupada y disfruta reinvéntandose en el laberinto social, es también un símbolo de los pros y contras de la América Latina que se moderniza después de la Segunda Guerra Mundial. Cantinflas era un maestro en el arte de confundir a las personas mediante discursos caóticos e informes indirectos. Constantemente jugaba con las palabras y apostaba a los significados.

Nacido en 1911 en un barrio pobre de la ciudad de México, Moreno, hijo de un cartero y sexto de 13 hijos, era un niño simpático, capaz de encantar a los que lo veían, que observaban atentamente sus piruetas en las banquetas y escuchaban a sus trucos lingüísticos, echándole un par de centavos como expresión de aprecio. Como adolescente, fue torero, limpiabotas, chofer de taxi y campeón de boxeo antes de ingresar a una compañía itinerante de *carpa*, un circo estilo mexicano que combina la comedia y los sainetes con la acrobacia. La felicidad máxima del joven Moreno era representar pícaros y payasos en la escena. Una noche, cuenta la leyenda, habiéndose visto forzado a reemplazar a un locutor enfermo, hizo reír al público. Nervioso y casi orinándose, sus palabras eran incoherentes, sus frases intrincadas y ridículas. No se le arrojaron tomates, sin embargo; en vez de esto, sus exageraciones y verbosidad automáticamente lo convirtió en el *peladito*, el amigo favorito de todo mundo. Su rutina se hizo un repertorio.

Como un personaje ficticio bien acabado, Cantinflas se materializó cuando alguien, entre sonrisas y lágrimas, gritó desde las galerías: ¡*En la cantina tú inflas!* La expresión hipnotizó a Moreno, quien la adaptó, convirtiéndola en su nombre de batalla. El desarrollo del personaje no fue diferente al de Charlie Chaplin, aunque surgió de una meca fílmica diferente—la ciudad de México—que, durante la década de 1930, estaba incubando lo que pronto se conocería como la edad de oro del cinema nacional. Moreno empezó su carrera como actor secundario en una película de 1937. Luego se caso con Valentina Zubareff, hija de un propietario de carpa que lo empleaba. Valentina sugirió que Cantinflas se usara en anuncios de artículos domésticos, y—después de la buena recepción que tuvieron los comerciales—Moreno, entusiasmado y ambicioso, creó *Posa Films* para producir películas que tenían a su personaje como protagonista. Alrededor de 1939, la compañía distribuyó dos cortometrajes: *Siempre listo en las tinieblas* y *Jengibre contra dinamita*, que fueron seguidas por las internacionalmente célebres *Ahí está el detalle* y *Ni sangre ni arena*, producidas en 1940 y 1941, respectivamente. La primera fue dirigida por Juan Bustillo Oro, y la segunda por Alejandro Galindo. Charlie Chaplin, después de ver varias películas de Cantinflas, se cree que declaró: "Es el más grande cómico vivo ¡mucho mejor que yo!. Durante la Segunda Guerra Mundial, Moreno fue presentado a Miguel M. Delgado, quien dirigió innumerables éxitos como *Romeo y Julieta, Gran Hotel,* y *El analfabeta.* Quizá el mejor y más sólido signo de la inmortalidad de Moreno es el colorido mural de Diego Rivera sobre los héroes nacionales, en la entrada del Teatro de los Insurgentes, en la ciudad de México, en donde Cantinflas es la columna vertebral, así como el retrato abstracto de Rufino Tamayo. Aunque en Europa y entre los anglos de los Estados Unidos, Moreno (no su *peladito*) es conocido por su Passepartout de *La vuelta al mundo en ochenta días*, una película de 1956 con David Niven y Shirley MacLaine, y como protoganista de *Pepe*, su vida en Hollywood no fue exitosa. La palabra *cantinflas* entró al diccionario español, como verbo, *cantinflear*, que significa hablar mucho y no decir nada; como sustantivo, *cantinflada* describe a un payaso adorable; y como adjetivo, *cantinfleado* significa *mudo*. *Cantinflas, cantinflea, cantinfladas:* confundir, evadir la realidad. Usar el lenguaje como arma.

La lengua de Cervantes es el aglutinante de los hispánicos, el punto de encuentro de los latinos al norte de la frontera. La gente y los medios la mantienen viva. En los Estados Unidos, los diarios en español comenzaron a circular inmediatamente después del Tratado de Guadalupe Hidalgo. La consigna de *El Clamor Público*, por ejemplo, fundado en 1866 en Los Angeles, era crear un sentido de unidad contra el nuevo statu quo. Los periódicos se multiplicaron rápidamente. Para 1900, había en circulación más de 125 periódicos en español en todos los Estados Unidos. *La Voz Pública* se fundó en 1932 en Santa Fe, y *El Malcriado*, el periódico de la *United Farm Workers Association*, que comenzó a publicarse en 1964, ha tenido una substancial cantidad de lectores. Aprovechando la creciente importancia de los hispánicos al otro lado del Río Bravo, varios periódicos mexicanos, incluyendo *El Heraldo de México*, estableció oficinas en Arizona, California, Nuevo México, Texas y otros estados, expandiendo enormemente su cantidad de lectores. Uno de los más importantes periódicos en español es *La Opinión*, que comenzó su publicación en Los Angeles en 1926. Primero, era un negocio familiar, pero pronto se expandió para convertirse en

una importante fuerza política e intelectual. Leído diariamente
por varios millones de personas, es el foro más importante sobre
la vida latina en el suroeste. Un par de otros poderosos diarios–*El Diario*, de Nueva York y *El Nuevo Herald*, la edición española de *The Miami Herald*– llegan juntos a varios millones de
lectores. Sirviendo de puente entre los hispánicos y el sistema,
los periódicos imprimen suplementos sobre las leyes y cuotas de
inmigración, la discriminación callejera e institucional, las oportunidades de empleo y los derechos humanos.

Las revistas para latinos también se han expandido. En 1989,
Univisión, la red de televisión, lanzó *Más*, una revista trimestral
sobre estrellas, música, cocina y tradiciones que tuvo la mayor
circulación entre esta minoría étnica, hasta su cierre en 1993.
Editado por Enrique Fernández, un columnista cubano de *Village Voice* con un pasado académico, la revista comenzó a fallar
cuando pasó de ser trimestral a bimestral. Otras revistas comerciales como *Canales, Vanidades* y la edición española de *Cosmo-
politan*, que tratan de las telenovelas, del merengue y de las
modas femeninas, se imprimen en Florida y la costa oeste e
influyen en la opinión pública.

A lo largo de la experiencia hispánica en los Estados Unidos,
el radio y el teatro han servido como promotores del idioma
español. Cuando los ciudadanos de México se hallaron como
parte de otra realidad después del tratado de Guadalupe Hidalgo, las manifestaciones culturales comenzaron a florecer.
Aparecieron algunos teatros profesionales iniciados por mexicanos y mexicanoestadounidenses en Arizona, California y Texas.
Durante la Revolución Mexicana, para escapar el derramamiento de sangre, artistas, intelectuales y gentes de teatro de origen mexicano adoptaron la residencia permanente en los
Estados Unidos. Estos teatros se hicieron bastante populares
como espectáculos y difusores de noticias: Alrededor de 1912, el
Troupe Telegram Theater, por ejemplo, proyectaba en la pantalla

eventos noticiosos de México, forma que se desarrolló convirtiéndose en un arte. En 1920, tuvo lugar una enorme expansión
en las representaciones teatrales. Algunas compañías de teatro
mexicanas hacían giras por Chicago, Cleveland, Detroit, Nueva
York y Filadelfia. Pero estas compañías perdieron popularidad e
importancia después de la gran depresión, porque muchos de los
expatriados regresaron a México, y el cine se volvió un medio de
comunicación más popular.

De manera que ¿quién habla español en los Estados Unidos?
o más bien ¿quién habla qué clase de español? La gente que cami-
na por las calles de Miami, Los Angeles o Nueva York y tienen un
sentido de las cosas hispánicas saben que no hay solamente un
español en los Estados Unidos, sino muchos, por lo menos cuatro: los que usan los puertorriqueños, los chicanos, los cubanos y
los otros subgrupos. Aunque los latinos comparten un patrimonio cultural común, y usan la misma gramática y sintaxis, los
diversos modismos—o debería yo decir quasidialectos—que
usan diariamente se prestan para malentendidos humorísticos.

Al principio de la década de 1980, por ejemplo, cuando las
principales corporaciones comercializadoras comenzaron a
tomar en serio al consumidor latino, una compañía de insectici-
das decidió lanzar un producto en la televisión y el radio de
habla española. La compañía contrató a un agente de publicidad
con poca experiencia e incompleto conocimiento de las idiosincrasias lingüísticas hispánicas. El resultado fue un comercial que
declaraba que el producto era infalible en matar bichos. Cuando
salió al aire el anuncio, casi una tercera parte del público se
moría de risa cada vez que lo veía o escuchaba. La palabra significa insecto en México; pero en San Juan, se usa para referirse al
pene. ¿Listos para el matapene? Y otro anuncio de triste fama,
que ilustra la ignorancia del español en general, fue el del Chevy
Nova, que también se recibió con risa en la comunidad hispánica. "Nova" se interpretaba humorísticamente como "no va".

Igual que un comercial británico tendría que rediseñarse para usarse en los Estados Unidos, las palabras utilizadas dentro de la comunidad hispánica en este país dependen de los varios contextos en que se empleen. Por supuesto, se puede encontrar una comunicación común ; pero la comunicación es el arte no sólo de impartir, transmitir e intercambiar ideas e información, sino de saber cómo hacerlo.

La única manera de distinguir entre un grupo lingüístico de habla hispana y otro es por medio de sus pasados nacionales únicos. El vocabulario usado por los cuatro grupos depende de las circunstancias históricas específicas. Los argentinos son menos el producto de mezcla interracial entre los conquistadores españoles y los indios y, por lo tanto, tienen un español más europeizado que, digamos, los mexicanos, que han incorporado términos y nombres (aztecas y mayas, por ejemplo) en su lenguaje cotidiano. Los dominicanos usan expresiones como *macutear* (que significa pedir dinero), *rebú* (disputa, rencilla), y *de apaga y vámonos* (para referirse a algo extraordinario), que otros hispanohablantes no entenderían. En general, los latinos de Chicago o Los Angeles o Nueva Jersey ya no llaman *mercado* al supermercado, sino *marqueta*; además, dicen *voy a parquear el auto,* en vez de *voy a estacionar el automóvil,* y *aplicar a la universidad* en vez de *solicitar entrada a la universidad.* En 1990 asistí a una conferencia en la Universidad de California del Sur sobre el tema del español y los medios de comunicación de los Estados Unidos. Estaban presentes lingüistas así como agentes de publicidad, periodistas, editores e investigadores independientes, todos profesionales de los diversos campos que conforman el idioma diario. Mientras tenía lugar el debate, algunos mostraron signos de decepción después de darse cuenta de lo "enfermo" que está realmente el español. Todos los participantes eran de diferentes orígenes: peruanos, guatemaltecos, de todo. Lo interesante era que los panelistas tenían que abstenerse de usar neologismos, y por esto con frecuencia eran ridiculizados. Era un síntoma revelador que mostraba cómo los que trabajan en medios de comunicación de habla hispana, aunque están conscientes de su papel social y educativo, no hablan un idioma que no esté afectado; son parte de la enfermedad que quieren curar. Añádase a esto el hecho de que, debido al dinero y atención que se dedica a los medios hispánicos en este país, las gentes de Caracas, Venezuela o Santiago de Chile, que ven televisión en español transmitida de los Estados Unidos por canales de cable están empezando a usar los mismos barbarismos, transformando el idioma español en sus países individuales. El que los cambios que aquí ocurren tengan un fuerte eco mundial me recuerda un curioso ensueño lingüístico que mi esposa observó una vez. Cuando el término inglés *supermarket* se comenzó a usar, los latinoamericanos rápidamente lo imitaron; el resultado fue *supermercado*. La palabra española se acortó entonces al *súper*, y cuando yo era niño al principio de la década de 1970, éste era el nombre que se aplicaba a las grandes tiendas de abarrotes. Pronto surgió otra adaptación, un absurdo como nunca se ha visto: *minisúper*, para describir un pequeño mercado con ambiciones.

Aunque apuesto que el español sobrevivirá como idioma en este país, no lo hará ni puede hacerlo en su forma más pura., ortodoxa y castiza. El yiddish, según creo, es un ejemplo paralelo. Durante más de 200 años, los judíos educados de Europa Oriental, a quienes con frecuencia se llama *maskilim*, se negaron a conceder al yiddish la condición de un idioma legítimo para comunicación, aunque durante el siglo XVIII miles de habitantes del *shtetl* lo usaban en sus vidas diarias. El yiddish es parte hebreo, parte alemán, y parte una suma de eslovaco, checo, ruso, polaco y otros idiomas indoeuropeos. Sólo después de una lucha dura y larga se elevó el dialecto al nivel de idioma, y antes del Holocausto, se hablaba por más de 11 millones de personas. De

acuerdo, la comparación entre el español y el yiddish puede
parecer simplista; sin embargo, también es iluminadora. El español está en el proceso de remodelar sus raíces en los Estados Unidos, y si los hispánicos se niegan a suspender este proceso, como
lo han hecho en las últimas décadas, el resultado puede ser una
mezcla desconcertante que no pertenecería a ninguna parte y
sería el producto de un darwinismo lingüístico.

La literatura de latinos escrita en español, debe decirse, ha
florecido en los Estados Unidos desde 1948. Las obras de Reinaldo Arenas, Marjorie Agosín, Rosario Ferré, Eugenio Florit,
Julia de Burgos, José Kozer, Fernando Alegría y Herberto Padilla,
sirven como ejemplos. Entre los recientes autores está Isaac Goldemberg, un judío peruano que, después de un largo viaje que lo
llevó a Europa y el Medio Oriente, se estableció en Manhattan,
donde escribió *La vida a plazos de don Jacobo Lerner*, publicada
por una pequeña editorial bilingüe de New Hampshire, Ediciones del Norte, que se especializa en publicar las obras de exiliados latinoamericanos. Otras figuras transicionales son Ariel
Dorfman, quien—después del golpe de estado en su país Chile en
1973 que derrocó a Salvador Allende—finalmente se estableció,
durante seis meses al año, en Carolina del Norte. Originalmente
un escritor en español, se cambió al inglés para obtener un
mayor público. *Death and the Maiden*, su drama de Broadway,
describe el sufrimiento de las víctimas de la tortura en un país
no especificado de Sudamérica. Elena Castedo, autora de *Para-
dise*, también optó por el inglés y luego tradujo su propia obra a
su lengua materna, el español. El colombiano Jaime Manrique,
autor de *Latin Moon in Manhattan* y *Twilight of the Equator*,
empezó escribiendo en español y luego finalmente adoptó la lengua de Shakespeare. El guatemalteco Víctor Perera, autor de
Rites: A Guatemalan Boyhood, se cambió del inglés al español.
Guillermo Cabrera Infante, quien escogió al inglés para escribir
Holy Smoke, un ensayo semihistórico humorístico sobre el de

sarrollo e importancia de los cigarros y el hecho de fumar en el mundo occidental, utilizó la literatura para recuperar una gozosa realidad que dejó atrás en la Habana.

Jorge Luis Borges, Manuel Puig, João Ubaldo Ribeiro, y Carlos Fuentes son otros escritores que deben añadirse a la lista. El "Autobiographical Essays" de Borges, escrito en inglés en colaboración con Norman Thomas Di Giovanni, y publicado en *The New Yorker* en 1976 (y después parte de *The Aleph and Other Writings*), nunca apareció en su lengua natal durante su vida. Puig tradujo su propia obra *Eternal Curse on the Reader of These Pages*, acerca de la relación entre un paciente y un afanador hispánico en Nueva York en inglés, como Ribeiro hizo con sus enciclopédicas novelas brasileñas *Sergeant Getúlio* y *An Invisible Memory*, conocida en portugués como *Viva o povo brasileiro*.

Los escritores latinos nativos, como Oscar Hijuelos, Francisco Goldman, Julia Alvarez, Rafael Campo y Sandra Cisneros se enfrentan a un curioso aunque algo insincero dilema. Para tener lectores en los países que sus padres dejaron atrás, sus obras tenían que traducirse al español; es decir, como hispánicos ¿tienen que "regresar" a su propio territorio lingüístico perdiendo algo de lo que ya han ganado? ¿Cuál es su lengua materna? Sin duda, el inglés. Pero si su meta es reflejar la vida de barrio de la que llegaron y su necesidad es llegar a los que llegaron del barrio, estos escritores tendrían que escribir en spanglish, aunque, por supuesto, ningún editor imprimiría sus libros, simplemente porque no sería comercialmente factible.

La historia del español es la de sus diversos pasados, pero también de sus curiosas características. Y una de estas características está tomando forma ahora mismo a nuestro alrededor, mientras hablamos. El resultado puede ser una afrenta a Quevedo y Borges: una versión bastardizada aunque auténtica del mismo idioma que usó Cristóbal Colón, quien, de paso, no sabía escribirlo y hablaba un terrible español. (Ramón Menéndez Pidal, el lingüista español, escribió en 1942, para conmemorar el llamado descubrimiento del genovés, un luminoso estudio en su lengua). El primer americano, y ya tenía una discapacidad lingüística: Colón, un hombre perdido en los vericuetos de las palabras.

Aunque el español es en gran grado una lengua de los Estados Unidos y su creciente fuerza política es indiscutible, la entrada al sueño americano necesita la fluidez, aunque sea limitada, en el idioma de Shakespeare, lo cual me lleva de vuelta al tema de la educación bilingüe. ¿Debe enseñarse el español en la escuela? ¿Por qué han tardado tanto los hispánicos (unos sesenta años) en aprender la lengua de Shakespeare y rechazar la de Cervantes? ¿Deben ser tratados los hispánicos en forma diferente que otras minorías, desde el punto de vista lingüístico? ¿Están mejor los estudiantes que participan en programas bilingües? Los hispánicos que reciben educación bilingüe ¿tienen más probabilidades de ir a la universidad que los que no la reciben? Como movimiento y programa ¿es la educación bilingüe exclusiva de los hispanos?

Es un hecho bien conocido que un gran número de chicanos, puertorriqueños y cubanos usan el español y el inglés en sus casas. Hablar español es recuperar su pasado. Debido a la extendida necesidad de profesionistas bilingües, los que tienen fluidez en español e inglés tanto hablado como escrito están en mucho mejores condiciones que los monolingües. Sus oportunidades de entrar a la universidad aumentan en aproximadamente 80%, y una vez que están plenamente conscientes de sus posibilidades profesionales, con frecuencia tienden a mejorar sus habilidades bilingües. Felipe Alfau, un novelista ibérico, comenzó su novela *Chromos: A Parody* (publicada en 1990, pero escrita en la década de 1940, cuando el español no era omnipresente al norte del Río Bravo), con el siguiente párrafo:

En el momento en que uno aprende inglés, comienzan las complicaciones. Por más que uno trate, no se puede eludir esta conclusión; se debe inevitablemente volver a ella. Esto se aplica a todas las personas, incluyendo los que han nacido en el idioma y, a veces, aún más a los latinos... Se manifiesta [la complicación] en la conciencia de las implicaciones y complejidades en las que uno nunca se había puesto a pensar. Lo atormenta a uno con esa oficiosidad de la filosofía que, no teniendo otra cosa que hacer ella misma, se interpone en el camino de todos y, en el caso de los latinos, ellos pierden esa característica radical de tomar las cosas por descontadas y dejarlas que sucedan como les dé la gana, sin preguntarse por las causas, motivos o fines para entrometerse imprudentemente en las razones que a uno no le importan, y para volverse no solamente autoconsciente, sino conscientes de otras cosas a las que no les importa un bledo la existencia de uno.

La modernidad es en gran medida una realidad del exilio, un proyecto de desplazamiento psíquico, si no geográfico. Las lenguas alternas abren puertas a los otros mundos. La traducción es una manera de darle a la vuelta al problema, que es como una torre de Babel; la falta de entendimiento se puede resolver preguntando a un especialista que traslade un idioma a otro. Pero la traducción, por lo menos en el sentido literal, es un arte imposible. Las palabras y las frases no son sólo descripciones de los objetos y las circunstancias implicadas, sino que la mayoría de las veces denotan también el espíritu. Se puede reemplazar una palabra española con su equivalente en inglés; de hecho, hay programas de computadoras para hacerlo. Una traducción cultural, por otro lado, requiere la aportación humana. Traducir es adaptar, encontrar un reemplazo de una palabra específica mediante la comprensión de su significado idiosincrásico. Por ejemplo, trate de ponerles una canción de los Beatles a los quechuas, aislados en la selva del norte del Perú, ajenos a la civilización occidental. Sin importar el hecho de que los tocadiscos serán en sí mismos una curiosidad, un objeto quasidivino cuando lo vean por primera vez, los ruidos que escuchen, "*Like the fool on the hill . . .*" o "*I love you, yeah, yeah, yeah . . .*", parecerán inarmónicas, incoherentes: una aberración radical. Traducir palabra por palabra, incluso explicar lo que se entiende por "amor" en nuestra sociedad, no va a funcionar. Sin duda, los quechuas podrían huir aterrorizados después de oír los primeros sonidos. Borges le pidió a un traductor traducir no lo que decía, sino lo que quería decir. En español, la expresión "quiero decir" significa literalmente "deseo decir", o "estoy tratando de decir", aunque se ha llegado a entender como "*I mean*". Buscando un equivalente inglés de "quiero decir", debemos recordar con qué frecuencia usamos esta frase para corregir o refrasear lo que estamos "tratando de decir". Cuando se trata de improperios y maldiciones, el abismo lingüístico es insalvable. Aunque el significado puede ser diferente, el espíritu es universal. En inglés, por ejemplo, para insultar a la madre de uno, alguien le diría—sin importar el sexo que uno tenga—un *son of a bitch: hijo de perra*; en español, se le llamaría un *hijo de puta: son of a whore*. Como señala Gregory Rabassa, la palabra más aproximada a *whore* en el habla de Shakespeare es la palabra arcaica *worsen*, que en nuestros días provocaría poca furia. O piénsese en *cabrón*, en inglés *cuckold**, no tiene un equivalente exacto en inglés. Una distancia, una pérdida. En otras palabras, siempre estamos esperando decir lo que nunca podemos decir. George Santayana, educado en español, escribió su obra poética en inglés. Él afirmaba:

---

*cuckold: cornudo: un hombre cuya mujer le es infiel. N. del T.

De la apasionada ternura del frenesí dionisíaco no tengo nada, ni siquiera tampoco de esa magia y preñez de la frase—en realidad la creación de un idioma fresco—que distingue las cumbres de la poesía. Incluso si mi temperamento hubiera sido naturalmente más cálido, el hecho de que el idioma inglés (y no puedo escribir ningún otro con dominio) no fue mi lengua materna, me impediría en sí mismo todo uso inspirado; sus raíces no llegan por completo a mi centro. Nunca bebí en mi niñez las familiares cadencias y cantilenas que establecen la clave esencial en la poesía pura y espontánea. No conozco ningunas palabras que huelan al mundo de las maravillas, a los cuentos de hadas, o a la cuna.

En su encantador ensayo "*Mother Tongue*", la novelista sino-estadounidense Amy Tan, autora de *The Joy Luck Club*, comenta su situación adversa como hija de una mujer china que habla inglés chapurrado. Escuchando a su madre, con frecuencia pensó que no sólo su idioma, sino su razonamiento era chapurrado. De hecho, el equivalente inglés de chapurrado, *broken English*, ya es un equívoco: sugiere imperfección, incompletud; pero las alternativas no son mejores: "*non-standard English*" (inglés fuera de las normas); "*simple English*" (inglés bobo). "Cuando yo era niña", declara Tan, "el inglés 'limitado' de mi madre limitaba *mi* percepción de ella. Me avergonzaba de su inglés. Yo creía que su inglés reflejaba la calidad de lo que tenía que decir. Es decir, como ella los expresaba imperfectamente, sus pensamientos eran imperfectos. Y yo tenía mucha evidencia empírica a mi favor: el hecho de que el personal de las tiendas departamentales, de los bancos y de los restaurantes no la tomaban en serio, no le daban buen servicio, fingían no entenderle, o incluso actuaban como si no oyeran".

Una de las preguntas más inquietantes sobre la Biblia es por qué la diversidad de idiomas no aparece sino hasta Génesis 11, con la torre de Babel. Cuando Adán, para identificar los objetos que le rodean, nombra lo que él ve con sus ojos humanos, ¿en qué idioma lo hace?. De acuerdo con una interpretación talmúdica, lo hace en hebreo, *lason ha-kodesh*: la lengua sagrada, el idioma de Dios. Todas las otras lenguas son *vox populi*, vehículos humanos de comunicación, no profanos, pero mundanos. ¿Por qué, pues, no lo declara la Biblia? ¿Es evidente por sí mismo? ¿Podría imaginarse un protoidioma, la fuente de fuentes lingüística, la primera lengua a partir de la cual surgieron todas las variantes a lo Babel? O si no, ¿podría haber sido Adán un políglota que hablaba por lo menos dos lenguas: la suya y la del Todopoderoso? Cuando los conquistadores españoles llegaron al Nuevo Mundo, compartían algo que sólo el Adán bíblico tenía: la denominación de las cosas. El escritor mexicano Andrés Iduarte solía decir que daría lo que fuera por ser el primero, o encontrarse entre las primeras personas que llegaran a la luna, simplemente para poder darles nombre a las cosas. Dar nombre es adquirir, controlar, poseer. En los viejos tiempos, cuando el pueblo de Israel conformó su identidad espiritual, prevalecía la idolatría. Por saber el nombre de un dios, el adorador podía fácilmente manipular sus poderes. Así, los rabinos decidieron ocultar el nombre de Dios. Hoy tenemos variantes: *Adonai, Elohim, Yaweh* (una silabización de YHWH), y así sucesivamente; ninguna es precisa, sólo son aproximaciones. Como afirma Rabassa, los iberos recién llegados tenían acceso a tres métodos de nomenclatura: Podían aceptar el nombre indio, en una versión usualmente matizada por su propio idioma; podrían asignar un nombre que identificara la creatura u objeto con otro conocido en el Viejo Mundo, que se le apareciera; o podrían aplicar un nombre enteramente nuevo y descriptivo a las cosas y creaturas vivientes que veían. Tenemos muchos ejemplos de los tres métodos. Quetzal y jaguar son ejemplos del primer método;

pero algunos españoles, como Rabassa dice, cuando atisbaron al jaguar por primera vez lo llamaron "tigre", aunque nunca habían ido a la India ni visto un tigre. O considérese el caso de limón y lima: en inglés, limón es *lime*, y lima es *lemon*. Los conquistadores ibéricos—por qué, no lo sé, y nadie parece saberlo—nombraban los objetos al azar, al revés.

Richard Rodríguez expresa una fascinación similar con la conmutación y apropiación del lenguaje. Uno de los primeros productos de la *affirmative* action y las cuotas étnicas, Rodríguez llegó a ser un "muchacho de becas", y dedicó su juventud a terminar una tesis doctoral sobre John Milton en Berkeley y el Museo Británico. Pero cambió de planes y se volvió ensayista. Se rebeló contra la educación bilingüe porque, desde su perspectiva, fomenta que las minorías (especialmente a los latinos, a quienes él llama mexicanos e hispanoamericanos) sigan leales a su pasado y legado cultural, demorando así su plena asimilación al sueño americano. Rodríguez pasó su niñez en Sacramento. "Un accidente de la geografía me mandó a una escuela en la que todos mis compañeros eran blancos, muchos hijos de doctores y abogados y ejecutivos", dice. "Todos mis compañeros de clase, ciertamente, deben haberse sentido incómodos en ese primer día escolar, como la mayoría de los niños, al encontrarse lejos de sus familias en la primera institución de sus vidas. Pero yo estaba asombrado". Continúa:

> Dijo la monja, con una voz amistosa pero extrañamente impersonal: "Niños y niñas, éste es Richard Rodríguez". Era la primera vez que oía a alguien nombrarme en inglés. "Richard", repitió la monja más lentamente, anotando mi nombre en su libreta de cuero negro. Rápidamente volteé a ver la cara de mi madre, disuelta en una borrosidad acuosa detrás de la puerta de vidrio esmerilado.
>
> Muchos años después, hay algo que se llama educa-

ción bilingüe, un plan propuesto a finales de la década de 1960 por los activistas sociales hispanoamericanos, apoyado más tarde por votación del Congreso. Es un programa que busca permitir que los niños que no hablen inglés, muchos de hogares de clases bajas, usen su idioma familiar como idioma escolar. (Tal es la meta que sus partidarios proclaman). Los oigo y me veo forzado a decir "No": no es posible que un niño–cualquier niño– deba usar jamás su idioma familiar en la escuela. No entender esto es malentender las costumbres públicas de las escuelas y trivializar la naturaleza de la vida íntima: un "idioma" familiar.

Si el bilingualismo se puede condenar, la vida con acento extranjero era—hasta recientemente—una condenación. *I no spik englich, ¿comprende?*. Ya no es así, sin embargo: en la era del multiculturalismo, un acento extranjero es tan exótico como una piña colada o una margarita, o quizá ni siquiera así de exótico. Además, el argumento de Rodríguez, declarado con un peso y un estilo narrativo sólido inigualado en la literatura estadounidense moderna, es miope. Mi reacción: ¡Tiene razón! La educación bilingüe está equivocada. Nuestro propio idioma familiar es privado, personal, íntimo; el inglés es plural, comunal, colectivo. La experiencia de Amy Tan– la vergüenza respecto al segundo idioma de su madre– es típica de los inmigrantes de segunda generación: Mejoran las habilidades idiomáticas de sus padres, y así se distancian del universo de sus padres. Las generaciones llegan y se van. Los sabios del Eclesiastés lo entendían: Hay un lugar y un tiempo para todo bajo el sol. Y sin embargo, lo que Rodríguez ignoraba es el primado cultural de la nación. ¡Es demasiado grande para cambiar! El daño ha sido hecho. La educación bilingüe ha formado las mentes de mujeres y hombres que entienden ambos idiomas y creen que ambos, el inglés y el español, el español y el inglés, son legítimos y autorizados. Estas lenguas pueden reñir y odiarse entre sí, pero deben coexistir. Actualmente, los Estados Unidos viven parcialmente en español. ¿Por qué sacrificar los beneficios de un error? Los latinos se sienten cercanos a sus raíces a través del lenguaje, y el español se está volviendo lentamente omnipresente. La lucha por vencer la discriminación basada en un conocimiento parcial del inglés es tan viejo como el país. El mejor y más trágico ejemplo primitivo de una vida perdida en la traducción se describe en el corrido de Gregorio Cortéz Lira, estudiado en detalle por Américo Paredes, una figura cardinal en la historia de las letras hispánicas en los Estados Unidos. Paredes nació en 1915 en Brownsville, en la frontera entre Texas y México, y se interesó en las tradiciones de la frontera. En 1934, uno de sus primeros poemas ganó el primer lugar en el concurso del Estado de Texas, patrocinado por el Trinity College de San Antonio. El siguiente año, comenzó a publicar poesía en *La Prensa*, el periódico local. El interés de Paredes en el folklore fronterizo llevó a la publicación, en 1958, de su tesis doctoral en la Universidad de Texas en Austin, *With His Pistol in His Hand*, uno de los primeros estudios sobre el corrido mexicano. Actualmente, Paredes es profesor emérito de inglés en la Universidad de Texas en Austin. En 1989, recibió el premio Charles Frankel por el *National Endowment for the Humanities*, "por destacadas contribuciones al entendimiento público de los textos, temas e ideas de las humanidades".

El año era 1901 y Cortéz era un valiente vaquero ya sea de Hidalgo o Matamoros, quien podía tirar una .44 o una .33 con igual talento. Pero no era un hombre agresivo, al menos no de acuerdo con la leyenda. Tenía un hermano, Román, mal hablado e inconforme, con quien viajó al norte para hacer algo de dinero. Los dos hermanos cosechaban algodón y desbrozaban la tierra para los alemanes. Finalmente se establecieron en un lugar llamado El Carmen, en Texas. Román tenía dos hermosos alazanes,

que parecían iguales, excepto que uno era cojo. De acuerdo con
Paredes, un estadounidense que tenía una pequeña yegua alazana, estaba ansioso por obtener uno de los caballos de Román.
Le ofreció cambiar la yegua por uno de los caballos; pero el mexicano se negó. Un día, sin embargo, Román estaba de humor para
un chiste. Encontró el gringo en el camino. Hablaron, y decidió
cambiar su caballo por la yegua. Prometió entregarla un poco
después. Pero, en vez de darle el caballo sano, le dio el cojo.
Cuando el estadounidense se dio cuenta de lo que había recibido, pidió al *sheriff* de El Carmen que lo acompañara adonde
vivían Gregorio y Román. Cuando él y el sheriff llegaron, Gregorio, que había presentido algo extraño para ese día, se estaba
rasurando. Los hermanos cruzaron unas palabras y los gringos
malentendieron lo que decían, de modo que el sheriff sacó una
pistola y mató a Román. Furioso, Gregorio preparó su pistola. El
sheriff tiró tres veces y erró; Gregorio tiró tres veces y mató a su
enemigo. No mató al otro estadounidense por lástima, pero su
tragedia había comenzado. Tuvo que escapar, que huir de la ley.
El malentendido lingüistico entre los mexicanos y los gringos se
describe por Paredes de la siguiente manera: Los estadounidenses habían llegado al patio de los Cortés y hasta donde Román
estaba recargado en la puerta, viendo hacia fuera.

El norteamericano tenía una cara muy seria. "Vine
por la yegua que robaste ayer en la mañana", dijo. Román
se río con una gran risa. "¿Qué te dije, Gregorio?", dijo. "el
gringo sanavabiche se me echó para atrás".

Ahora. Hay tres santos de los cuales los americanos
son especialmente devotos: Santa Anna, San Jacinto y
Sanavabiche, y de los tres, al que más le rezan es a Sanavabiche. Nada más escucha a un americano en cualquier
momento. Tal vez no le entiendas nada más de lo que
dice, pero seguro que los vas a oir decir "¡Sanavabiche!

¡Sanavabiche! ¡Sanavabiche! a todas horas del día. Pero se enojan mucho si tú también lo dices, quizá porque es un santo que sólo les pertenece a ellos.

Y así sucedió con el *sheriff* principal del condado de El Carmen. Apenas salieron de la boca de Román las palabras "Gringo Sanavabiche", el *sheriff* sacó su pistola y mató a Román.

Como ya dije antes, un componente fundamental de la cultura hispánica—desde el culto de la santería hasta Enriquillo (el esclavo fugitivo dominicano que aparece en la *Historia de las Indias* de Fray Bartolomé de las Casas), y más adelante desde el concepto del etnógrafo cubano Fernando Ortiz de punto—contrapunto, hasta la *Pentagonía* del novelista Reinaldo Arenas—es nuestra autoconciencia barroca: espejos que reflejan espejos una y otra vez. Nuestra arquitectura, nuestra música, nuestro arte pictórico y nuestras letras, están llenos de autorreferencias: novelas que se refieren a ellas mismas y a otras novelas que se refieren a ellas mismas, pinturas sobre pinturas, y así sucesivamente. Basta recordar uno de los lemas de Fidel Castro, que formó parte de un discurso en el 53ª Congreso Plenario de los Trabajadores Cubanos, y que se publicó en 1987 en *Cuba Socialista*: "Debemos corregir los errores que cometimos al corregir nuestros errores". Nuestra alma colectiva se basa en componentes extranjeros, exógenos. Gustavo Pérez Firmat subrayaba este hecho al hablar sobre la cultura cubana en particular; pero su análisis, sin descartar las diferencias nacionales, se aplica a la galaxia hispánica como un todo:

Debido a la peculiar historia de las islas, el escritor o artista cubano es especialmente sensible a las oportunidades de traducción, tanto en el sentido geográfico como lingüístico. Como no tiene un tesoro nativo de bienes culturales, y como está condicionado por la historia a las maneras del transeúnte más que las del colono, el escritor cubano tiene el hábito de mirar hacia delante, de estar al acecho de oportunidades de desplazamiento, gráfico y topográfico. En mi opinión, esta mirada hacia delante, este "acecho", es el fundamento de desempeños traduccionales (y, en este caso, transnacionales)... La cultura cubana subsiste en y mediante la traducción.

Al incorporar y activar símbolos y motivos africanos, indios y europeos, trasladamos, adaptamos, reinventamos y regateamos. ¿Qué hay originalmente en nosotros? El acto mismo de la traducción. El hecho de que nos comuniquemos en español, portugués o francés (y ahora en inglés), nos vuelve ya copias, reproducciones, reflejos del código lingüístico de alguien más.

En cualquier caso, Gregorio Cortéz tomó su mejor caballo y cabalgó quinientas millas a la frontera. Para entonces, el incidente se había vuelto un escándalo. El presidente de los Estados Unidos ofreció 1000 dólares por su cabeza. y todos los sheriffs de la región estaban persiguiéndolo. Cada vez que enfrentaba una amenaza de muerte por parte de un sheriff, disparaba en defensa propia y huía. Terminó matando a mucha gente. Para entonces, en desquite, encarcelaron a toda su familia. La madre, la esposa y las hijas de Cortéz estuvieron presas hasta que el llamado criminal se entregara. Y, después de huir como un malhechor, finalmente se entregó. Cuando fue sometido a juicio, pronto se hizo claro que había dos leyes: una para los texanos estadounidenses y otra para los texanos mexicanos. Pero Cortéz fue dictaminado no culpable: había matado en defensa propia porque la sangre de su hermano se había derramado. Numerosas veces fue juzgado, pero nunca se le encontró culpable. De modo que cuando estaba a punto de ser puesto en libertad, uno de sus enemigos encontró la solución: lo juzgarían por haberse robado una yegua alazana.

Le preguntaron si el caballo que lo había ayudado a escaparse era suyo, y tuvo que contestar "No", de modo que fue declarado culpable, y su castigo fue 99 años y un día en prisión. . . . ¡99 años y un día!

Las cosas se pusieron inesperadamente a su favor en menos de un año, cuando la hija del presidente Abraham Lincoln solicitó al gobernador conceder clemencia a Gregorio Cortéz y ponerlo en libertad antes de Navidad. El gobernador había prometido que concedería cualquier petición que ella hiciera, y aunque el presidente tuvo un juicio que recibió gran publicidad, fue puesto en libertad. Sin embargo, los enemigos de Cortéz no pudieron aguantar la clemencia, de modo que reunieron una gran cantidad de dinero y le pagaron a un hombre que estaba preso en la misma cárcel para que lo envenenara, y lo hizo. El cuerpo de Gregorio Cortéz está enterrado en algún lugar de Matamoros, Brownsville o Laredo. Según Paredes, la leyenda llegó a ser tal símbolo de resistencia que cantar el corrido sobre el tema estuvo prohibido durante varios años: Su existencia y espontánea difusión en todo el suroeste se consideraban peligrosas.

En la notable película de 1983 por Robert M. Young, con Edward James Olmos en el papel estelar, Gregorio Cortéz es un bandido que no entiende el inglés del sheriff y, por error, lo mata. La muerte tiene consecuencias de gran alcance: Cortéz huye, lo persigue una brigada de furiosos anglos, y finalmente se rinde. La siguiente es una de muchas variaciones de la balada:

> En el condado del Carmen
> miren lo que ha sucedido:
> murió el cherife Mayor,
> quedando Román herido.
>
> Otro día por la mañana,
> cuando la gente llegó,

unos a los otros dicen:
-No saben quién lo mató.

Se anduvieron informando.
Como tres horas después,
supieron que el malhechor
era Gregorio Cortéz.

Ya insortaron a Cortéz
por toditito el estado:
que vivo o muerto lo aprehendan
porque a varios ha matado.

Decía Gregorio Cortéz
con su pistola en la mano:
-No siento haberlo matado,
al que siento es a mi hermano.

Decía Gregorio Cortéz
con su alma muy encendida:
-No siento haberlo matado,
la defensa es permitida.

Venían los americanos
que por el viento volaban
porque se iban a ganar
tres mil pesos que les daban.

Tiró con rumbo a González.
Varios cherifes lo vieron,
no lo quisieron seguir
porque le tuvieron miedo.

Vinieron los perros jaunes,
venían sobre la huella,
pero alcanzar a Cortéz
era seguir a una estrella.

Decía Gregorio Cortéz:
-¿Pa' qué se valen de planes?
Si no pueden agarrarme
ni con esos perros jaunes.

Decían los americanos:
-Si lo alcanzamos, ¿qué haremos?
Si le entramos por derecho,
muy poquitos volveremos.

Se fue de Brownsville al rancho.
Lo alcanzaron a rodear,
poquitos más de trescientos,
y allí les brincó el corral.

Allí por El Encinal,
según lo que aquí se dice,
se agarraron a balazos
y les mató otro cherife.

Decía Gregorio Cortéz
con su pistola en la mano:
-No corrían, rinches cobardes
con un solo mexicano.

Tiró con rumbo a Laredo
sin ninguna timidez:

-Síganme, rinches cobardes,
yo soy Gregorio Cortéz.

Gregorio le dice a Juan
en el rancho del Ciprés:
-Platícame qué hay de nuevo,
yo soy Gregorio Cortéz.

Gregorio le dice a Juan:
-Muy pronto lo vas a ver,
anda y dile a los cherifes
que me vengan a aprehender.

Cuando llegan los cherifes,
Gregorio se presentó:
-Por la buena sí me llevan,
porque de otro modo no.

Ya agarraron a Cortéz,
ya terminó la cuestión.
La pobre de su familia
la lleva en el corazón.

Ya con esta me despido
a la sombra de un ciprés,
aquí se acaba cantando
la tragedia de Cortéz.

El tiempo ha convertido a Gregorio Cortéz en un mito. Es el máximo héroe trágico estadounidense. Los intelectuales oscilan entre una lealtad al inglés y una nostalgia del español. Quizá la vida y obra de Oscar "Zeta" Acosta, el equivalente moderno de la leyenda de Gregorio Cortéz, ejemplifica más que ningún otro la odisea lingüística reversa del escritor latino. Aunque las obras de Acosta se consideran clásicos clandestinos en la tradición literaria étnica, su nombre se conoce poco entre los no hispánicos. Abogado y activista durante el movimiento chicano de la década de 1960 en Los Angeles, sostuvo una implacable búsqueda de una identidad personal evanescente. Acosta pasó su corta existencia tratando de entender el sentido de quienquiera que él veía en el espejo, buscando un hogar, y examinado sus raíces y química psicológica. Creía que era un descendiente de Aztlán. El adquirir una nueva identidad fue un artificio útil para presentarse a sí mismo como un Robin Hood, ni chicano ni anglo, sino algo más, un híbrido, un desadaptado, sin duda, pero con un sueño.

Acosta escribió el relato de su peregrinaje existencial en sus dos libros: *The Autobiography of a Brown Buffalo* y *The Revolt of the Cockroach People*, ambos narraciones magistrales en la tradición de *One Flew Over the Cuckoo's Nest*. Al mismo tiempo surrealistas y beligerantes, describen su realidad espiritual más allá de lo mundano. Acosta sufrió una educación católica dogmática, y su obra expresa su profunda esperanza de una redefinición individual y liberación definitiva. Originalmente publicada por una pequeña casa editorial en San Francisco llamada *Straight Arrow* (conectada directamente con la revista *Rolling Stone*), *The Autobiography of a Brown Buffalo* describe sus aventuras después de que dejó su empleo en una clínica legal de Oakland y se hizo un *hippie* fumador de mariguana. Su necesidad más profunda era entenderse él mismo, sentir sus raíces como legítimas. Pero después de un largo sufrimiento de pesadilla, la lucha lo deja con la cabeza vacía. El libro termina con su regreso a El Paso. *The Revolt of the Cockroach People*, la secuela, comienza en el momento en que Acosta sale de su lugar de nacimiento hacia California. Los dos volúmenes son auténticas joyas. La prosa es cándida e hipnótica, y el estilo único y típico de la época. Acosta se mantiene yendo y viniendo entre ciertos temas clave: su identidad, la lucha chicana por la autodeterminación, la sexualidad y su catolicismo. El lector se ve bombardeado de imágenes, pero nunca se siente perdido. La investigación de la esencia de la minoría chicana no podría ser más humorística y rabelaisiana. En 1974, poco antes de que desapareciera misteriosamente, Acosta proclamó que su meta era dominar el idioma español y escribir para un periódico mexicano. Incluso pensó en escribir un libro completo en español. Consecuentemente, si Gregorio Cortéz se perdió en la traducción, Oscar "Zeta" Acosta, en reversa, esperaba encontrarse a sí mismo en un nuevo acomodo lingüístico; deseaba traducirse a sí mismo, reinventar su propia imagen. Deseaba regresar al útero.

Pérdida y regreso: el español, más que desvanecerse, va a florecer en los Estados Unidos. De acuerdo con algunos conservadores, el inglés se está desvaneciendo debido al número apabullante de recién llegados que son incapaces de aprender el idioma con la velocidad con que lo hacían las minorías anteriores, aun cuando los latinos y los asiáticos lo están haciendo más rápido que en ninguna época anterior. La unidad, alegan los partidarios del movimiento *English Only* ha sido reemplazada por una multiplicidad caótica: cada minoría es ahora una entidad aislada, autónoma, y el país entero ha llegado a ser no un todo, sino una suma de partes beligerantes y mutuamente excluyentes. Por consecuencia, dicen, los Estados Unidos está desmembrándose lentamente, regresando a la torre de Babel. Los multiculturalistas, por otro lado, alegan que nuestra realidad racial actual es diferente a la de cualquier otro período del pasado, que el eurocentrismo será reemplazado por una cultura verdaderamente global, y el bilingualismo debe ser bienvenido en tanto que ayuda al proceso de asimilación.

El argumento esgrimido por los guardianes del inglés sigue cinco puntos que se entienden fácilmente: (1) El inglés ha sido el vínculo común más fuerte de los Estados Unidos, el "aglutinante social" que mantiene unida a la nación; (2) la diversidad lingüística conduce inevitablemente a la desunión política; (3) los servicios bilingües patrocinados por el estado quitan incentivos para aprender el inglés y mantienen a los inmigrantes fuera del grueso de la población, (4) la hegemonía del inglés en los Estados Unidos está amenazada por poblaciones crecientes de hablantes de idiomas de minoría; y (5) el conflicto étnico prevalecerá a menos que se tomen fuertes medidas para reforzar el monolingualismo. Pero en el mundo fragmentado de hoy, es difícil no ser partidario del multilingualismo: más que prohibir o estigmatizar los idiomas de los inmigrantes y los americanos nativos, debemos tratarlos como recursos que podrían beneficiar al país, tanto culturalmente como económicamente. La solución más inteligente es favorecer los programas de educación bilingüe que desarrollen la capacidad de los niños de hablar su lengua materna, más que descartarlos por un énfasis de idea fija en el inglés, como los partidarios del movimiento *English Only* se proponen hacer. Si se adopta como el único idioma oficial de los Estados Unidos, el inglés debe usarse en documentos y oficinas gubernamentales, lo que significa que pondrá en riesgo una amplia gama de derechos y servicios disponibles a los que no hablen inglés. Además, ciertamente difundirá el temor entre los recién llegados. De hecho, se puede alegar que el movimiento *English Only* es un abierto ataque contra la libertad de expresión y un aparador de la xenofobia del país. *"Oh, say, can you see, by the dawn's early light, What so proudly we hailed at the twilight's last gleaming . . ."** El folklorista John O. West cuenta un chiste

---

*"Díme ¿puedes ver a la temprana luz del amanecer, lo que tan orgullosos saludamos en el último brillo del crepúsculo . . . ? (versos iniciales del Himno Nacional de los Estados Unidos). N. del T.

sobre un loro bilingüe que estaba en venta en una tienda de mascotas. Una gringa entró y preguntó:

—¿Cuánto cuesta el loro?

—Uy, señora—dijo el propietario—éste es un loro muy caro, porque habla tanto español como inglés.

—Oh, ¿de veras? ¿Puede usted hacer que hable en ambos idiomas?

—Seguro que se puede. Mire, es muy sencillo: Si le jala la pata izquierda, habla inglés.

Y tiró de la pata del loro.—Good morning!—, dijo el ave.

—Y si le jala la pata derecha así, habla español—. Y el perico dijo:—¡Buenos días!

En ese momento, la gringa preguntó:—¿Qué pasa si le jala las dos patas? ¿Hablará tex-mex?.

—No—contestó el loro.—Me caigo de nalgas, gringa estúpida.

SEIS

Hacia la autodefinición

¿EXISTE TAL COSA COMO LA IDENTIDAD DEL LATINO? ¿Dónde encontrarla? ¿En la calle? ¿En la imagen de los medios de comunicación? ¿En el arte y las letras? ¿Cómo nos ven los otros? ¿Cuál es nuestra autodefinición? Herbert A. Giles, en 1926, tradujo un cuento chino del filósofo taoísta Chuangtzu, quien vivió alrededor de 369–286 A.C. Una noche Chuangtzu soñó que era una mariposa; cuando despertó, no sabía si era Chuangtzu el que había soñado que era mariposa, o una mariposa que estaba soñando que era Chuangtzu. Similarmente, como creaciones de dos facetas, los latinos se pierden en algún punto del embrollo entre la realidad y el sueño. Anárquicos, irresponsables, perezosos, indignos de confianza, traidores: estos estereotipos llegan en el pasado tan lejos como los diarios de Colón, en donde se describe a los indios como ingenuos, idólatras pacíficos, ignorantes de los caminos para la salvación cristiana.

Edmundo O'Gorman sugiere que la distorsión puede ir aún más lejos, ya que América, el continente, fue seguramente "inventado" por la imaginación europea décadas antes de que la Niña, la Pinta y la Santa María navegaran finalmente a las Bahamas. Y de cualquier manera, la visiones distorsionadas que describían a los pueblos indígenas del Nuevo Mundo como incivilizados, como chimpancés, se difundió rápidamente en todo el viejo continente, y por el tiempo en que el último drama de Shakespeare, "*The Tempest*", estrenada en Londres en 1611, mientras los ingleses se empeñaban en extender su territorio a Irlanda y colonizadores como Sir Walter Raleigh, Sir Humphrey Gilbert y Lord De la Warr comenzaron la colonización de América del Norte, estas visiones se habían vuelto inherentes al sentido común. En *The Tempest*, con su marcado mensaje imperialista, que ha sido analizado por historiadores y críticos (incluyendo a Stephen Greenblatt, Roberto Fernández Retamar, Aimé Césaire, George Lamming y Ronald Takaki) Próspero está exiliado con su hija en una isla de Bermuda (*Bermoothes*). La isla está habitada por Calibán—un anagrama de "caníbal", una creatura salvaje que ha aprendido a hablar gracias a Próspero. "*You taught me language, and my profit on't/is, I know how to curse. The red plague rid you/ for learning me your language!*" "Me enseñaste el habla, y mi ganancia/ es saber maldecir. Que la peste roja te destruya/por enseñarme tu habla". La contraparte de Calibán es Ariel: el primero representa el instinto, el desorden, la agresión, la bestialidad; y el segundo, la esperanza, una existencia como de sueño.

El hecho de Shakespeare ubica toda la aventura al otro lado del Atlántico nos ayuda a entender cómo la Gran Bretaña y Europa como un todo se veía reflejada en el espejismo del Nuevo Mundo. Para redimirse, Próspero casará a su hija, Miranda, con el hijo del rey. Ve a Calibán como una amenaza sexual a ella. "*I have used thee (filth as you art) with humane care*" ("Te he usado—con lo inmundo que eres—con humano cuidado"), le dice a Calibán, "*and lodged thee in mine own cell till thou didst seek to violate the honor of my child*" ("y te he alojado en mi cabaña hasta que trataste de violar el honor de mi niña"). Próspero es la voz de la sabiduría y del intelecto que percibe su relación con Calibán como la de un amo con su siervo: uno controla, educa, ilumina, manda; el otro es controlado y educado y se vuelve un siervo del amo. Los indios en "*The Tempest*" no son siempre bestiales, sin embargo. Gonzalo, por ejemplo, dice: "*I saw such islanders . . . who, though they are of monstrous shape, yet, note, their manners are more gentle, kind, than of our human generation you shall find many—nay, almost any*" ("Ví muchos isleños que, aunque de forma monstruosa, fijaos que sus maneras son más suaves, bondadosas, que nuestro género humano. Hallaréis muchos—no, digo, casi todos") Igual que Amleth, un príncipe vikingo, se convirtió en Hamlet, Calibán, en las manos de Shakespeare, se deriva del Caribe. *Carib*, como señaló una vez Francis Jennings, el nombre de una tribu india, pronto llegó a entenderse como un salvaje de América, un mundo nuevo poblado por idólatras semihumanos.

La distorsión, la (re)invención: Aunque Montaigne trató de disipar la distorsión del significado ("no hay nada extraño en estas naciones. . . lo que pasa es que todo mundo llama *bárbaro* a todo lo que es extranjero a su propia nación"), en *Caliban: Suite de La Tempête*, el drama de Ernest Renan de 1878, continúa la descripción ofensiva, como lo hace en un número de artefactos culturales europeos. La geografía hispánica es un gigantesco mapa que los extranjeros re-trazan constantemente, una región donde chocan la realidad y la fantasía. Este capítulo se centra en las maneras conflictivas en que los hispánicos, y también los latinos, perciben y son percibidos. Es fácil encontrar un comienzo: América Latina se puede ver como un diseño, un invento de los conquistadores, exploradores, científicos, cronistas, geógrafos, arqueólogos, naturalistas, misioneros, mercaderes, corsarios, soldados, periodistas, novelistas, poetas, estudiosos, artistas, aventureros y escritores de viajes, igual mujeres que hombres, desde Colón y Fray Ramón Pané a Bernal Díaz del Castillo, Sir Walter Raleigh, José Gumilla, Sir Francis Drake. John Hawkins, Antonio Pigaffeta, Alvar Núñez Cabeza de Vaca, W. H. Hudson (autor del olvidado *The Purple Land*), Herman Melville, Helen Hunt Jackson (cuya novela naturalista *Ramona*, que se desarrolla en California, describe el orden español en desaparición y despliega un reparto de personajes fastidiosamente inexpresivos, aun cuando la autora, muy a la manera de Harriet Beecher Stowe y, más tarde, Gertrude Atherton, era una apasionada defensora de los derechos de los indios americanos), Flora Tristán, H. M. Tomlinson, John Reed, Michael Gold, Paul Morand, Blair Niles, Rudyard Kipling, D. H. Lawrence, Stephan Zweig, Aldous Huxley, John Kenneth Turner, John Steinbeck, Harriet Doerr, la generación *beat*, Ambrose Bierce, Waldo Frank, Katherine Ann Porter (cuyo *Flowering Judas* abunda en campesinos y talentosos cineastas rusos en un paisaje azteca), Ernest Hemingway, Graham Greene, V. S. Naipaul, James Michener, Peter Matthiessen, Salman Rushdie, Bruce Chatwin y Paul Theroux. La lista es interminable y excluye a los antropólogos, investigadores creativos equipados con grabadoras, listos para captar la psiquis hispánica, pasear por sus laberintos para hacer aceptables sus miserables misterios. Tómese por ejemplo *The Children of Sánchez*, de Oscar Lewis, sobre una familia de clase media baja de la ciudad de México, un *bestseller* instantáneo en el que el investigador detallaba las relaciones incestuosas entre padres e hijas, analizaba el machismo, y hablaba, en formas condescendientes, de la cultura de la pobreza, concebida como una condición autoinfligida. Una miscelánea de entrevistas presentadas como relatos en primera persona, el libro de Lewis es simultáneamente ficción y no ficción, igual que *La Vida*, sobre una familia puertorriqueña en Nueva York, penetra nuestras trayectorias idiosincrásicas. Al disectar las minucias hispánicas, tales descripciones hechas por extranjeros, unas más que otras, son con frecuencia condescendientes, un punto de vista de los victimarios, y por lo tanto, lastiman. Puntos de vista extranjeros con sello de infalibilidad. El amor, la gastronomía, la sexualidad, el trabajo, los pensamientos: todo está incluido, y las creaturas descritas, los hispanos, se ven curiosos, aterradores, exóticos, humorísticos, bárbaros. Nuestras costumbres son fascinantes porque son diferentes, son objetos de estudio científico. Víctor Hernández Cruz escribió:

No puedes salir de tu casa
estos días sin hallar
algo nuevo.
Encontré la grabadora
de Oscar Lewis
detrás de una pizzería, en el Bronx
y no me quisieron dar
ni diez dólares por ella
en la casa de empeño.

¿Qué pasa cuando Calibán viene a casa con el investigador? En el segundo viaje de Colón, el marino genovés llevó, a su regreso a España, indios enjaulados (James Fenimore Cooper los utiliza en su novelucha *Mercedes of Castile: or, The Voyage to Cathay*), un obsequio que asustó a muchos ibéricos. Imagine el lector que unos astronautas, de regreso a la tierra, traen unos marcianos: ¿Cómo los miraríamos? Según la crónica de Fray Toribio de Benavente, llamado Motolinia, se desató un debate en Europa. ¿Eran seres humanos? ¿Cómo se les podía distinguir de los monos? Tuvieron lugar acaloradas discusiones en uno y otro sentido, hasta que alguien pudo probar que los aztecas, los mayas y otros nativos americanos, a diferencia de los chimpancés, podían llorar. Las lágrimas, ese líquido transparente y salado de las glándulas lacrimales, eran un signo de humanidad. Desde entonces, el eurocentrismo ha seguido convirtiendo a los hispánicos en portadores de una proporción injusta de distorsión.

Nosotros los latinos también hemos continuado una sólida y constante búsqueda de una identidad colectiva auténtica; un intento, menos conocido a escala mundial que las multifacéticas visiones de los colonizadores, de descifrar los secretos de Calibán. Nuestras autodefiniciones se hallan por doquier: *Los olvidados* de Luis Buñuel; *La maja vestida* y *Las meninas* de Francisco José de Goya y Lucientes; los *quilombos* brasileños; la locuacidad de Cantinflas; el chasquido de lengua macho de los actores Jorge Negrete y Pedro Infante; la belleza "celestial" de María Félix en las películas de Emilio "El Indio" Fernández; el *Don Giovanni* de Mozart; el monopolio jesuita de la educación en las colonias españolas, que dio por resultado la rebelión de las esquilas en 1766; el asombroso *aleph* de Jorge Luis Borges; los destacados futbolistas; las caricaturas de personajes obesos de Fernando Botero y Abel Quezada; las personalidades de la televisión Raúl Velasco, Paul Rodríguez y Johnny Canales; y el sentimentaloide baladista Julio Iglesias. Desde la independencia, hemos estado ocupados descifrando nuestro metabolismo. Nuestra tarea es entender a qué se refería Ortega y Gasset cuando decía *yo y mi circunstancia*: un diálogo íntimo con los fantasmas de la historia; una cita con las "isis" y los "ismos": marxismo, psicoanálisis, desconstruccionismo. Conocer estas piedras angulares de la intelectualidad hispánica al sur del Río Bravo para esclarecer nuestro pensamiento debe ser un encargo de todo latino, sin importar cuál sea su pasado personal.

Año 1900: Cualquier estudio de la psiquis hispánica debería comenzar (y quizá terminar) con el innovador libro *Ariel*, una brújula, una carta tan larga como un libro, lo que Richard Rodríguez llamaba "una discusión", dirigida a los jóvenes de América Latina. José Enrique Rodó, su autor, un crítico uruguayo de fina-

les del siglo XIX, debatió "*The Tempest*" de Shakespeare, sosteniendo enérgicamente que Ariel, un soñador, un idealista, simboliza a los hispánicos, mientras que Calibán, un materialista
interesado en las ganancias y el triunfo, personifica a los Estados
Unidos. Enojado por la guerra de Estados Unidos contra España,
Rodó exhortaba en su mensaje a los jóvenes de Buenos Aires,
Montevideo, la ciudad de México y otras capitales importantes a
desafiar el tentador modelo estadounidense de conducta: a ser
auténticos, originales, no-estadounidenses. *Ariel*, junto con la
retórica anti-imperialista de José Martí, abría el camino que
tomó la intelectualidad hispánica de describir a la sociedad
anglosajona y al gobierno de los Estados Unidos, en particular,
como el diablo encarnado: Nuestro despiadado vecino imperialista es quien provoca cualquier desastre, cualquier tragedia, ya
sea natural o humana. (Una vez leí una declaración de Ernesto
Cardenal, poeta nicaragüense y ministro sandinista del interior,
en la que acusaba al gobierno de los Estados Unidos de provocar
intencionalmente un violento huracán que asoló a Centro América).

Rodó no fue el primero en lanzarse a un estudio tan ambicioso de la psiquis hispánica. El primer responsable de la llamada leyenda negra, que acusaba a los conquistadores españoles
de abuso, violaciones y torturas, fue Fray Bartolomé de las Casas,
quien transcribió los diarios de Colón y compuso una benévola
historia del holocausto de la población aborígen de América.
Luego vinieron Alonso de Ercilla y Zúñiga; el Inca, Garcilaso de
la Vega; Juan del Valle Caviedes; Sor Juana Inés de la Cruz;
Alfonso Carrió de la Vandera; José Joaquín Fernández de Lizardi;
Andrés Bello; José María Heredia; Juan Montalvo; Ricardo Palma;
José Hernández; Eugenio María de Hostos, y Domingo Faustino
Sarmiento, entre otros. El deseo de entender el Nuevo Mundo
está directamente conectado con la búsqueda de una identidad
colectiva de este lado del Atlántico que encuentra su diferencia,

su singularidad en comparación con Europa. En consecuencia, para rastrear los primeros intentos de definir lo que Alfonso Reyes llamaba la *inteligencia americana*, se necesita remontarse a los tiempos coloniales, cuando los primeros escritores se enfrentaron al reto de describir lo que veían y hacer la crónica de la conquista y la colonización, de las cuales habían sido testigos.

A veces, el español que utilizaban resultaba inadecuado. Los autores, algunos de ellos criollos y otros indios nativos, comenzaron inmediatamente a utilizar una diversidad de formas literarias (cartas, crónicas, relaciones históricas, etc.), con mezcla de estilos y dosis de lo mágico y lo exótico, dentro del marco de una visión barroca, todo lo cual es hoy en día inevitable en la literatura que se produce al sur del Río Bravo. Hasta el siglo XIX, los intelectuales desde Buenos Aires hasta la ciudad de México estaban dominados por el deseo de analizar y descifrar la identidad americana, de ponderar sus cualidades y limitaciones. Y, como los latinos son los sucesores directos de aquellos exploradores fundadores, es imposible discutir su quehacer sin remontarnos primero a sus raíces intelectuales.

La investigación continua de la psiquis hispánica en América tuvo gran importancia entre 1825 y 1882, cuando el hemisferio sur padecía lo que un historiador ha llamado "la fiebre de independencia", una atmósfera de absoluta emancipación cultural. Las obras de Descartes y más tarde de los enciclopedistas franceses Diderot, D'Alembert, Montesquieu, Rousseau y Voltaire, aunque eran ilegales durante un tiempo, circulaban en los círculos hispánicos educados, inspirando un sentido de autodeterminación y un deseo de superar la pesada influencia de la Iglesia sobre la sociedad. Simultáneamente, la influencia de las ideas liberales de la Declaración de Independencia de los Estados Unidos en 1776, y la adopción de figuras públicas como Thomas Jefferson y Benjamin Franklin, promovieron una apertura y un deseo de libertad y autonomía. Era el tiempo de la formación del espíritu nacional en América Latina, un período romántico que ponía el énfasis en la originalidad, el individualismo heroico y el pensamiento liberal. Un tiempo en el que se glorificaba a la naturaleza y a lo primitivo e indígena.

Domingo Faustino Sarmiento fue un admirado educador e intelectual, y uno de los primeros presidentes de Argentina (1868–74). Escribió *Civilización y barbarie: Vida de Don Facundo Quiroga*, una biografía de Juan Facundo Quiroga, un celoso e implacable partidario del federalismo que participó en las luchas civiles y fue asesinado en 1835. Sarmiento deseaba fervientemente que su país reprimiera a los gauchos y otras manifestaciones aborígenes, renunciar al pasado bucólico argentino, y seguir a Europa y los Estados Unidos en el camino a la modernidad. Su Facundo Quiroga era un símbolo de la oscuridad, una mezcla de crueldad y pasión, una encarnación viva de las fuerzas que amenazaban a la estabilidad de argentina. Admirador de la *Autobiobrafía* de Benjamín Franklin, y asiduo lector de James Fenimore Cooper, Sarmiento catalogó su libro, publicado en 1845, como una novela semificticia, en parte descripción geosociológica, en parte ensayo ideológico y en parte invención imaginaria: un espejo de las luchas más internas del país. Profundamente preocupado por el ambiguo compromiso de Argentina con un futuro cosmopolita y tecnológico, Sarmiento escribió en favor de la Unidad, consideraba a Buenos Aires como una fuerza civilizadora central y atacaba al federalismo por considerar que fomentaba la fragmentación y el caos.

Después de una décadas, *Facundo: Civilización y barbarie*, llegó a ser un texto fundador en la cultura latinoamericana. Su exordio contiene un examen de las Pampas, la región donde Quiroga pasó su adolescencia; pero como Sarmiento nunca estuvo en esa zona, basaba su conocimiento en los relatos de los turistas ingleses, comprobando una vez más el impacto de los puntos de vista de los extranjeros en nuestro hábitat intelectual. Estu-

diando el heroísmo de su protagonista, y criticando al dictador
Juan Manuel de Rosas, que instituyó un régimen de terror, el
libro de Sarmiento, increíblemente influyente, es un viaje a nuestro corazón colectivo, y ha sido elogiado por Ezequiel Martínez
Estrada, Enrique Anderson Imbert y Ernesto Sábato, entre
muchos otros.

En la misma línea estilística está *Os Sertões* de Euclides da
Cunha, publicada en Brasil en 1902 y conocida en inglés como
Rebellion in the Backlands. Corresponsal de *O Estado de São
Paulo*, el autor fue encargado de cubrir una revuelta campesina
en las tierras del noreste, dirigida por un místico, António Con-
selheiro, quien se oponía a la república recién proclamada. Sus
seguidores, proscritos y gamberros, practicaban el "amor libre" y
se asentaban en pequeñas comunidades en Canudos, negándose
a pagar impuestos y a respetar a las autoridades locales. (Mario
Vargas Llosa basó su novela *La guerra del fin del mundo* en los
eventos trágicos de Canudos y en el relato de Da Cunha). En gran
parte a la manera del análisis de Argentina que hacía Sarmiento,
la narración periodística de Da Cunha es un estudio épico de las
batallas entre la civilización y la barbarie, las fuerzas de la luz y
la oscuridad, en la sociedad del Brasil de finales de siglo. Ofrece
atisbos de la psiquis de la nación y un concienzudo examen de la
weltanschauung colectiva. Aquí también, el texto es híbrido,
parte verdad y parte fábula. Sin duda, es un error usar a Da
Cunha como una fuente histórica fundamental. Es poco confia-
ble como cronista, aunque su libro sirve para un propósito fundamental: es una ventana para ver el interior del pasado
brasileño multiétnico, su difícil camino al progreso, su identidad
laberíntica.

La raza cósmica de José Vasconcelos, un audaz tratado filo-
sófico que se publicó en 1925, es especialmente importante porque verbaliza, en lo que hoy parecen términos nietzcheanos, una
teoría sobre una especie de supremacía hispánica en la arena

internacional. Vasconcelos especulaba sobre la mezcla étnica en la sociedad de México y, aunque aceptaba la superioridad de los blancos pero no su arrogancia, creía que, hasta que los mexicanos —y en general los hispánicos— aceptaran y se sintieran cómodos con su pasado ibérico, su camino al futuro seguiría siendo lleno de sobresaltos. El tratado de Vasconcelos, representativo del modo de pensar sobre el mestizaje que era común en la década de 1920 y siguientes, el tratado de Vasconcelos afirmaba que la única alternativa para la población india era su adaptación a la "civilización latina". El escritor se veía a sí mismo como un Ulises criollo, una versión mexicana del héroe mítico griego. Era un promotor de la democracia, promoviendo al mismo tiempo la aristocracia como la fuente principal de aprendizaje. Vasconcelos, moralista tradicional, cuando fue ministro de educación hizo que el gobierno federal creara un sistema nacional de escuelas primarias. Idealizó a Domingo Faustino Sarmiento, que también era promotor de la lenta aniquilación de los gauchos para sanear la sociedad argentina. Lo que es curioso es su teoría de que el pueblo mexicano triunfaría finalmente mediante la digestión de lo que él consideraba "los clásicos" (Dante, Homero, Cervantes, Tolstoi, Romain Rolland y Benito Pérez Galdós), sin preguntarse nunca como los pensamientos de estos hombres se acomodarían a las necesidades intelectuales de los campesinos hispánicos. La raza cósmica, pensaba, podría convertirse en una potencia mundial si se le guiaba adecuadamente.

Otras visiones de América Latina desde dentro incluyen *Siete ensayos interpretativos de la realidad peruana* de José Carlos Mariátegui, que sirvió como inspiración para el movimiento Sendero Luminoso de Abimael Guzmán, e intentaba explicar en términos marxistas, en 1928, por qué los indios nativos eran un eterno recordatorio del metabolismo no europeo del país. Otros peruanos, como Manuel González Prada, Luis Alberto Sánchez y Sebastián Salazar Bondy, han dedicado su atención a estudiar la identidad colectiva. Los *Ensayos en busca de nuestra expresión*, de Pedro Henríquez Ureña, quizá el libro no ficticio más destacado de cualquier autor dominicano (él dio las Conferencias Charles Eliot Norton en Harvard en 1940–41), está entre los más fascinantes en su afirmación, repetida sin cesar desde entonces, de que la cultura hispánica en su núcleo es derivada y no original. El hecho de que el español sea nuestro vehículo de comunicación, dice Ureña, ya apunta al sentido de réplica predominante. Como un híbrido étnico, parte africano, parte católico, parte judío, parte árabe, y parte nativo (azteca, quechua, zapoteca, maya, inca, y similares), nuestro idioma es el de los colonizadores, no de los colonizados. En la expresión de Juan Marinello, nos volvemos reales mediante un idioma que es nuestro, en virtud de ser extranjero. Nuestro arte oscilará *ad infinitum* entre pertenecer a éste y al otro lado del Atlántico. Un yo de origen extranjero, ni de aquí ni de allá.

En Cuba, Fernando Ortiz, conocido como el tercer descubridor de la isla—después de Colón y Alexander von Humboldt—dedicó su obra a analizar el alma cubana: la cubanidad. *Cotrapunteo cubano del tabaco y el azúcar*, de Ortiz, traducida al inglés por Harriet de Onís en 1947, es un estudio de la cultura criolla cubana (*el criollismo*) mediante el análisis del valor real y simbólico de los dos principales productos de la isla: el tabaco y el azúcar. En la introducción, Ortiz comienza comparándolos. Léase la siguiente cita de su libro de 1943, *Un catauro de cubanismos*:

> *Guayabo*: El árbol que produce la *guayaba*, según el Diccionario de la Academia. ¿Por qué añade: "En francés, *goyavier*"? ¿Pretende sugerir que es un galicismo? ¿De veras? Bueno, ¿acaso el Diccionario da la traducción francesa de cada palabra? ¿No? Entonces ¡fuera el *goyavier*! La etimología, si esto es lo que se propone, *no vale*

una guayaba, como decimos [en Cuba]. Mencionemos, en cambio, algunas de las veintidós acepciones y derivados de *guayaba* que cita Suárez que, como guayabal, guayabera, guayabito, se verían mejor en el diccionario de castellano que esa inexplicable etimología afrancesada. ¡Esta *guayaba* está muy dura de tragar! [¡*Que no nos venga la academia con guayabas!*], y señalemos, de paso, otro cubanismo.

Ortiz acusaba abiertamente a la Academia oficial de España de secuestrar el suelo cubano. Nombrar es poseer. Ninguna cita, creo, puede describir mejor el deseo de encontrar cosas auténticas en la región. Si el *guayabo* no es caribeño, entonces ¿qué es caribeño? ¿Por qué usar un término francés para describirlo?. También Alejo Carpentier, Guillermo Cabrera Infante y José Lezama Lima han escrito ensayos especulativos cubanos.

México es como un pozo infinito de ensayos interpretativos similares, la mayoría de los cuales se escribieron en el siglo XX, como resultado del impacto del psicoanálisis de Freud, junto con las teorías de Carl G. Jung y Alfred Adler sobre el inconsciente colectivo. Para enumerarlos, necesitaría comenzar con los estudios de Julio Guerrero sobre el crimen y la innovadora discusión de Ezequiel A. Chávez sobre la sensibilidad y el carácter del mexicano, ambos publicados en 1901, así como la idea de José Vasconcelos del mestizo como *raza cósmica*. Pero los análisis más destacados son el *Perfil del hombre y de la cultura en México* de Samuel Ramos y la perceptiva y perspicaz obra de Octavio Paz *El laberinto de la soledad*. Mediante la disección de tipos sociales como el tipo Cantinflas, vagabundo conocido como el *pelado* y la burguesía, Ramos sugiere que, al imitar a Europa, México sufre de un fuerte complejo de inferioridad y que la cultura nacional criolla es una máscara, una fachada que esconde el verdadero *yo* mexicano. Paz, un grandioso intelectual propenso a arranques de enojo, usa la imagen de la máscara, y abusa de ella. Su influyente libro, publicado en forma de serie en *Cuadernos americanos*, y más tarde editado en forma de libro, se escribió en parte al final de la década de 1940 en Los Angeles; en él discute Paz la religión, la muerte y los traumas históricos de México y, por extensión, en el vasto mundo hispánico.

Otras penetrantes contribuciones a la búsqueda sin fin de una identidad hispánica incluyen ensayos de Carlos Monsiváis, Gabriel Zaid y Roberto Fernández Retamar, cuyo *Calibán: Apuntes sobre la cultura de nuestra América* es una respuesta marxista a Rodó. Cuando se trata de los latinos, el proceso de introspección, asociado hasta recientemente a cada subgrupo diferente, debe dividirse en dos etapas principales: antes y después del movimiento chicano y sus repercusiones. Comparada con la tradición del sur de la frontera de estudios de autodefinición, nuestra producción—dada la heterogeneidad de los hispánicos de los Estados Unidos, el dilema lingüístico y el lento proceso de capacitación—ha sido pequeña, dispersa y menos consistente. Sólo ocasionalmente ha penetrado un ensayo al meollo del asunto, y cuando lo hace, rara vez trata de temas compartidos por los cubanos, puertorriqueños, chicanos y otros. Hasta hace poco, cada colectividad producía un cuerpo frágil, exclusivo, autoconfinado, de ensayos psicológicos y antropológicos. Así, el surgimiento de una identidad coherente está todavía en proceso. Con todo, hay unos pocos ejemplos dignos de mencionar. Pienso, por ejemplo, en el importante texto, aunque mal escrito, "*On Culture*", en el cual utiliza una jerga académica obtusa y presenta afirmaciones que, si se toman aisladas, suenan pomposas y ridículas, para analizar el carácter de la vida chicana desde una perspectiva teórica y sostiene que la resistencia es, sin duda, una característica de las minorías. Entre sus principales argumentos se cuenta el de que la cultura mexicana en los Estados Unidos está dividida en tres sectores o subculturas: (1) Los que se dedican a la asimilación, en su mayor parte personas que están fuera del contexto cultural chicano; (2) un grupo de transición que viven en un limbo; (3) aquellos a quienes se llama *mexicanos*, más cercanos en espíritu a la realidad del sur de la frontera que a la vida anglosajona. "Los escritores académicos", sugirió Gómez-Quiñones, "no han contribuido mucho a clarificar el problema de la cultura [entre los mexicano-estadounidenses]. . ." Sus escritos con frecuencia subrayan suposiciones basadas en la percepción de la cultura de minoría como estática y homogénea, y señalan su atraso y defienden la aculturación con los valores de clase media anglosajona. Subraya la resistencia como firma colectiva y, como la cultura étnica—según su punto de vista—es una expresión esencial de las relaciones de clase, la creencia de que la cultura chicana puede prosperar solamente si rechaza la dominación extranjera y se niega a asimilarse.

El legado de la guerra, así como otros factores, significa que se considera y se trata a los mexicanos como un pueblo súbdito por los individuos e instituciones anglosajonas.

A través de las divisiones de clase, se ha experimentado un racismo en la forma especial de un antimexicanismo racionalizado y generalizado, contra las personas mexicanas. La coexistencia, la economía y la subyugación han provocado un continuo proceso sincrético cultural, una cultura de adaptación, de sobrevivencia, de cambio, que consolida al pueblo. Históricamente, la resistencia y el conflicto [son] el resultado de la opresión continua que puede unir.

Aparte de sus otras obras sobre historia y política, el ensayo de 1977 de Gómez-Quiñones es fundamental para la búsqueda de una identidad hispánica al otro lado del Río Bravo, porque

articula una actitud ideológica clara para los lectores de la postguerra de Vietnam: sublevarse, rebelarse, secesionarse. También
se enfocaba en la cultura fronteriza—el pueblo ficticio de Aristeo Brito, Presidio—como algo único, una realidad límbica profundamente atractiva para los escritores y académicos de finales
de la década de 1980. Un punto notable de tal interés, que realmente precedió a Gómez Quiñones por casi dos décadas, es *With
His Pistol in His Hand*, de Américo Paredes, un estudio de Gregorio Cortés en el que se considera a los chicanos genéticamente
como mestizos, mientras que culturalmente se les percibe como
un tentáculo de México en los Estados Unidos.

Otros estudios fragmentarios de la cultura latina incluyen
The Puerto Rican Woman de Edna Acosta Belén, y *A Mexican-
American Chronicle* de Rodolfo Acuña. El controvertido primer
libro de Richard Rodríguez, *Hunger of Memory*, que detalla sus
humildes orígenes en Sacramento, California, y cómo se graduó
en la Universidad de California en Berkeley, con una disertación
sobre John Milton, es una mojonera en la búsqueda latina de
autodefinición. El libro, compuesto de cinco ensayos autóno-
mos, contiene un análisis atrayentemente uniforme del viaje del
escritor del anonimato a la celebridad. Parafraseando a Virginia
Woolf, Rodríguez merece un cuarto propio entre la intelectualidad latina. Dado que opina que no debe alentarse el uso del español entre los niños hispánicos en las escuelas públicas, sus
puntos de vista reaccionarios están en conflicto con los de los
demás. Un estilista excelente con una prosa que es al mismo
tiempo matemáticamente estructurada y profundamente sen-
tida, cree que al permitir que los estudiantes de habla española
usen su lengua nativa, el gobierno promoverá un sentido de dua-
lidad, y un conflicto de identidad en ellos. Las cuotas de minorías, en su opinión, son injustas y antidemocráticas simplemente
porque, como en la selva, los más aptos deben prevalecer (para
conseguir un trabajo, una beca o la admisión a la universidad,

por ejemplo). Obviamente, esta agenda conservadora lo ha vuelto una especie de agente provocador. Con todo, su libro irónicamente se ha convertido en algo así como un texto clásico secundario estadounidense, cuya lectura se exige en las universidades y preparatorias.

Hunger of Memory es un atractivo análisis del viaje del escritor desde el silencio hasta la expresión, una transformación tan dramática como la de Martín Ramírez y su triunfante peregrinar de un hospital psiquiátrico a las galerías de arte en Nueva York, Suecia, Dinamarca y otras partes. Antes que Linda Chávez y otros neoconservadores, atacó a los liberales por alegrarse de la promoción de los negros y los latinos como víctimas y por dejar que su sentimiento de culpabilidad diera forma a programas de acción afirmativa. Alega con vehemencia, por ejemplo, que exigir instrucción en español en el aula es peligroso porque crea un abismo, un sentido de distanciamiento entre el estudiante y la mayoría predominante de los Estados Unidos. El libro llegó a ser un blanco de ataque favorito de los estudiantes activistas y de los profesores "políticamente correctos", quienes algunas veces parecían ansiosos de satanizar al autor. Pero, como lo han percibido Rubén Martínez y otros críticos, Rodríguez no es de ninguna manera derechista. El análisis político no es ni su interés ni su fuerte. Más bien, se siente ofendido cuando su obra se usa para el apoyo partidista de los programas gubernamentales, y reacciona de acuerdo con este sentimiento. Y se enoja aún más cuando se explota su obra por razones ideológicas. En entrevistas y artículos, él ha descrito su libro como otro *Laberinto de la soledad*. Pero a mí me parece que esta caracterización es incompleta. La voz de Rodríguez es alienada, anti-romántica, con frecuencia profundamente triste. Mientras Paz se lanza a un análisis arqueológico de la idiosincrasia de la cultura hispánica, Rodríguez es estrictamente personal. No ofrece tanto un análisis histórico como una autobiografía meditativa y especulativa, una

"Canción de mí mismo a lo Whitman, una celebración de la individualidad y la valentía en la que, contra todos los estereotipos, un mexicano-estadounidense llega a ser ganador.

En su segunda colección de ensayos, *Days of Obligation*, Rodríguez afirma que su padre mexicano percibía al mundo como un sitio triste, mientras que como niño, él lo veía como una fiesta. La edad adulta, sin embargo, enseñó a Rodríguez a revertir la visión de su niñez. Llegó a ver a California como una cultura de comedia, y a México como la encarnación de la tragedia: en California, vive el presente, mientras que en México, la historia sigue contando. Los temas recurrentes—SIDA, barbarie contra civilización entre los hispánicos, y religión—aunque se desarrollan independientemente, deben verse como la columna vertebral por medio de la cual nosotros los latinos estamos luchando por entendernos a nosotros mismos. "*Late Victorians*", el tercer ensayo, habla de la homosexualidad circunspecta de Rodríguez. "*The Latin American Novel*", aunque su título es desorientador, es un estudio del impacto y valor tanto del catolicismo como del protestantismo al sur del Río Bravo y entre la población chicana en California.

Rodríguez se dirigía a un número de anglos y sudamericanos que consideraban a Jesucristo como la encarnación del sufrimiento multisecular padecido colectivamente desde la llegada de los conquistadores. Sin embargo, pondera el impacto de los misioneros protestantes, que han conseguido convertir a creyentes pobres de habla española—unos 50 millones de México a Argentina—, viendo en esto un signo de la falta de estrategias de adaptación y de la posición frágil del catolicismo en los tiempos modernos. Como creyente que asiste puntualmente a la misa dominical, su análisis ofrece poderosas percepciones de los símbolos católicos tradicionales. "El catolicismo, de acuerdo con Rodríguez, puede ser administrado por tímidos hombres célibes; pero la institución del catolicismo es voluptuosa, femenina y segura. La Iglesia es nuestra madre, la Iglesia es nuestra novia". Agradece a la Iglesia por la educación que recibió—sus conceptos de la vida, de la muerte, del sexo y de la felicidad—y, sin embargo, con los años, no solamente ha perdido la fuerza de su fe, sino que prevé una crisis inmediata de la Iglesia. "¿Debe decirse en español una misa en San Francisco?", se pregunta. El inglés, después de todo, es el idioma oficial "no oficial" de este país. ¿El multilingualismo dividirá finalmente a la iglesia?

Así como Gómez-Quiñones estimuló a muchos historiadores chicanos y estudiosos a entrar al campo, Rodríguez, un escritor extraordinario, un hombre de polaridades, un camaleón, una especie de Dr. Jekyll y Mr. Hyde que se considera a sí mismo primero gringo y luego mexicano, es una voz literaria destacada, accesible a una amplia gama de lectores, en el camino hacia el autoconocimiento latino. Su destreza como ensayista, el juego magistral de ideas e incidentes, aunque en el espíritu de Montaigne y John Stuart Mill, se acomoda bien a la tradición americana de trascendentalistas como Thoreau y Emerson, y a los maestros del siglo XX como Mary McCarthy. Su contribución es similar a la de James Baldwin, quizá porque ambos tienen tanto en común: su homosexualidad, su viaje profundamente sentido desde la periferia hasta el escenario central, y su fuerte religiosidad y sentido de la sacralidad. Sin sentimentalismo ni miedo, Rodríguez, un notable actor, hace su papel con gran sutileza e inteligencia: es la encarnación de esa compleja fe compartida por esos estadounidenses nacidos dos veces: híbridos que siempre viven en el limbo, con un pie aquí y el otro al otro lado del Río Bravo.

La autobiografía es un género favorito de los inmigrantes, y los latinos ciertamente no son la excepción. Antes de Rodríguez, una diferente clase de autobiografía, de la cual es un ejemplo *Down Those Mean Streets*, de Piri Thomas, también intentaba desentrañar los misterios de la psiquis hispánica. Este autor puertorriqueño, cuyo nombre original era John Peter Thomas, nació en la ciudad de Nueva York en 1928. Creció en una familia pobre de El Barrio durante la Gran Depresión. Después de la participación de los Estados Unidos en la Segunda Guerra Mundial, su padre, empleado de una fábrica de aviones, invirtió en una casita en Babylon, Long Island, para proporcionar "oportunidades, árboles, hierba y bonitas escuelas" para sus hijos. Las memorias de Thomas tratan de la vida inicial de la familia y de su experiencia en los barrios de inmigrantes en un suburbio de clase media, donde el racismo lo estremeció, y finalmente se separó de su padre y hermanos. Luego Thomas se mudó al Harlem hispánico, conoció a una muchacha llamada Trina, vivió del tráfico de drogas y se preguntó sobre su identidad: ¿Era puertorriqueño aunque no hablara español? ¿Debería considerarse a sí mismo parte de la comunidad negra por el color de su piel? Viajó al sureste, donde sufrió discriminación y luego a las Antillas, a Sudamérica y a Europa. Regresó a Nueva York odiando todo lo blanco, se volvió criminal y drogadicto, y fue encarcelado. En la prisión, se hizo musulmán negro, encontró la autoestima y comenzó a escribir su autobiografía. Alguien lo presentó a Angus Cameron, un editor de Alfred A. Knopf, y—después de recibir mil dólares—terminó sus memorias. La publicación de *Down These Mean Streets* fue seguida por otros libros de prosa y poesía, así como una vida de orador y activista que ayudaba a los jóvenes. La propia redención de Thomas lo llevó a ayudar a otros a ayudar a otros.

Del mismo modo, *Always Running: La Vida Loca: Gang Life in L.A.*, de Luis J. Rodríguez, es un relato autobiográfico de la vida de pandilla en Los Angeles, y la lucha para superar un difícil viaje existencial en los barrios bajos. A la edad de 12 años, el autor ya era un pandillero veterano rodeado de tiroteos, arrestos, asesinatos, y la muerte gradual de familiares y amigos. Se les arregló para encontrar la luz, se convirtió en un poeta laureado en Chicago, y creyó que había dejado atrás la violencia urbana, cuando se dio cuenta de que su joven hijo se había hecho miembro de una pandilla. El libro, que recuerda al *Ulises* de James Joyce, está estructurado alrededor de la búsqueda que emprende el padre para encontrar y rescatar a su hijo.

La perspicaz obra de Ernesto Galarza, *Barrio Boy*, escrita desde un punto de vista sociológico, trata también de la americanización. El pequeño Ernie, el protagonista, viaja de una aldea de la sierra de México, Jalcocotán, a un barrio de Sacramento, y sufre rápidos cambios de carácter y creencias. Sin embargo, Richard Rodríguez es el que marcó la pauta de lo que puede describirse como memorias de la acción afirmativa. Después del suyo, aparecieron otros libros sobre la acción afirmativa, incluyendo *A Darker Shade of Crimson: Odyssey of a Harvard Chicano*, de Rubén Navarrette, Jr., sobre el engaño que sufren los latinos en las universidades privilegiadas, y *When I Was Puertorican* por Esmeralda Santiago, un relato de triunfo estructurado como una victoria individual sobre el determinismo social. Esmeralda, una jíbara nacida en una choza de zinc en el Puerto Rico rural, y la mayor de 11 hijos de una madre que vive de la asistencia pública y mudó a la familia a Brooklyn, estudió hasta graduarse en Harvard y Sarah Lawrence, y actualmente es propietaria de una compañía productora de películas de Boston.

También es importante la antropología de autores latinos, nuestra réplica a Oscar Lewis. Entre los ejemplos más perturbadores, que con frecuencia perpetúan odiosos estereotipos, es la obra de Carlos Castaneda, de gran popularidad en la década de 1960 entre los hippies. Siguió siendo fascinante en la década de 1970, hasta que, debido al clima cultural de la época, sus obras posteriores fueron ignoradas. Castaneda, cuya ciudadanía en un momento se rumoraba que era chilena, peruana o estadounidense de ascendencia mexicana, comenzó con *The Teachings of Don Juan*, un libro que fue el producto de una investigación en campo para una tesis de maestría. El autor volteó de cabeza la objetividad científica al involucrarse con el personaje que era el tema de su estudio: don Juan, un chamán oaxaqueño que introdujo a Castaneda a lo que el autor llamaba "una realidad alterna". Después escribió *Journey to Ixtlán* y *Tales of Power*. El resultado: un mapa tipo *Yoknapatawpha* de las creencias aborígenes de Oaxaca.

Octavio Paz escribió una introducción al primero libro de Castaneda, que se publicó en español por el Fondo de Cultura Económica, en el cual compara la obra de Castaneda a *Tristes Tropiques* de Claude Lévy-Strauss, parte autobiografía antropológica y parte testimonio etnográfico. Uno de los temas de discusión del libro es el uso de hierbas para crear estados alucinatorios de conciencia. Al final, Paz se refiere a don Juan y a don Genaro como un Don Quijote y Sancho Panza de brujería itinerante e intenta establecer la contribución de Castaneda como un enfoque no dogmático, poético, a la antropología. "Bertrand Russell una vez dijo que 'la clase *criminal* está incluida en la clase humana' ", dice Paz, "Se podría decir: 'La clase *antropóloga* no está incluida en la clase *poética*, salvo raros casos'. Uno de estos casos es Carlos Castaneda".

La publicación del libro coincidió con el apogeo de la generación hippie y la explosión de un movimiento anti-establecimiento al norte del Río Bravo y en Europa. El libro se popularizó rápidamente entre los estudiantes rebeldes de París, California, México, e incluso Europa Oriental, y se usó como instrumento cardinal para promover lo que se llegó a conocer como la "contracultura", maneras alternativas de entender la realidad mediante un redescubrimiento de las antiguas culturas precolombinas. Pero al progresar la carrera de Castaneda, se movió más adelante por las líneas de los estudios antropológicos y se convirtió en un caso peculiar de celebridad de *best-sellers*, un fantasma, un enigma: Pocos han visto su fotografía o lo han conocido en persona. Nunca hace giras ni da conferencias. A la manera de Thomas Pynchon, sus manuscritos se entregan misteriosamente a sus editores por medio de un agente, y no se conoce ni su dirección permanente ni su número telefónico. Su primer libro fue seguido por lo menos por otros siete. La obra de Castaneda se ha vuelto más y más impresionista, y se ha convertido en una caricatura de ella misma. Lewis y Castaneda abrieron la puerta a una cantidad de obras antropológicas e históricas que se centraban en las diferencias culturales y étnicas entre ambos lados del Río Bravo.

¿Equivalen estos libros a una definición de la identidad latina? ¿Quien va a articular, de una vez por todas, una definición que abarque toda nuestra identidad en traducción? Gloria Anzaldúa describe la razón de nuestra situación: "Porque yo, una mestiza, continuamente salgo de una cultura y entro a otra, porque estoy en todas las culturas al mismo tiempo". A final de cuentas, es sin duda un signo de miopía lamentar la ausencia de una tradición sólida de estudios introspectivos hechos por latinos sobre nuestra psiquis colectiva en nuestra extravagante era de la tecnología y las autopistas de la comunicación. Después de todo, los latinos saben hoy más sobre lo que se espera de nosotros, debido a la televisión. La televisión en español al norte del Río Bravo es sin duda una importante fuerza cultural. Por lo tanto, se necesita un análisis de su impacto y de sus mensajes. Desde 1946, cuando el canal KCOR de San Francisco se convirtió en el primer canal en español a tiempo completo, cuyo propietario y operador era un chicano, el crecimiento de este medio ha sido tremendo. Con más de 250 horas de programación por semana, la televisión latina llega a 93% de todos los hogares latinos de los Estados Unidos, es increíblemente popular en el Caribe y Sudamérica, y lo ven televidentes curiosos que no hablan español. ¿De dónde vienen los programas? ¿De qué tratan? ¿Qué clase de material transmiten? ¿Tienen una agenda política? ¿Qué

entienden que es la identidad latina? ¿Están en favor de la asimilación total? ¿Perciben a los latinos del futuro como una pode-
rosa comunidad que no hablará inglés?

Telemundo, con programas producidos en este país, al sur del
Río Bravo y en España, opera junto con CNN y MTV para ofrecer
un horario dirigido tanto a públicos jóvenes como maduros.
Hace unos treinta años, John Blair & Co., su predecesor, tenía
estaciones de televisión en Puerto Rico y Florida. *Reliance Capital Group*, una sociedad de inversión, compró el negocio, y entre
1985 y 1986, adquirió estaciones en Los Angeles y Nueva York.
En el término de un año nació Telemundo, y aunque el crecimiento continuó en otros mercados, Reliance todavía controla
alrededor del 78% de las acciones. Aunque la dirección actual es
principalmente cubana, la red se enfoca en la heterogeneidad de
los latinos. Las raíces colectivas de esta minoría étnica, que se
remontan a América Latina y el Caribe, se explotan mediante el
folklore y los estereotipos. Tómese el caso de *La feria de la alegría*, actualmente cancelada, un vivaz programa de juego siempre
lleno de colorido, costosos premios, y animadores simpáticos, o
A la cama con Porcell, un programa de variedad de altas horas de
la noche, con una obesa estrella argentina y un grupo de vulgares
bailarinas que harían ver sencillos los vestuarios de las *June Taylor Dancers*. Estos programas encuentran su éxito en la idea de la
vida como mascarada, una continua fiesta, un colorido carnaval
que incluye payasos y pueriles concursos, y en chistes machistas y retruécanos sexuales. Rara vez solos, los tipos sociales que
desfilan frente a las cámaras de Telemundo: esposos polígamos
y guapos amantes latinos, esposas que trabajan mucho con el
deseo de divertirse, y latinos indefensos maltratados por los
anglos.

El competidor, *Univisión*, con una programación de todo el
día que se transmite en todo el país, es menos frívolo, más serio
en tono. El público al que se dirige parece ser la población chi-

cana y centroamericana de California, Texas y Nuevo México. Mientras Telemundo, en sus noticias vespertinas por CNN, tiene locutores chilenos y puertorriqueños, el *Noticiero Univisión* tiene mexicanos con acentos identificables para los televidentes, digamos, de East Los Angeles y Houston. Emilio Azcárraga, que falleció en 1997 (su hijo lo ha sustituído) y que fue por un tiempo el único director general de la compañía, es un magnate mexicano y uno de los hombres más ricos del mundo, con un entendimiento tan grande de las telecomunicaciones y su papel en el futuro como Ted Turner. Azcárraga es un accionista principal de Televisa, un emporio de los medios ubicado en la ciudad de México, con mercados en toda América Latina y Europa. Convirtió a SIN, la primera red en español en los Estados Unidos, creada en 1961, en un enorme sistema internacional. Rico en conexiones globales, la compañía se convirtió en subsidiaria de Hallmark Cards a finales de la década de 1980. Hallmark pagó 286 millones de dólares para adquirir cinco canales en español y otros 265 millones por el resto de Univisión. Después de esto, A. Jerrold Perrenchio—un productor de Hollywood que dirige un grupo propietario de Venevisión, la más grande televisora venezolana, así como Televisa de México—acordó comprar Univisión en 550 millones, lo que significa que Azcárraga es otra vez su principal propietario.

Ambas redes aprecian los hogares de ingreso medio y bajo como su cliente auténtico y genuino. Los temas intelectuales con frecuencia se dejan de lado, reemplazándolas por entrevistas con estrellas de Hollywood y transmisión de películas de segunda clase. Los anuncios son de corporaciones grandes como Coca-Cola, compañías de tamaño medio como Goya, y negocios pequeños como clínicas cosméticas; su calidad varía desde comerciales sofisticados hasta imágenes fijas. Ambas redes también han declarado silenciosamente una guerra abierta contra los anglos. Se presenta a los hispánicos como ingenuos pero valientes personajes a lo Robin Hood, y los amantes latinos difamados por el despiadado sistema. Su meta es crear un sentido de unidad y entendimiento mutuo de los diversos subgrupos dentro de la minoría étnica, para montar una fuerza lista para la defensa. Hace algún tiempo, por ejemplo, Univisión envió a un reportero para hacer una investigación de las quejas de hicieron sobre préstamos bancarios sospechosamente rechazados. El reportero descubrió que, en realidad, había casos de cuotas racistas y procedimientos injustos y, como resultado, se había negado a personas de habla española préstamos para iniciar pequeños negocios o para comprar casas. Pero de explicar cómo luchar contra la discriminación dentro del marco de la banca institucionalizada, la red preparó una serie de *tandas*, un método espontáneo de ahorro que se utiliza en el Mediterráneo y América Latina mediante el cual las personas que lo necesitan pueden obtener dinero al recibir un préstamo de la comunidad y luego hacer pagos, por turno. El programa apoyaba las actividades extrabancarias, ignorando las implicaciones legales, e indirectamente invitaba a los televidentes a participar en esas actividades. Ese mensaje rebelde y no conformista va todavía más lejos. Los programas de Telemundo y Univisión son con frecuencia antisemíticos. En un reciente documental, por ejemplo, un brujo de *santería* explicó la existencia de dos tipos de mal: el benigno y el judío, sin que el productor ofreciera siquiera un comentario conceptual. También, durante la lucha racial de Crown Heights en 1991, los noticieros con frecuencia presentaban a los judíos en forma negativa y a los negros como las solas víctimas. La televisión latina con demasiada frecuencia alienta a los televidentes a encontrar chivos expiatorios para sus dificultades.

Por otro lado, los televidentes no pueden sino admirar la alta calidad de las noticias que con frecuencia reciben de Noticiero Univisión, sin duda superior a la de los canales de habla inglesa. El enfoque que se da a los diferentes países latinoamericanos, sus problemas monetarios y su inestabilidad política, sobrepasa cualquier cosa que ofrezca Peter Jennings, Tom Brokaw o Dan Rather. Los corresponsales establecidos en Lima, la ciudad de México, Buenos Aires, Bogotá y otros grandes centros urbanos siguen los sucesos diarios y mantienen bien informados a los latinos sobre sus países de origen. El sentido de unidad entre nosotros y la guerra contra los anglos alcanzó sus más altos niveles en 1988, cuando Univisión presentó *Destino '88*, un concienzudo reporte de la campaña presidencial motivada por el deseo de entender el verdadero impacto de los votos latinos a nivel nacional. La programación cubría tanto la convención demócrata como la republicana, y concluía con la elección. La agenda política era evidente. ¿Qué tan poderosos son los latinos cuando actúan juntos para apoyar a un solo candidato? Los reporteros forzaron a Michael Dukakis a usar su español de preparatoria para atraer a simpatizantes (lo hizo bastante bien), y a George Bush a promover a su nuera mexicana como prueba real de su amor a esta comunidad étnica. Se dio igual cobertura a las elecciones de 1982: las posturas y opiniones de Bush, Bill Clinton y H. Ross Perot se discutieron a fondo. Si se unieran totalmente, dijeron Univisión y Telemundo, los latinos podrían decidir quién sería el siguiente presidente de los Estados Unidos. La misma actitud se repitió en las elecciones que llevaron a la Casa Blanca a Bill Clinton en dos ocasiones y luego a George W. Bush.

La mera existencia de Telemundo y Univisión es un dolor de cabeza para los partidarios del movimiento *English Only*, y para los críticos de la educación bilingüe. Como el segmento de crecimiento más rápido de la industria de la televisión en los Estados Unidos, estas redes atienden unos 35 mercados, incluyendo Los Angeles, Nueva York, San Francisco, Miami y San Antonio. En 1990, sólo Telemundo tuvo ingresos de casi 128 millones de dólares, más alto que nunca antes. Una década más tarde, esa cifra aumentó notablemente, a grado tal que la cadena televisiva se convirtió, de acuerdo a un reporte de *The New York Times*, en la compañia en su ámbito de crecimiento más acelerado, sobrepasando a su competidores de habla inglesa e incluso a Telemundo. Casi toda la programación de las redes se lleva a cabo en una forma semi-correcta y normalizada de español, aunque el spanglish tiende a imperar cada vez más, si bien no de manera obvia, permeando la manera en que se utiliza la lengua de Cervantes. Su arrollador poder de llegar a más de cuatro quintas partes de los hogares latinos no está solamente creando superestrellas de los medios—como los comentaristas Paul Rodríguez y Cristina, y el animador chileno judío de *Sábado Gigante*, don Francisco— sino que está haciendo que las nuevas generaciones se sientan cercanas a su idioma ancestral. Mientras tanto, el español que se habla en este país, en un estado de degeneración por su contacto directo con el inglés, se está difundiendo en América Latina, gracias a las transmisiones por cable. Aunque la competencia de mercado libre de Univisión y Telemundo ha dado por resultado una mejoría dramática de estilo y calidad, le sigue faltando originalidad a las redes: su programación derivada imita con frecuencia el contenido y las técnicas de la televisión de habla inglesa. Tómese, por ejemplo, el fracaso de *En Vivo*, un nuevo programa de Univisión con reporteros altamente profesionales y entrevistas con especialistas invitados para comentar las noticias importantes del día, un modelo tan similar a *Nightline* que estaba destinado a fracasar. Fuentes cercanas al programa, también culparon de la muerte del programa a la imposibilidad de conseguir especialistas atractivos dentro de un radio asequible para analizar las noticias diarias. Sea lo que sea, el principal problema del programa, y la de la televisión en español en general, es su insuperable falta de originalidad.

De manera que ¡abajo la palabra escrita! Estamos atrapados por la televisión y su imagen siempre cambiante para explicar nuestros misterios. Aunque la cultura y la identidad latinas

siguen en constante cambio, parafraseando a Juan Gómez Quiñones, se puede destilar un conjunto de temas fijos que emanan
del arte erudito, de la literatura, de la cultura popular y los
medios de comunicación masiva. ¿Somos chimpancés? ¿Discer-
niría Calibán la diferencia entre *Chuangtzú* y una mariposa?
¿Cómo somos?

SIETE

Cultura y democracia

LA ETNICIDAD, MÁS QUE LA CLASE, ES LO QUE ESTÁ
detrás de la proliferación de los electorados múltiples en la actual
sociedad de los Estados Unidos. Ya no somos estadounidenses
como tales, sino identidades con guión, límbicas: hispánicos-
estadounidenses, asiáticos-estodounidenses, africanos-estadou-
nidenses, y así sucesivamente: un pueblo dividido. ¿No lo fuimos
siempre?

Vivimos como ciudadanos del guión, un signo del abismo
que nos separa. Cada uno tiene su lealtad, cada uno tiene su
agenda política. Afortunadamente, poco se puede hacer en este
momento para recuperar el efecto de esta múltiple fractura. Las
semillas están ya esparcidas, y un resultado trágico puede estar
esperándonos en el futuro cercano. Aunque, gracias al multiculturalismo, estamos más iluminados actualmente, y la mente
estadounidense felizmente se ha abierto por lo menos un poco,
estamos también profundamente fragmentados. Soy de identidad límbica, *ergo sum*. Una tierra de inmigrantes que comenzó

como un microcosmos, una suma de Otros, ¿hacia donde va Estados Unidos? Quizá la única manera de entender y hasta digerir, nuestras limitaciones colectivas, sea desmentir la absurda idea de los Estados Unidos como tierra prometida. "El paraíso florecerá de nuevo, sin que un segundo Adán lo pierda... Otro Canaán excederá al antiguo", escribió el comerciante y periodista Philip Freneau en su poema de 1788, "Los cuadros de Colón". Estaba, por supuesto, describiendo el origen de una nueva nación bíblica que, en manos de los peregrinos puritanos del *Mayflower*, se esperaba que fuese una clara mejora con respecto a Europa, en términos de justicia y libertad. Un territorio donde el orden y la democracia reemplazarían a la barbarie.

Hasta hace un par de décadas, la visión de Freneau, su perspectiva mesiánica, se aceptaba sin discutirla como la crónica oficial; pero desde finales de la década de 1960, los historiadores militantes, los artistas y los activistas intelectuales han propuesto otro enfoque, de tono rebelde, que considera a los Estados Unidos como un invento: la encrucijada de la esperanza y la violencia, la democracia y la intolerancia; *America the Beautiful** y *America the Ugly* (Los Estados Unidos hermosos y Los Estados Unidos horribles). A diferencia de la campaña masiva de Mao Tsetung en China, que empezó en 1966, el multiculturalismo como una revolución cultural humanista, es una batalla que tiene la esperanza de renovar las instituciones básicas del país y revitalizar la confianza popular mediante un intercambio pacífico de ideas. Pero ¿es posible? El enemigo, según parece, está en todas partes y en ninguna: un fantasma de la historia. Nos alineamos bajo una bandera invisible, y, de una manera o de otra, la batalla dejará inevitablemente una profunda cicatriz. ¿Es posible

---

**America the Beautiful*: un himno no oficial de los Estados Unidos. N. del T.

que en el futuro próximo nosotros, el pueblo, rechacemos la unidad y busquemos la diversidad, rompiendo la unión en numerosos pedazos de divididos por fronteras étnicas: Los Otros Unidos de América? ¿No era la libertad el grito de batalla de este país, que se suponía ser el paraíso en la tierra? ¿Podría haber previsto Whitman las implicaciones futuras de una nación de cánticos variados?

¿Qué otra cosa son los Estados Unidos sino una magistral novela dickensiana, una narración ambiciosa con un reparto increíblemente abigarrado? Los climas culturales cambian, y los héroes se vuelven villanos. Una tierra de fronteras cambiantes: la conquista del Viejo Oeste, la guerra contra México antes de 1848, la idea del Destino Manifiesto, la participación militar en la Segunda Guerra Mundial, en Vietnam y en Camboya. Estados Unidos, los feos y los hermosos, están habitados por un yo dividido. Hoy en día, la Tierra de la Oportunidad corre el riesgo de volverse la Tierra de la Otreidad. Con frecuencia se difieren los sueños. ¿Y qué le pasa a un sueño diferido?, preguntaba Langston Hughes en un poema. ¿ Se seca como una pasa bajo el sol? ¿O estalla? La otreidad es un cáncer sin cura redentora. En su libro *Orientalism*, donde chocan la antropología y la crítica literaria, el crítico postcolonial Edward W. Said señala que la idea europea sobre el Oriente tiene menos que ver con la geografía real que con Chateaubriand, Nerval, Ernest Renan y Edward William Lane, dedicados a darle forma a su mística, una otreidad de insuperable exotismo. Los otros son raros, aterradores, caprichosos, tontos, cómicos, anormales, irreales. Nosotros los latinos con frecuencia caemos en tales categorías. Como los hombres y las mujeres hacen su propia historia—lo que saben es lo que han hecho—la idea de cultura hispánica es hecha por seres humanos, cuidadosamente cortada a la medida para adecuarla a una serie de valores y hábitos que la civilización occidental ha llegado a considerar como típica de España y la América de habla española, portuguesa y francesa. Los Estados Unidos, miopes y carentes de discernimiento, han construido cuidadosamente un concepto cómodo de nosotros como de segunda clase: perezosos, desorganizados, sin inteligencia, inestables políticamente, rebeldes, tramposos. De manera similar, nosotros consideramos a los anglos fríos, indiferentes, metalizados. W. E. B. DuBois decía: "Entre el mundo y yo hay siempre una pregunta no formulada, no formulada por algunos debido a la sensibilidad [de] otros por la dificultad de encontrar las palabras correctas. ¿Qué se siente ser un problema? O mejor, ¿qué se siente ser ignorado?" Los gringos perciben y siempre han percibido a los latinos, en su eurocentrismo obsesivamente repetitivo, como vecinos inferiores, un huésped no grato, un bobalicón, raro y desagradable. Muchos al norte de la frontera todavía piensan de América Latina como una suma compuesta de repúblicas bananeras con funcionarios gubernamentales corruptos y un escenario exótico de drogas, prostitución y amor violento.

Dentro de los Estados Unidos la guerra cultural no conoce trincheras. Hace algún tiempo, caminando por el centro de la ciudad de Nueva York, un adolescente negro se me acercó y dijo: "¡Hola, Sr. Hombre Blanco! Usted es el diablo, ¿sabe?". Tratando de permanecer calmado, decidí que lo mejor que podía hacer era seguir caminando. Aunque mi agresor me seguía gritando, el incidente no se hizo violento. Sin embargo, fue algo que me molestó mucho. Obviamente, lo que incitó a este joven a agredirme en forma verbal tenía más que ver con el pasado del país, con la esclavitud, el racismo, la intolerancia y la opresión, que con nuestro presente mutuo. Después de todo, era la primera vez que accidentalmente nos veíamos él y yo. (Pero quizá él no estaría de acuerdo: el presente, alegaría—el suyo y el mío—es tan opresivo como cualquier pasado). En cualquier caso, solos en la oscuridad de la noche, nosotros nos habíamos convertido automáticamente en enemigos: mi blancura era su problema; su acti-

tud explosiva era el mío. En cuestión de segundos vimos cada
uno el odio en el rostro del otro. El odio, la malicia y la hostilidad.
Yo era su Otro y él era el mío. Y ser el Otro, todo mundo lo sabe,
equivale a ofender, a transgredir. "¡Hola, Sr. Hombre Blanco!" Al
diablo con e *pluribus unum*, pensé después. Latino, judío, ¿a
quién le importa? Yo era simplemente el Otro. Curiosamente,
juntos mi agresor y yo, un blanco y un latino, representamos una
amenaza para los Estados Unidos mayoritarios.

La utopía de Calibán: los Estados Unidos. ¿Cómo entender,
pues, el limbo, el encuentro entre los anglos y los hispánicos al
norte del Río Bravo, la mezcla entre George Washington y Simón
Bolívar? ¿Hasta qué punto es evidente en nuestro arte y nuestras
letras la batalla entre dos visiones del mundo conflictivas dentro
del corazón latino, una obsesionada con la satisfacción y la victoria inmediatas; la otra, lesionada por un pasado doloroso y no
resuelto? ¿Deben considerarse la oposición al movimiento *English Only*, el activismo chicano, la política de los exiliados cubanos, y el dilema existencial nuyorriqueño como manifestaciones
de una psiquis colectiva más o menos homogénea? Como espero
que esté claro ahora, los hispánicos, después de casi siglo y
medio de abundancia de historia, están todavía viajando de la
marginalidad a la aceptación en los Estados Unidos, de la oposición a la cultura mayoritaria a un lugar en el escenario central.
Está surgiendo una nueva conciencia, un nuevo latino. Alain
Locke, uno de los fundadores y defensores del renacimiento de
Harlem, publicó en 1925 una antología de obras actuales, *The
New Negro: An Interpretation*. Al lado de textos de los más destacados miembros del grupo, de Arthur Alfonso Schomburg y
Langston Hughes a Jean Toomer, Countee Cullen, Richard Wright
y Zora Neale Hurston, entre otros, el libro contiene una introducción de Locke en la que él destacaba enérgicamente las nuevas tendencias de la literatura negra: el descubrimiento de la
belleza por parte de los negros educados y urbanizados, el vigor

y la honradez de la vida en este extremadamente alienado barrio
de la Gran Manzana. Aunque Locke y sus colegas estaban a
alguna distancia de su propia gente, también se sentían fuertemente alienados de la sociedad estadounidense mayoritaria:
querían explayarse, ser escuchados y leídos en sus propias expresiones estéticas. Su visión colectiva, que es tan clara hoy como
era entonces, se enfrentaba al concepto que tenían de negritud
precursores como Lawrence Dunbar y Charles W. Chestnutt,
cuya obra, pensaban algunos, se ceñía a los cánones blancas. Un
fenómeno similar, más allá de los límites de la ciudad, se está
extendiendo actualmente en toda la cultura latina. Los magna-
tes de Hollywood andan a la caza de actores y comediantes latinos, como Magda Gómez, Luis Valdez, Andy García y Rosie
Pérez; y algunos, como Edward James Olmos, siguen combi-
nando el arte con el activismo. Linda Ronstadt, en su búsqueda
de su identidad ancestral mexicana, está poniendo nuevamente
en circulación canciones rancheras y corridos. Las melodías de
banda tex-mex son extremadamente populares en el suroeste, y
las telenovelas en español, filmadas en Miami se ven en todo el
planeta. Tales tendencias (la tendencia literaria es el mejor ejemplo) están forzando a las preocupaciones y obsesiones anticua-
das de los padres fundadores—José Antonio Villarreal, José
Yglesias y otros—a ceder su lugar a valores y voces más apropia-
das para los tiempos. En la actualidad, la transformación de la
cultura en los Estados Unidos, sin lugar a dudas, se consigue no
por medio de guerrillas, sino dentro del mercado. *¡Abajo la revolución! ¡Viva lo comercial!*

En 1993, junto con Harold Augenbraum, director de la Mer-
cantile Library de Nueva York, edité una antología, *Growing Up
Latino: Memoirs and Stories*, cuyo objetivo era conseguir lo que
Locke había logrado hace casi setenta años. La antología ofrece
una selección de la mejor ficción escrita por cubanos, dominicanos, puertorriqueños, mexicanos y otros subgrupos, y se inicia

con un prólogo que explica cómo lo nuevo está intentando reemplazar lo viejo: otro renacimiento de proporciones ideológicas y comerciales. El libro podría haberse titulado *The New Latino: An Interpretation*, salvo que, a diferencia de la obra de Locke, la nuestra era un despliegue de todo el espectro, lo de moda y lo establecido; una visión del crepúsculo y la aurora; un testimonio de la renovación. El sentimiento presente en cada página del libro es que lo que está en juego en la nueva conciencia latina, más que ninguna otra cosa, es la democratización, un viaje de las regiones de la agitación política y la corrupción a una tierra de libertad civil y respeto. "Sostenemos que estas verdades son evidentes por sí mismas", escribió Thomas Jefferson, "que todos los hombres son creados iguales; que están dotados por su Creador de ciertos derechos inalienables; que entre éstos están la vida, la libertad y la búsqueda de la felicidad". Para volver a la pregunta considerada antes en estas páginas: La vida en el limbo: ¿qué es lo que nosotros, como Latinos, queremos de los Estados Unidos, y qué es lo que los anglos esperan de nosotros? ¿Cómo encajamos en el sueño americano? En este capítulo, concluyo mi meditación mediante la confrontación directa de la cuestión de nuestra asimilación cultural.

Aquí resulta adecuada una comparación con la odisea artística literaria al sur del Río Bravo. Mientras los gobiernos dictatoriales dan traspiés al rechazar incorporar a todos en sus políticas, han aparecido en América Latina numerosas obras de notable calidad desde finales del siglo XVIII, oponiéndose con frecuencia el régimen que estaba en el poder, la mayoría de ellos con un sólo objetivo en la mente: la modernización, para traer a la sociedad hispánica a la mesa del banquete de la civilización occidental, para introducir e inscribir a las gentes a las tendencias y objetivos de la industrialización y la libertad colectiva. En forma similar a la función que desempeñaban las letras en Europa Oriental durante el período comunista, y aun antes, la literatura entre nosotros los hispánicos, en su encarnación de un espíritu subversivo, ha sido sinónimo de rebeldía: Ha denunciado, condenado, acusado y hasta amenazado. La ficción contra el dogma: Durante la época colonial, la Iglesia Católica, por ejemplo, pensando que la novela podía hacer creer a la gente en "lo irreal", la describía como "un objeto peligroso", "una invitación a la blasfemia", y así, prohibía su distribución. Gracias a Dios y a la dictadura, nada fue mejor que la censura para promover la literatura hispánica. La prohibición generó un enorme mercado negro. Los lectores iluminados importaban libros "ilegales" de Rousseau, Diderot y otros enciclopedistas franceses; Samuel Richardson, Henry Fielding y Lawrence Sterne, que en esa época circulaban subrepticiamente. La gente adquiría novelas ibéricas vulgares sólo para disfrutar el fruto prohibido y porque la ficción y la imaginación, sin importar el tiempo y el espacio, son componentes esenciales de la conducta humana. Sin ellas, sin sueños, la vida es igual que la muerte. A la censura, omnipresente en las sociedades hispánicas, siempre le sale el tiro por la culata. La literatura, al empujar la apertura de ventanas, la promoción del progreso y el debate, ha sido tradicionalmente considerada como la hermana de la política. Por esto, un mundo de ficción siempre se percibe como un artefacto estético de calibre ideológico peligroso.

No sorprende, por tanto, que cuando la novela hispanoamericana finalmente surgió como un género artístico durante el siglo XIX, los países donde primero apareció y se popularizó rápidamente fueron Argentina y México, después de lo cual siguió un largo período de silencio antes de que otras naciones despertaran a la misma fiebre literaria. La independencia con respecto al Viejo Mundo era un tema candente, y la literatura servía para promover el cambio. Un signo de la modernización de libre pensamiento, una lucha contra el oscurantismo colonial, la novela luchó por introducir ideas y tendencias estéticas euro-

peas, del naturalismo al regionalismo. Sin embargo, el puente
entre la literatura y el nacionalismo dependía de las circunstancias particulares. Fernández de Lizardi, por ejemplo, el primer novelista hispánico, cuyo libro *El periquillo sarniento*,
apareció en 1916 y se tradujo parcialmente al inglés más de un
siglo después, por Katherine Ann Porter, tenía poco que ver con
el movimiento nacionalista de México (que se desarrolló unos
cincuenta o sesenta años más tarde como plataforma para el
movimiento de independencia del padre Miguel Hidalgo y Costi-
lla). Fernández de Lizardi yuxtaponía temas políticos, económicos y sociológicos en su narración; pero nunca temas culturales,
simplemente porque no tenía quejas contra la cultura mexicana.
La intelectualidad anti-Rosas en el Río de la Plata, por otro lado,
especialmente el grupo al que pertenecía Esteban Echeverría,
autor de *El matadero*, creaba literatura puramente política. Y en
Cuba, la cultura se convirtió en el único motor de la literatura de
la nación, cuyas primeras novelas tenían una visión del mundo
fuertemente antiesclavista. La novela *Sab*, escrita en 1841 por
Gertrudis Gómez de Avellaneda, describe la naturaleza y las costumbres de su Cuba nativa y al mismo tiempo expone las trágicas consecuencias de la esclavitud. El libro apareció diez años
antes que *Uncle Tom's Cabin* de Harriet Beecher Stowe, y ciertamente no fue la primera de su clase en el Caribe.

Las viejas y sangrientas encrucijadas donde se encuentran la
literatura y la política constituyen un termómetro que mide la
libertad y el clima intelectual de América Latina. Anastasio
Somoza trató de borrar la poesía de Ernesto Cardenal de la faz
de Nicaragua; durante la dictadura de Augusto Pinochet en
Chile, se prohibieron las obras de Pablo Neruda, Ariel Dorfman e
Isabel Allende; los libros de Oswaldo Soriano, Manuel Puig, Julio
Cortázar y muchos otros inmigrados no se permitían en Argentina durante la llamada guerra sucia. Y cuando Castro llegó al
poder, a diferencia de lo que sucedía en la Unión Soviética y los

países del bloque oriental (con la probable excepción de Polonia), las novelas dejaron de producirse durante un par de años. Se puso a los escritores en una lista negra y no se publicaban sus obras. Comenzando en 1968, un comité especial del ejército, que era parte del Comintern, estaba a cargo de la cultura cubana, y empezaron a publicarse novelas carentes de originalidad y de interés, tales como *La última mujer y el próximo combate*, de Manuel Cofiño, que imitaba los patrones del "realismo socialista" soviético.

El realismo social debía oponerse a algo, y, en el caso de Cuba, ese algo eran las "fuerzas oscuras y retrógradas", personificadas por los santeros y otros tipos sociales tomados de la tradición vudú. Para hacer creíbles a sus personajes, Cofiño se refería a la santería, que estaba prohibida en ese tiempo por el régimen de Castro, describiendo a los *orishas* en términos negativos. Irónicamente, tales descripciones—no la narración en su totalidad—atraía a los lectores. E incluso cuando José Antonio Portuoso, un crítico marxista oportunista, declaraba en el prólogo de la novela de Cofiño que el libro era "la primera novela verdaderamente revolucionaria" que se escribiera bajo el régimen comunista. La gente realmente le ponía poca atención al héroe, un protagonista que acaba sacrificando su vida por el bien de la sociedad. El gobierno cubano se vio finalmente forzado a cambiar su política, creando el Ministerio de Cultura a finales de 1975, y bajo la jefatura de Armando Hart, un miembro de la vieja guardia casado con Haydée Santa María, se estableció una política de apertura limitada.

Tenemos el viejo hábito de percibir al escritor como vocero de las masas, un símbolo de la libertad de expresión. El cierre de diarios como *La Opinión* de Jacobo Timmerman en Buenos Aires, los ataques contra *La Prensa* y el asesinato de Pedro Joaquín Chamorro en Nicaragua y el encarcelamiento y muerte de muchos otros son intentos de suprimir la apertura y la independencia. Y con todo, la adulación de los escritores tiene al mismo tiempo un lado atractivo y un lado nocivo. Simplemente en virtud de su griterío, glorificamos ingenuamente a los que gritan. Vemos a los poetas y novelistas como políticos alternos, como si su fantasía fuera mucho más atractiva que la machacona realidad con la que lidiamos. Los modelos siempre están a la mano: las inclinaciones stalinistas de Neruda, el fascismo de Leopoldo Lugones, las opiniones derechistas de Jorge Luis Borges a pesar de sus fricciones con Juan Domingo Perón, y la larga amistad de Gabriel García Márquez con el tirano Castro. Al final, Carlos Fuentes, simpatizante de los oprimidos, y Julio Cortázar, a quien algunos de sus admiradores consideran ejemplar por su compromiso con las revoluciones cubana y sandinista, se representan sólo a sí mismos: son solamente intelectuales desorientados cuya política sólo sirve para entender sus propios dilemas.

El caso Heberto Padilla—que llegó al máximo en 1971 y que la víctima describe en su autobiografía *La mala memoria*, igual que lo hacen numerosos investigadores, novelistas y participantes en los sucesos—debe considerarse como un catalizador, como el nacimiento hacia los intelectuales en América Latina. Estaban en disputa la hipocresía, el nacionalismo, la traición y la función del arte y la literatura. Un ídolo favorito de los escritores del llamado Tercer Mundo, Fidel Castro, ayudado por *apparatchiks*, forzó a un célebre poeta y ex-diplomático disidente, después de sesiones de intimidación, a confesar públicamente crímenes que nunca había cometido. Hubo en seguida un clamor internacional. Incontables escritores y editores mundiales, desde Susan Sontag hasta el editor de *New York Review of Books*, Robert Silvers, finalmente forzaron al régimen comunista de Cuba a permitir el exilio de Padilla, primero a la Universidad de Princeton y luego a Miami. El acercamiento de Castro a la intelectualidad hispánica llegó a su fin. El *líder* atacó furiosamente a los escritores narrativos latinoamericanos de la década de 1960, con su acostumbrada retórica: "¿Por qué debemos elevar a la categoría de problemas de este país problemas que no son los problemas de este país? ¿Por qué, mis queridos caballeros liberales burgueses, no pueden ustedes sentir y tocar las opiniones expresadas por millones de estudiantes, millones de familias, millones de profesores y maestros, que saben demasiado bien cuáles son sus verdaderos y fundamentales problemas?" Después del acoso a Padilla, y con el final de la guerra fría, la equiparación de los intelectuales a la libertad intelectual y con la honradez tuvo que mirarse bajo una luz diferente. La crisis de la deuda de la década de 1980, trajo cambios en el clima cultural de la región que todavía no acaban. Más que nacionalizar enormes propiedades privadas y corporaciones, los dirigentes latinoamericanos contemporáneos, encabezados por el neoperonista Carlos Saúl Menem de Argentina y Carlos Salinas de Gortari de México, trataron de emular el modelo de Estados Unidos de economía de mercado libre. Simultáneamente, la Unión Soviética y el bloque comunista de la Europa Oriental se desmoronaron, y la Cuba de Castro perdió importancia estratégica e histórica. Abimael Guzmán, el líder de *Sendero Luminoso* de Perú, simbolizaba la ruta extrema de incorporar el sistema maoísta al medio inca, para seguir un patrón diferente que el de Fidel en el Caribe. Y el ejército zapatista de Chiapas peleaba una vez más por legitimar los derechos de la población india en el mundo hispánico. En resumen, la guerra fría que trajo el fin de una forma de utopía en América Latina—coloreada por grupos guerrilleros y terroristas, y por gobiernos que se inclinaban hacia la idea soviética estatista de política interna—retó a la intelectualidad a encontrar una nueva función en el sistema social.

La psiquis latina está impregnada de una falta de apertura, de disposición al debate, y de respeto a la opinión de otras personas. Nosotros los intelectuales y artistas latinos nos percibimos como los depositarios de antiguas imágenes, que deben prote-

gerse contra la extinción en un medio ajeno a nuestros ancestros, lingüística y culturalmente. Esta rivalidad, cuando se
observa desde la distancia, como dice Richard Rodríguez en
Days of Obligation, ofrece una visión penetrante de la manera en
que los latinos nos imaginamos a nosotros mismos en los Estados Unidos: América Latina se ve como dedicada a las verdades
eternas, al acto de recordar, a la continuidad por la tradición
oral; vemos a los anglos, por otro lado, como obsesionados por la
artificialidad y por lo efímero. Así, uno está encantado por el
pasado y el otro está encantado por el futuro; uno salvaguarda lo
pretérito, y el otro está constantemente reinventándose a sí
mismo. ¿Somos adecuados para la democracia? En general, ¿se
siente cómoda con la libertad la población hispánica de los Estados Unidos? Con frecuencia escucho quejas, en televisión y en
los medios impresos, de latinos que no votan en las elecciones
federales, estatales y locales. Se usan adjetivos como *apáticos,
antisociales* e incluso *apolíticos*. Pero ¿puede alguien a quien se
ha enseñado a nunca confiar en los políticos abusivos volverse
repentinamente un entusiasta de la democracia? ¿No se necesita
un nuevo conjunto de valores y creencias para reactivar una confianza que difícilmente existía en el lugar una vez llamado "mi
tierra"? ¿Y qué función están llamados a desempeñar los intelectuales y artistas latinos de cara a la comunidad?

Un paradigma del antihéroe en esta tradición es el escritor
Felipe Alfau, un misterioso español cuyo viaje creativo nos
fuerza indirectamente, como ningún otro, a encararnos a nuestros temores y creencias democráticas, políticas y raciales. Su
fama y actual posición como un ejemplar escritor español en
idioma inglés sin duda se han visto favorecidas por su vida de
más de setenta años en los Estados Unidos. Y sin embargo, hasta
el final, siguió siendo monarquista y veía la diversidad racial
como el cáncer que estaba devorando el corazón del sueño estadounidense. Como Richard Rodríguez, él está atrapado en la

contradicción de un sistema que aborrece del todo, del cual ha surgido con aplauso y reconocimiento. Es un anti-izquierdista revivificado gracias, por lo menos en parte, a un comentario de *Mary McCarthy* en *The Nation*. Es también un antisemita cuyo resurgimiento ha sido promovido por la crítica judía.

Nacido en Barcelona en 1902, Alfau fue hijo de un matrimonio itinerante con domicilios en la Península Ibérica, las Filipinas, la ciudad de Nueva York y más tarde México. Su padre, Antonio Alfau, un multifacético periodista de antecedentes humildes, naturalista, legislador y abogado penalista que murió cuando Felipe tenía 17 años, tenía entre sus ancestros a un vicepresidente de la República Dominicana en 1859, que peleó contra Haití, ayudó en la anexión de Santo Domingo y más tarde fue gobernador de Sevilla. La educación de Felipe lo haría volverse contra los hispánicos de origen humilde. La familia Alfau (se pueden encontrar raíces catalanas y árabes en el apellido) tenía fuertes lazos con los militares: el padre de Antonio y un par de hermanos de Felipe eran oficiales del ejército, y una vez hasta pelearon durante la Guerra Civil española, en los batallones de Franco (él fue secuestrado y fusilado por los republicanos en 1936). Eugenia Galván, la madre de Felipe, una burguesa estereotípica que pasaba largas horas leyendo novelas románticas y tocando el piano, provenía de una próspera familia que tenía propiedades en Santo Domingo. Entre los otros seis hijos del matrimonio estaban Jesusa, también escritora (publicó una novela, *Los débiles*, antes de cumplir los veinte años) que más tarde se casó con Antonio Solalinde, un famoso lingüista de Wisconsin, y Monserrat, que trabajó para la Editorial Porrúa de México.

El padre de Felipe, viajero apasionado, aparte de sus largas estadías en las Filipinas, se mudó a la República Dominicana alrededor de 1898 y a los Estados Unidos, donde fundó *Novedades*, un semanario en español para la creciente población latina, que en la época se componía principalmente de españoles y acaudalados ciudadanos de Sudamérica. Trajo consigo a la familia. Para entonces, Felipe había vivido en Cataluña, Madrid y Guernica, famosa por el trágico bombardeo alemán que inspiró a Pablo Picasso para pintar un fresco en blanco y negro sobre la muerte y la condición humana. Fue en Guernica donde el futuro escritor vio a su hermana mayor Pilar, a quien amaba, morir a la edad de 18 años de una extraña enfermedad. La muerte tuvo en él un tremendo impacto. En su memoria, regresaba una y otra vez a esa trágica imagen, e invocaba al espíritu de su hermana en su poesía y en su ficción.

Nunca fue un adalid de la asimilación ni de la democracia. Felipe Alfau debe considerarse el primer escritor latino que *conscientemente* eligió el idioma inglés y lo hizo por razones comerciales y artísticas de vanguardia. A edad temprana, decidió escribir en la lengua de Shakespeare porque el español le parecía provincial, bucólico, para sus innovadoras aspiraciones experimentales. Más tarde, la Guerra Civil española le dio un fondo político a su decisión: Quería huir de la ideología.

Al hablar de su transformación lingüística, viene a la memoria la figura de Alberto Gerchunoff, el abuelo de las letras judeolatinoamericanas. Antes de él, se pueden encontrar cuentos cortos, poemas, apuntes y crónicas sobre la vida de los inmigrantes escritos por los refugiados en ruso, polaco, hebreo, yiddish y, a veces, en un español rudimentario. Pero la prosa castellana hermosa y meticulosamente medida de Gerchunoff en *Los gauchos judíos*, traducida al inglés en 1955 por Prudencio de Pereda e influida por Cervantes, abrió el camino para que otros escritores eligieran el idioma nacional. En 1981, cuando el niño tenía siete años, el padre de Gerchunoff viajó de Rusia a las pampas, y la familia lo siguió. La agricultura y la ganadería fueron las ocupaciones a que se dedicaron estos antiguos habitantes del *shtetl*, y el trabajo duro fue su destino. Como lo expresaba en su autobiografía de 1914, *Entre Ríos, mi país*, publicada póstumamente en 1950, Gerchunoff admiraba la capacidad de trabajo de sus compatriotas argentinos. Su familia vivió primero en la colonia de Villa Moisés , pero cuando su padre fue brutalmente asesinado por un vaquero, se movieron a la colonia Rajil.

El translingualismo de Gerchunoff es tan admirable como el de Alfau. El idioma, después de todo, es el vehículo básico por el que cualquier recién llegado debe comenzar a adaptarse a un nuevo país. La mayoría de inmigrantes a América Latina improvisaban un español "de sobrevivencia" durante su primera década; pero en el caso de Gerchunoff, no solamente aprendió cuando era niño a hablar un perfecto español, sino alrededor de 1910, a la edad de 26 años, su prosa estaba imponiéndose como un modelo lingüistico y narrativo. Leyéndolo ahora, se puede descubrir en sus escritos formas estilísticas que sus seguidores desarrollaron posteriormente, entre ellos Borges. Simultáneamente, los breves apuntes biográficos de escritores como Sholem Aleichem, Miguel de Unamuno, James Joyce, Max Nordau e Isaac Loeb Peretz, que aparecieron en periódicos y revistas, y sus profundas y cuidadosas glosas de escritores británicos como G. K. Chesterton, H. G. Wells y Rudyard Kipling, influyeron a las generaciones artísticas futuras en el Río de la Plata. Aun cuando no pertenecía por completo al popular movimiento *modernista* que floreció a principios de siglo en América Latina, muchos recibieron con agrado sus escritos. Su objetivo político era ayudar a los judíos a hacerse argentinos, a ser como cualquier otro. A la muerte de Gerchunoff, después de unas dos docenas de libros e innumerables artículos, Borges lo alabó como "el escritor de *le mot juste*". Tal distinción, se debe añadir, rara vez se concede a un inmigrante.

El momento en que Gerchunoff comenzó a escribir en español, se hizo un mentor cultural y una brújula para los escritores judíos que le siguieron en Argentina. Al escribir en la lengua de Cervantes, se hizo parte de la cadena de las letras españolas y sudamericanas; dejó atrás al yiddish, el idioma de la mayoría de inmigrantes, después de que comenzó a publicar, cambiándolo por el español, un vehículo cosmopolita y secular. Mendele Mojer Sforim, el abuelo de la literatura en yiddish, encontró en este idioma el vehículo para comunicarse con su gente. Para Gerchunoff, el vehículo fue el español; los dos fueron igualmente célebres como voceros del alma colectiva. Se puede encontrar una lengua bucólica en los veintiséis cuentos reunidos por Gerchunoff en *Los gauchos judíos*, el libro al que debe su fama, un desfile de hombres y mujeres que hablaban español pero eran estereotípicos de la Europa Central que se adaptaban a la realidad lingüística y cultural del hemisferio meridional. Las narraciones autónomas que componen cada capítulo, algunas mejores que otras, recrean la vida, la tradición y el trabajo duro en este "nuevo *shtetl*" de este lado del Atlántico. El enfoque está en la relación entre judíos y gentiles, y la pasión de los inmigrantes judíos tanto por mantener su religión como por entender y asimilar los nuevos hábitos.

A diferencia de Gerchunoff, Alfau no marcó la pauta para futuras generaciones. Después de una acogedora recepción por parte de los críticos, su obra se perdió en el olvido hasta finales de la década de 1980, cuando una pequeña casa editorial de Illinois, Dalkey Archive Press, la revivió. Así, aunque hoy en día se le considera una piedra angular, un padre fundador conservador, y hasta reaccionario, de las letras latinas, fue un escritor sin lectores. Como Martín Ramírez, el pintor chicano esquizofrénico confinado en un hospital psiquiátrico durante casi toda su vida, Alfau es una personificación del artista latino rodeado de silencio y relegado al silencio.

La importancia de Alfau estriba precisamente en su oscuridad. Su odisea intelectual y existencial permanecieron en la sombra durante muchas décadas. Nadie sabía quién era, cuáles eran las motivaciones que había detrás de su obra, de quién había recibido influencia. Era desconocido y no leído: un fantasma. Y debido a esta ausencia, se ha vuelto un símbolo. Ahora que el clima cultural ha cambiado, averiguar más sobre él y entender su situación difícil se ha vuelto una especie de obligación. ¿Cuáles eran sus vínculos con la cultura ibérica? ¿Qué papel jugó su familia en su viaje por la literatura? Datos dispersos están comenzando a salir a la luz. Alfau no es el único vínculo ibérico en la progresión cultural latina. Otros españoles han escrito en los Estados Unidos: George Santayana, Juan Ramón Jiménez, Eduardo Mendoza y Federico García Lorca, quien estudio inglés en la Universidad de Columbia, donde escribió *Poeta en Nueva York*, un reverso del universalismo de Whitman sobre el individuo inmerso en una sociedad de masas.

Como la obra maestra de Henry Roth, *Call It Sleep*, la suerte de la obra de Alfau *Locos: A Comedy of Gestures* fue notablemente curiosa. Escrita en 1928, se publicó en 1936 por Farrar & Rinehart. Parte de una serie, "*Discoverers*", fue uno de esos proyectos editoriales fallidos que se venden sólo a subscriptores, que nunca llegó a las librerías y por lo tanto tuvo una venta marginal. Casi nadie lo leyó. Alfau acabó siendo un escritor sin lectores, sin seguidores. A pesar de su pesimismo y misantropía, Alfau siguió escribiendo para sí mismo y sus amigos. Terminó una segunda novela, *Chromos: A Parody*, durante la década de 1940; pero nuevamente, no pudo encontrar quien la publicara. La novelo quedó inédita durante cuarenta años, hasta 1990 cuando fue nominada para el Premio Nacional del Libro, junto con *Paraíso*, la primera novela de Elena Castedo. Alfau también escribió una colección de poemas mal escritos, *Sentimental Songs/La poesía cursi*, esta vez en español, que apareció en 1992. En su conjunto, su voz poética es muy suya: sarcástica, barroca y teatral. Los personajes y escenas que impregnan el libro se reconocen fácilmente: el científico despiadado y coleccionista de mariposas (a quien Alfau llamaba "el naturalista"), la juventud como un estado efímero de la felicidad, un tren como metáfora del paso del tiempo, el deseo del individuo de integrarse en el todo, y la muerte como un suceso irrevocable. Un par de poemas tienen temas explosivos, como el titulado "*Afro-Ideal Evocation*", una exhortación a los negros a regresar a África. Un segmento:

Negrito seudo urbano,
fatuo, cursi, aspirante.
Tu mano jamás sale del guante
y el bastón jamás deja tu mano.
Pero no obstante
¿no sientes a ratos
nostalgia?
¿Será que ya no quieres
que te sirvan, sumisas, tus mujeres,
el amor en sus labios como platos?

Olvidas en tu cosmopolitanismo
tus dominios salvajes;
tierras de fetichismo,
misterioso exorcismo,
que hacían pensar al hombre blanco en viajes.
Una catedral verde
donde el explorador entra y su alma pierde
en ritos que consagran la creación del vudú;
frustrado en sus afanes,
derrotado en su empeño
por el clima, el hechizo y la mosca del sueño
y por la algarabía de loros charlatanes
en mil lenguas bantú.
Donde se sintió aturdido
por el hondo, imperioso rugido,
del rey de la selva . . . y el rey, en verdad, eras tú.

La imagen y los sentimientos de Alfau, racistas, antinegros y no democráticos, son el resultado de la educación de su niñez. Se le enseñó que los africanos eran sucios y enfermizos, y que los blancos eran superiores porque la civilización occidental estaba construida sobre la sabiduría de los imperios griego y romano. Apoyaba a la tiranía más que a la democracia, pensando que es mejor ser gobernado por un hombre caprichoso que por uno maleable. La pureza de sangre y la pureza de espíritu eran, a sus ojos, fundamentales para mantener la continuidad social. Alfau creía que la ciudad de Nueva York, con su inmigración de caribeños subdesarrollados, se había vuelto "una selva violenta". Aunque su actitud es incuestionablemente extremista, denota valores y principios latentes dentro de la minoría latina. Aunque Alfau tenía amigos judíos, conservaba un grado de escepticismo. ¿Eran asesinos de Cristo?

Un paradigma, un antihéroe, Alfau nos hace confrontar nuestros temores psicológicos y nuestras creencias, empujándonos a entender que, en el fondo, los latinos no nos sentimos cómodos con el diálogo democrático: la democracia sigue siendo una posibilidad problemática y evasiva al sur del Río Bravo y en el Caribe. Los golpes de estado son siempre una amenaza, y la soberanía de la región está siempre en tela de juicio. Más que debatir opiniones, lamentamos la muerte de amigos valientes que mueren en el campo de batalla. Nos sentimos incómodos al sopesar ideas y reflexionar sobre su valor y repercusiones. Nuestros regímenes son con frecuencia intransigentes, dictatoriales, represivos y proclives a la tortura. Nos unimos al duelo de las Madres de la Plaza de Mayo y muchas otras madres que sufren por haber perdido a sus hijos, el *millón* de desaparecidos en una guerra civil perpetuamente sucia.

La explicación de esta falta de espíritu democrático se encuentra en nuestra historia cultural. Los hijos de los movimientos de contrarreforma, nunca tuvimos una era de iluminación. España y Portugal eran sociedades torpes y feudales cuando Colón llegó al Nuevo Mundo. Mientras otras naciones europeas—Inglaterra, Francia y Holanda—ya se estaban sumergiendo en la dinámica del capitalismo, el modelo retrógrado en la Península Ibérica era todavía *El príncipe*, de Maquiavelo. Cuando finalmente nos llegó el romanticismo al final del siglo XIX, en la forma de la poesía modernista, el resto de Europa y los Estados Unidos ya habían dejado atrás ese estado de ánimo. La revolución [de independencia] de los Estados Unidos y la revolución francesa fueron movimientos democráticos que respiraban el aire fresco de la justicia, libertad e igualdad. En sus agendas estaban el debate, el consenso popular y el diálogo colectivo. Por contraste, los hispánicos, siempre carentes de originalidad, imitaron los sistemas constitucionales, aunque no su fundamentación filosófica. Nuestro arte y nuestra ficción expresan una imagen liberadora que no concuerda con nuestra política. Octavio Paz, Ezequiel Martínez Estrada y Pedro Henríquez Ureña han afirmado que a los hispánicos les falta una tradición crítica sólida. Por lo tanto, no es sorprendente que al norte del Río Bravo comenzaran a escribir, a componer y a pintar, aunque todavía no a articular una visión del mundo coherente establecida por los críticos.

Sufrimos de una terrible ausencia de pensamiento crítico. Aunque nuestra ficción es auténticamente espectacular, nos ha faltado, desde 1848 en adelante, una contrapartida crítica que analizara minuciosamente nuestra ficción y reflexionara en ella. De hecho, pensando que criticar es acusar, atacar y denigrar, dejamos de reconocer la verdadera función de la crítica de arte y de literatura: crear un puente entre la sociedad y la cultura, reflexionar en las miríadas de canales de comunicación entre la gente y una obra de arte. Aunque numerosos estudiosos producen periódicamente artículos y libros publicados por editoriales universitarias, usan con frecuencia una jerga obtusa, casi impe-

netrable para el lector profano. ¿Dónde están nuestros Edmund
Wilsons? ¿Por qué no hemos conseguido desarrollar una estructura para nuestra cultura? La respuesta no puede ser nuestra
llegada reciente a la Tierra Prometida, sencillamente porque
muchos de entre nosotros han estado aquí desde antes del *Mayflower*. ¿Por qué demonios están escondidos nuestros inter-
mediarios culturales? ¿Nos falta una mente crítica? ¿Somos
demasiado condescendientes?

Abundan, por otro lado, los académicos latinos. Durante el
final de la década de 1960 y durante la década de 1970, al aumentar rápidamente la población latina y al inscribirse en cursos
especializados un gran número de estudiantes anglos interesa-
dos en descubrir el exotismo y la política de América Latina y en
aprender español, las preparatorias y las universidades en toda
la extensión de los Estados Unidos tuvieron urgente demanda de
profesores del idioma y la literatura con antecedentes bilingües.
El fenómeno coincidió con la aparición de una nueva novela latinoamericana, que comenzó a multiplicar sus traducciones y
captó la atención de millones. Pronto se aceleraron las ofertas de
nombramientos en las facultades, y los refugiados políticos e
inmigrantes caribeños, centroamericanos y sudamericanos rápidamente se convirtieron en una sólida fuerza de trabajo académico. Las ciudades universitarias en todos los Estados Unidos se
volvieron un seguro refugio para los marxistas y los trotskistas
durante la guerra fría. Los regímenes dictatoriales y la represión
política al sur de la frontera impulsaron a muchos hispánicos
educados a buscar refugio, primero en Europa (París, donde Julio
Cortázar escribió *Rayuela*, fue la capital intelectual de los latinoamericanos en la década de 1960) y, especialmente, en los Estados Unidos. Escritores, educadores y activistas encontraron
protección en universidades tradicionalmente liberales en toda
la nación, y sus políticos se vieron inmediatamente poseídos
de una contradicción evidente: mientras ellos estaban en sus

patrias, acusaban ruidosamente a los Estados Unidos de imperialismo en los periódicos y comentarios radiofónicos; pero en
sus nuevos hogares en los Estados Unidos, permanecían callados, mientras seguían peleando por la libertad en Argentina,
Perú y Chile: un despliegue de descaro, por no decir hipocresía y
mojigatería. Mario Vargas Llosa comentó en detalle la odisea de
un puñado de estos académicos emigrados—incluyendo a Julio
Ortega, un latinoamericanista de la Universidad de Brown y
Roberto Fernández Retamar, el crítico cubano leal al régimen de
Castro—en su memoria de 1973, *El pez en el agua*. Estos intelectuales se metamorfosearon en parásitos: como Martín Ramírez,
permanecieron silenciosos en su nuevo medio, aunque por
mediocridad y no como síntoma de enfermedad mental. Por lo
que a mí respecta, no hay nada malo en criticar a los Estados
Unidos, mientras la crítica sea productiva y dirigida al mejora-
miento colectivo. Pero atacar a quien nos alimenta, me parece
un claro signo de falsedad.

Por lo que respecta a nuestra propia experiencia tumultuosa
en la universidad, se remonta al movimiento chicano. El primer
programa de estudios mexicano-estadounidenses comenzó en la
Universidad de California en Los Angeles, en 1968. Otros tuvieron lugar un año después en otras partes del estado, así como en
Arizona, Colorado, Nuevo México, Texas, el medio oeste, y el noroeste Pacífico; pero sólo como resultado del surgimiento del multiculturalismo en la década de 1980, adquirieron conciencia de
minoría global los estudiantes, chicanos, cubano-estadouniden-
ses, puertorriqueños continentales y otros hispánicos, alrededor
del 12% en universidades privadas. Por lo general, es un proceso
engañoso iniciado por una carta esperada con ansias en el
buzón: "Me agrada informarle que el Comité de Admisiones y
Ayuda Financiera ha votado en favor de admitir a usted a la clase
de 1999". Repentinamente, el sueño estadounidense ha abierto
sus puertas: ¡Bienvenido al futuro! ¡Adiós a la vida de barrio tipo

ghetto! Pero las cosas nunca son así de sencillas. Los colegios privados cortejan a los pocos selectos—los brillantes, los atléticos, los que tienen talento artístico, y los que tienen capacidad de liderazgo—como si fueran joyas preciosas. La familia del joven se extasía con la noticia. La pobreza, creen los padres, será cosa del pasado; felizmente, se ha demostrado que el tráfico de drogas no es la única ruta hacia la fortuna. Siguen las llamadas telefónicas: "Sólo queríamos estar seguros de que llegó la carta. . ."; "Garantizamos ayuda financiera, además de un trabajo parcial en la universidad, acceso al profesorado, actividades multiculturales"; "¿Ya tomó usted su decisión?". Aunque son miles los que han hecho su solicitud, el cortejo de las promesas es sólo para un minúsculo porcentaje. La presión para obtener la excelencia es tremenda: Los elegidos para entrar a la Tierra Prometida se vuelven héroes precoces, modelos de conducta a quienes les falta la libertad de espíritu que se necesita para experimentar y para descubrir el alcance de su intelecto. Sus compañeros de barrio, menos motivados para el triunfo, quedan olvidados entre la criminalidad y el desempleo. Y con todo, para esos pocos privilegiados, la emoción pronto se vuelve decepción. Después de las primeras pocas semanas, la vida universitaria se vuelve insoportable. Los estudiantes latinos se dan cuenta de que sólo son símbolos. La institución no está suficientemente preparada para hacerlos socios cabales, y es incapaz de satisfacer sus necesidades. No se cumplen las promesas.

¿Por qué es la educación superior una experiencia tan decepcionante para nosotros hoy en día, especialmente en universidades privadas? La identidad dual todavía no tiene suficiente repercusión en la universidad. El espíritu combativo de la década de 1960 todavía está vivo, pero no han tenido lugar suficientes cambios. ¿Es accesible el sueño estadounidense sólo cuando se reniega del propio pasado? Aquí se ve de nuevo cómo se empuja a los jóvenes hacia los márgenes, haciendo de la depresión la marca distintiva de su camino del barrio a las aulas. El error está en una falta de interés genuino de las instituciones mismas. El eurocentrismo de este país excluye a España y a Portugal como pilares de la civilización occidental y, así, la atención que se da en la universidad a América Latina y al Caribe—un paisaje de repúblicas bananeras—se colorea con paternalismo y con un sentido de lo exótico y raro. Las protestas de los estudiantes chicanos en la Universidad de California de Los Angeles y la Universidad de Cornell, con ecos evidentes de los movimientos por los derechos civiles, son una señal más de la urgente necesidad de cambiar.

Por otro lado, las escuelas públicas, económicamente accesibles desde el final de la Segunda Guerra Mundial a las familias de clase media y media baja, han tenido una política más abierta de admisión que ha acogido a los estudiantes pertenecientes a minorías. Por consecuencia, muchos latinos han ingresado en estas escuelas. Dada su historia colectiva y el choque cultural que experimentan al sumergirse intelectualmente en temas históricos y sociológicos, estos jóvenes, hombres y mujeres, con frecuencia adquieren una agudeza militante, que los empuja a luchar por una mayor apertura y aceptación de las cosas hispánicas en la universidad. Pero la realidad en las escuelas privadas de licenciatura es bastante diferente. A menos que el estudiante consiga algún tipo de ayuda financiera, las colegiaturas astronómicamente altas hacen prohibitivo que las familias de ingreso medio o más bajo envíen a sus hijos adolescentes a instituciones privadas, con frecuencia a pesar de ser prometedores por sus logros académicos. Y si algunos consiguen la admisión, se les hace sentir rechazados por un medio que ignora sus necesidades y sueños. Esto, por supuesto, vale para todos los grupos étnicos. Puede aplicarse la misma crítica a la recepción acordada a otros grupos minoritarios en las universidades, desde la forma en que se trataba a los estudiantes judíos en las décadas de 1940 y 1950 hasta la forma en que se miraba a los asiáticos de la década de 1970 en adelante. La puerta del *American Dream* no se abre pronunciando el "ábrete, sésamo!". La edad del multiculturalismo ha invitado a cada grupo al banquete de la civilización estadounidense, y es en las universidades privadas donde deben manifestarse en forma pronta y sólida los signos de dicha invitación.

Las universidades principales, debido a una mezcla de sentimiento de culpa y curiosidad genuina, han invertido sumas considerables en sus Departamentos de Estudios Negros, y se ha convertido en ídolos a personajes como Henry Louis Gates Jr. y Cornel West. Las subvenciones otorgadas a los programas latinos, por otro lado, se aplican en su mayor parte al estudio de poetas ibéricos olvidados y a movimientos revolucionarios del siglo XIX al sur del Río Bravo que han tenido poco impacto sobre los latinos de los Estados Unidos. Los catedráticos hispánicos con frecuencia hablan mal inglés y no tienen paciencia, por ejemplo, para con los dominicanos del Harlem hispánico, o los cubanos de la Pequeña Habana. Cuando hacía mi postgrado en la Universidad de Columbia, de 1987 a 1990, no se ofrecía un solo curso sobre los puertorriqueños del continente, aunque la escuela, en la calle 116 y Broadway, en Nueva York, está rodeada por millones de puertorriqueños que hablan español: evidencia de la institución académica como torre de marfil, despreocupada de los asuntos mundanos. Aunque la sociedad ya está aceptando a los latinos como una importante fuerza económica y política, las universidades privadas vacilan. Lo que se necesita es establecer nuevos programas enfocados a los latinos y a la diversificación de los miembros de las facultades. No es suficiente seguir impartiendo cursos ibéricos y latinoamericanos cuando los estudiantes están exigiendo un despertar y una emancipación en lo étnico y lo cultural, con una nueva identidad colectiva, forjada en este lado de la frontera. Es más, los cursos sobre lo latino no pueden ser parte de los estudios étnicos, sencillamente porque los latinos no son un grupo étnico, sino una suma de ascendencias multirraciales y multiculturales. Por tanto, dichos cursos necesitan analizar nuestro pasado de dos facetas: Emerson y Borges. Ya basta de ambigüedad. Al dejar de prestar atención a la singularidad de los latinos, las universidades están engañando a toda la nación. La odisea de los estudiantes latinos desde los márgenes de la sociedad hasta el escenario central está llena de miedo, desilusión y pérdidas: pérdida de raíces, pérdida de identidad, perdida de confianza en sí mismo. Mientras un gran número de estudiantes ansiosos de educarse pero carentes de los medios económicos para ingresar una costosa institución privada, se inscriben en las universidades públicas y comunitarias, las escuelas privadas, forzadas por los programas de acción afirmativa, han aceptado una minúscula élite y con frecuencia rechazan candidatos extraordinarios porque los cupos para minorías se llenan rápidamente. Son esenciales una revisión de programas y una reevaluación de nuestros objetivos nacionales, junto con una renovación del profesorado, que se considera, por lo menos por parte de los estudiantes, fuera de la realidad social, lingüística y étnica de la nación.

Como lo ilustran Richard Rodríguez y Rubén Navarrette Jr., la problemática relación entre el barrio y la universidad, la manera en que la educación se vuelve un viaje por un camino cortado a tajo, que aunque está lejos de ser exclusivo para los hispánicos, es, sin embargo, doloroso. ¿Se siguen sintiendo en casa el estudiante latino una vez que obtiene un grado? ¿Qué hay sobre nuestros más populares escritores e intelectuales, desde Julia Álvarez hasta Roberto G. Fernández, que dependen de una institución educativa para ganarse la vida, lo cual genera una literatura libresca invadida por una jerga rebuscada, egotista, que necesita que el lector tenga por lo menos un pequeño grado de familiaridad con lo estético para entenderla? Al escribir sobre los nuyorriqueños, por ejemplo, he sido atacado por no retener una identidad personal de origen, por ser judío y no católico, y por crear un abismo entre el barrio y la vida intelectual, un dilema usual entre los escritores étnicos de los Estados Unidos. Los lectores del este de Los Angeles, la Pequeña Habana y el Harlem hispánico sienten frecuentemente repulsión por el arte erudito creado por artesanos refinados y tramposos, y prefieren satisfacer su necesidad de entretenimiento interminable mediante las tiras cómicas en español, fotonovelas y telenovelas hechas al sur de la frontera. Esa discrepancia entre la élite intelectual y sus lectores se mide en términos económicos. Mientras a Tomás Rivera y a Luis J. Rodríguez se les considera como voces rurales y de *ghetto*, los escritores latinos contemporáneos provienen en su mayoría de familias de clase media y media baja. Los modelos bohemios del sur de la frontera se vuelven atractivos en un peregrinaje a través de la ambigüedad hacia la asimilación total y la fama. Una vez que se ha conseguido una posición estable mediante la educación y el trabajo intenso, surge un sentimiento de ser extranjero en los medios de origen, y comienza una lucha para retener una voz auténtica, que hable de los orígenes del escritor y pueda dirigirse a ellos.

Hasta finales de la década de 1980, los escritores latinos de habla inglesa habían recibido poca atención de la sociedad mayoritaria. Una vez más, debe invocarse la imagen del pintor chicano Martín Ramírez, forzado al silencio, un fantasma que permanece en la periferia de la cultura. Una plétora de narraciones autobiográficas y ficticias, cortas y largas, presentaban al grupo minoritario como compuesto de ciudadanos rurales, pobres, explotados y rechazados, forzados a emigrar a las urbes. Más tarde vino un arte más urbano, más humorístico y ligero, dedicado a representar a esa minoría como alienada y *ghettificada*. Las décadas de 1960 y 1970, calladamente creativas, también fueron décadas de lento fortalecimiento, activismo y conciencia social, la expedición de las comunidades latinas de los márgenes de la sociedad al centro. Aunque la música de latinos, como los ritmos caribes y el arte pictórico ya habían establecido su reputación, la literatura tuvo que esperar un poco más. Aunque los sonidos naturales y las vistas naturales son idiomas universales, la poesía y la ficción están restringidas geográficamente a una zona lingüística; es decir, tenía que surgir una generación de personas de habla inglesa perfectamente fluida para que hubiera novelas sólidas que penetraran en el torrente mayoritario. Nuestro público estaba reducido a profesores y estudiantes universitarios. Estas obras casi nunca encendían un debate global, ni entraban en el programa central de estudios, ni atraían más que a unos pocos iniciados. Puedo pensar en unas pocas excepciones a la regla: Miguel Piñero y Piri Thomas, por ejemplo, simplemente porque su arte, extremadamente accesible, a pesar de su mérito estético, se consideraba como expresión de una cultura de droga y crimen. Se puede ciertamente hablar acerca de una especie de censura de estas obras basada en su distribución limitada. Muchos escritores dependen de editoras pequeñas, independientes, con frecuencia académicas, cuyos tirajes algunas veces llegan a poco más de mil copias; casas dedicadas a publicar obras de escritores de minorías, como la *Bilingual Press*, de la Universidad del Estado de Arizona, dirigida por Gary Keller, apodado "El Huitlacoche", quien es también cuentista, y *Arte Público*, en la Universidad de Houston, bajo el tutelaje de Nicolás Kanellos, académico de origen puertorriqueño que merece reconocimiento por ayudar a conformar la literatura latina. Desde su creación en 1980, *Arte Público*, aunque promueve un catálogo notablemente desequilibrado que da preferencia a la calidad sobre la cantidad, sacrificando con frecuencia la excelencia en la búsqueda de una representación política justa y franca, ha puesto en el mapa nombres como el de Rolando Hinojosa-Smith, un maestro faulkneriano autor de la *Klail City Saga*.

Felizmente, a la década de 1990 le tocó presenciar el naci-

miento de un auge de la literatura narrativa que promete volver
las cosas de cabeza. Después de las voces dispersas y algo tími-
das que florecieron durante la era de la guerra de Vietnam y después, una refrescante tendencia está ahora consolidando la
tradición y revolucionando la posición de las letras hispánicas
en inglés, renovando el enfoque de los que llegaron antes. Los
personajes se ven a sí mismos como ciudadanos exóticos orgullosos de su vida marginal: egos divididos. La división entre lo
nuevo y lo viejo, los ancestros y el grupo de renacimiento, es una
respuesta, por lo menos en parte, a dos situaciones ampliamente
difundidas: un número creciente de lectores anglos ávidos de
saber más acerca de los latinos, "los extranjeros de al lado", y un
mayor nivel de alfabetismo dentro de este grupo étnico. Sin
embargo, sigue en pie la pregunta: ¿Hay algo que pueda considerarse un público de lectores hispánicos entre nosotros? De
entrada, esta pregunta puede sonar absurda. Después de todo,
hay numerosas traducciones del *Quijote* disponibles en ediciones económicas, y frecuentemente se utilizan en cursos universitarios; *Cien años de soledad* ha sido un éxito de librería desde su
primera edición en los Estados Unidos en 1970, maravillosa-
mente traducida por Gregory Rabassa; Laura Esquivel, una escritora mexicana de prestigio, autora de *Como agua para chocolate*,
tiene un amplio público en los Estados Unidos; y Jorge Luis Borges, un magistral escritor argentino e indiscutiblemente uno de
los mejores escritores del siglo XX, sigue siendo un favorito entre
los estudiantes bibliófilos, entre los intelectuales eruditos y entre
los minimalistas como Robert Coover y John Barth. (Hay, por
otro lado, literatos españoles contemporáneos, como Camilo
José Cela, ganador del Premio Nobel, que son más bien desconocidos). La pregunta aquí no es *quién* lee a los escritores hispánicos, ya que después de décadas de menosprecio, los libros del sur
de la frontera han logrado finalmente entrar a la escena mundial.
Ya somos, de una vez por todas, contemporáneos del resto del

mundo, por lo menos artísticamente hablando. La pregunta, más bien, tiene que ver con lo que W. H. Auden llamó una vez "bibliofilismo". El mero hecho de que los principales editores han aceptado, con avidez y grandes presupuestos de publicidad, las novelas y las colecciones de cuentos de nuevos escritores latinos es una indicación de que si esta minoría frecuentemente devaluada está produciendo poetas y estilistas de prosa de tan fina calidad, algo esta funcionando en la forma en que se está alentando a los jóvenes hispánicos a amar la literatura. La educación, según parece, está promoviendo la democracia. Sin embargo, ¿son los escritos de Oscar Hijuelos y sus colegas realmente dirigidos a un público latino? ¿o tiene en mente un público anglo? ¿Estamos leyendo a nuestros propios escritores? ¿Es que siempre seremos tremendos danzantes y mejores músicos, pero malos lectores? ¿Participa toda la comunidad latina en el peregrinaje de la periferia a la cultura mayoritaria? ¿No se está dejando a muchos atrás?

Permítaseme regresar a los temas de la modernidad y la cultura en América Latina, especialmente en Cuba. Al final del siglo XVIII, la Sociedad Patriótica de Cuba estaba dedicada a educar a la gente. Personajes como José de la Luz y Caballero, un importante político, dedicaban su energía a ese empeño. Aunque muchos se dedican a ofrecer una imagen diferente, la verdad es que Cuba estuvo siempre a la vanguardia de la tecnología y de los asuntos intelectuales. Cuba fue la segunda en América Latina en construir un sistema de ferrocarriles, en aumentar la producción de azúcar y en unificar la nación, incluso antes que España. Y Cuba tuvo pronto sistemas telegráficos y telefónicos. La isla era una colonia rica, y la clase alta siempre se mantenía en contacto con los descubrimientos tecnológicos recientes y con los avances científicos de otras partes del mundo. El teléfono automático, por ejemplo, existía en Cuba antes de que apareciera en los Estados Unidos y en muchos otros países, en Europa y en el resto de América Latina. El dinero y la economía de las plantaciones habían forzado a los cubanos a importar tecnología desde el principio. En la década de 1830, por ejemplo, ya se podía comer helado en la isla. Se puede ver, en la *Old State House* de Boston, una fotografía en la que gente de Massachusetts estaba enviando enormes cubos de hielo a la isla en ese tiempo. Todo esto presupone un sistema educativo, por lo menos entre la aristocracia, que enviaba a sus hijos a estudiar a los Estados Unidos, Francia e Inglaterra, una acción que los hacía mantenerse en contacto con las sociedades avanzadas.

La cultura en Cuba siempre fue esencial: Muy pronto hubo orquestas, sociedades fílmicas, institutos de educación superior. Lo que la revolución de Fidel Castro hizo fue continuar esta tradición. Bajo el régimen comunista, se leía mucho más que lo que se leía, por ejemplo, en España, un país europeo con fuerte infraestructura editorial. Incluso sin la tradición de buenas bibliotecas, librerías y casas editoriales, el público lector siempre fue grande. Un pequeño libro de ficción tenía una primera edición de 10,000 copias. Los editores alentaban también a los lectores a enviar sus comentarios, positivos o no; se pueden encontrar estas notas en el reverso de cada libro publicado en la isla desde la década de 1960. Cuando la Imprenta Nacional, dirigida por el estado, fundada por Alejo Carpentier, sacó su primer título, *Don Quijote*, el tiraje fue de 100,000 copias. Y ¿por qué la gente lee tanto? No se puede alegar que fue la revolución comunista la que cambió los hábitos de lectura porque, después de todo, la Imprenta Nacional de Carpentier apareció poco después de que Castro tomó el poder, lo que significa que la gente ya estaba acostumbrada a leer libros. Obviamente, después de la revolución, la ambiciosa campaña para alfabetizar a toda la población, la obligación legal de terminar la escuela primaria, y la presión para seguir estudiando sin importar la edad, aumentó la necesidad de leer. Aunque el contenido de tales lecturas sea debatible, el régimen de Castro mejoró sin duda los hábitos de lectura de la gente de la isla. Su logro es único dentro de la antigua preocupación por educar a las masas hispánicas al sur del Río Bravo. Desde la revolución francesa hasta la revolución soviética, han fracasado todos los intentos de usar los libros para educar a las masas. La literatura es buena sólo para su propio nivel estético. Los lectores profanos en Buenos Aires y en otras partes del mundo de habla hispana desprecian la obra de Borges como pretenciosa e impenetrable. Y en México, desde José Joaquín Fernández de Lizardi a Ángeles Mastretta, la cultura selecta se produce y se consume por un pequeño grupo de gente educada, menos del uno por ciento de la población total. A pesar de los esfuerzos de editoriales como el Fondo de Cultura Económica de ofrecer libros a precios accesibles y en grandes cantidades, a pesar del sueño de José Vasconcelos de educar las masas, de crear la *raza de bronce*, la inmensa mayoría no participa y probablemente nunca participe en el desarrollo de la literatura nacional. Un típico *best-seller* entre nosotros difícilmente venderá más de 30,000 ejemplares. Sin importar la calidad, solamente un minúsculo número de hispánicos leen libros, y estos lectores con frecuencia tratan de ignorar los temas pero siguen leales al arte.

Mientras la vieja guardia latina vivía en forma anónima, nosotros, los miembros de una generación más nueva, nos desarrollamos en giras de libros, conferencias y el bombo de los medios. Antes de que la novela *Waiting to Exhale*, de Terry McMillan, saliera en 1992, se planteó una pregunta similar sobre los negros. ¿Hay algo que se pueda llamar un lector negro?, se preguntaban los críticos. Hubo un acuerdo tácito en el sentido de que Maya Angelou, Toni Morrison y Alice Walker, aunque atraían una pequeña porción de lectores étnicos, se vendían principalmente a un público educado mayoritariamente blanco. McMillan, por supuesto, ha llegado a simbolizar una clase media negra en ascenso, ávida de leer novelas "para las masas" sobre sus angustias y esperanzas cotidianas.

Consecuentemente, la pregunta actual sobre los hispánicos puede sugerir también que algo esencial está cambiando en la textura de la comunidad latina. Detrás de la imagen tan difundida de la miseria, las drogas y la violencia, está teniendo lugar, sin duda, una movilidad hacia arriba. Ha habido mejoras en el ingreso familiar, la educación y el empleo, de una generación a la siguiente. Al menos por el momento, el público que lee *Dreaming in Cuba* de Cristina García y *Rain of Gold* de Víctor Villaseñor puede parecer que es principalmente no hispánico, un público blanco, genuinamente democrático, listo para dar una voz al silencio; pero también está activa un apasionado público latino de clase media, oculto en la sombra. Los más grande *best-sellers* latinos son *Hunger of Memory* de Richard Rodríguez; *Bless Me, Última* de Rudolfo Anaya, que alrededor de 1993, más de dos décadas después de la publicación, había vendido más de 300,000 ejemplares en rústica desde su publicación original de 1972; *The Mambo Kings Play Songs of Love* de Oscar Hijuelos, que vendió más de 220,000 ejemplares en rústica después de recibir el premio Pulitzer; y *Woman Hollering Creek* de Sandra Cisneros, que recibió una extraordinaria recepción crítica y comercial en 1991 y vendió más copias que el libro de Hijuelos en un poco más de doce meses. Después de décadas de silencio, Oscar "Zeta" Acosta, Ron Arias, José Antonio Villarreal y otros han sido reeditados por editores importantes. Sus cuentos son sobre discriminación, drogadicción y las dificultades económicas que lentamente llegan al núcleo del sueño estadounidense. Los críticos conservadores se refieren a este libro como productos para "lectores cautivos": historias de miserias elegantemente empacadas para los multiculturalistas; es decir, alegan que estos libros se concibieron y hasta se diseñaron para no latinos. Quizá estos críticos tienen razón, aunque los estudiantes latinos, cuando se

les pide leerlos en cursos universitarios especialmente diseñados, los ven como una ruda experiencia de despertar: una inspiración. Es verdad que los estudiantes con frecuencia necesitan un
maestro, un mentor, para traerlos a esta fiesta que es la literatura
de los escritores latinos, sencillamente porque, como ciudadanos
de una minoría, han sido alienados de la cultura mayoritaria. En
cualquier caso, esta nueva generación, ya inspirada, está felizmente aspirando a metas superiores y preparándose intelectualmente en formas que fácilmente sobrepasan a las de sus padres,
lo que significa que se está formando un público lector más
grande.

La suposición de un público lector latino "ausente" se basa
en la creencia de que la población latina es principalmente joven,
pobre y no educada, lo cual es una distorsión, por supuesto. Aunque la edad promedio de los no latinos en este país es de 33 años,
la edad promedio de los cubanoestadounidenses (un poco más
de 1 millón) es de 39 años, la de los puertorriqueños (2.2 millones) es de 27 años, y la de los mexicanoestadounidenses (más de
13.3 millones) es de 24 años. En términos de escolaridad, mientras el número medio de años de escuela es 12.7 para los no hispánicos, es de 10.8 para los mexicanoestadounidenses, 12 para
los puertorriqueños, y 12.4 para los cubanoestadounidenses.
Cerca de 10 por ciento de los mexicanoestadounidenses de origen nativo, 14 por ciento de los puertorriqueños continentales, y
26 por ciento de los cubanoestadounidenses de origen nativo,
tienen educación más alta que *high school*. Aunque los ingresos
de un gran número de latinos están tristemente por debajo del
nivel de miseria, como lo han señalado Richard Rodríguez, Earl
Shorris y Linda Chávez, está surgiendo otro importante segmento como recién llegados a la clase media. Comen, duermen,
ejercen la sexualidad, bailan, votan y leen libros. Sin duda, más y
más leen libros escritos por sus propios hijos nativos.

De modo que ¿hay algo que se pueda considerar un público

lector latino? Ciertamente, el desafío para los escritores y editores es encontrarlo. El fenómeno del lector cautivo prueba que poco después de que los anglos convierten en *best-seller* a un libro en inglés, los latinos de clase media, no necesariamente universitarios, responden aclamando plenamente a uno de sus autores, que se convertirá en *best-seller* más allá de las fronteras étnicas. En el futuro cercano, estoy seguro, habrá un Terry McMillan latino. Este desarrollo, aunque no sea una promesa para la gran literatura, será por lo menos prueba indiscutible de la existencia de ese evasivo fantasma, el lector hispánico, interesado en *Don Quijote* pero también, y principalmente, en la imaginación de una de las nuevas voces. No olvidemos que, poco después de que Langston Hughes, cuya poesía fue "descubierta" por Vachel Lindsay, participó en el renacimiento de Harlem, viajó por el Caribe y Sudamérica (Arnold Rampersand, en una extraordinaria biografía, analiza los lazos de Hughes con la cultura hispánica) y siguió escribiendo una extraordinaria producción literaria que incluye títulos como *One-Way Ticket* y *The Ways of White Folks*. Y lo mismo se puede decir de Richard Wright y Zora Neale Hurston. Muchos años después, James Baldwin, Alice Walker, Toni Morrison y otros veían a estos escritores como sus mentores: un equipo heroico que abrió la puerta al nuevo comienzo. El nuevo latino promete producir un anaquel de clásicos; libros que se convertirán en tesoros nacionales y, al mismo tiempo, reevaluar la antigua tradición de la literatura latina.

Lo cual me lleva, una vez más, al tema de la democracia. La cultura latina es una lente a través de la cual se deben aquilatar las tribulaciones y contradicciones de nuestro largo viaje de América Latina y el Caribe. Llegamos con un bagaje de arquetipos, una difícil visión de nuestro pasado colectivo, y un sentido esperanzado del futuro. Para volvernos ciudadanos cabales de los Estados Unidos, necesitamos algo más que un pasaporte;

necesitamos reinventarnos, reescribir nuestra historia, reformular las sendas de nuestra imaginación. Nuestra reescritura, sin embargo, implicará un nuevo enfoque del pasado nacional en su totalidad. "Todas las otras naciones habían nacido entre gentes cuyas familias habían vivido durante tiempo inmemorial en la misma tierra donde habían nacido", escribió Theodore H. White, poco antes de su muerte, acaecida en 1986. "Los ingleses son ingleses, los franceses son franceses, los chinos son chinos, mientras sus gobiernos llegan y se van; sus estados nacionales se pueden despedazar y rehacer sin perder su condición de nación. Pero los estadounidenses son una nación que nació de una idea; no el lugar, sino la idea, [fue la que] creó al gobierno de los Estados Unidos" Más que desear solamente una porción de la idea estadounidense, queremos revolucionar el metabolismo total del país. No es que nuestro objetivo sea desmantelar la democracia; le tenemos un cariño profundo a su dulzor, y nos gustaría unir esfuerzos con los anglos para hacer de esta nación una verdadera democracia en la que cada uno esté incluido. Después de todo, nosotros, cientos de miles de Martín Ramírez, emigramos al norte en búsqueda de la libertad. Libertad con L mayúscula: Libertad e igualdad, libertad y justicia, libertad y felicidad. No deseamos escindir a los Estados Unidos, sino reacomodar sus fronteras culturales. Por lo tanto, nuestra educación se integrará a un costo: Lo que verdaderamente deseamos es pleno crédito para el pasado hispánico, que los angloamericanos rara vez evocan en sus clases de historia. Queremos que los Estados Unidos se vuelvan una rama de América Latina, y viceversa, una aldea continental abiertamente consciente de su condición hispánica, en la que *yo es you y tú es I*.

Carta a mi hijo

ADORADO MÍO:

Tuve una vez un sueño en el que se me daba un ejemplar de una obra desconocida de análisis cultural, *Caliban's Utopia: or, Barbarism Reconsidered*. Cuando desperté, estaba junto a mí. Lo abrí cuidadosamente y, con bastante sobresalto, me di cuenta de que sus páginas estaban totalmente en blanco. Un momento después, el volumen desapareció mágicamente: se esfumó por las rendijas de la realidad. Nunca lo volví a encontrar. He tratado en vano de invocar su contenido, que en su mayor parte—he llegado a creer—trataba de *América*, la palabra, la idea, la realidad. ¡Búscalo! En algún momento de tu vida, prometedoramente joven, puedes ser el afortunado que ponga sus dedos en él. Mientras tanto, me gustaría hablarte hoy acerca del exilio, del idioma, de la democracia, y de lo que significa para mí ser ciudadano de los Estados Unidos, mi país de adopción.

Comenzaré evocando a un elocuente, aunque desordenado, escritor: James Baldwin, un estadounidense en el sentido más estricto de la palabra, cuya obra leo con frecuencia mientras tú duermes. Exiliado como escritor negro en Europa y en Istanbul, donde pasó cuarenta y tantos años de su vida, frecuentemente hablaba acerca de su difícil situación y los apuros que pasaba para zanjar sus diferencias con los Estados Unidos: el color de su piel se interponía entre lo que él era y lo que la sociedad quería que fuese. Nacido y educado en Harlem, Baldwin se fue de casa porque, según lo expresaba, dudaba de su "capacidad de sobrevivir ante la furia del problema del color". Y escogió a Europa, donde la barrera estaba bajada, porque "nada es más deseable que verse aliviado de una tribulación". Como ensayista y novelista, deseaba plasmar a los negros, su gente, con su riqueza y diversidad, y—descontento con el "arte de protesta" que Ralph Ellison y otros precursores habían creado—Baldwin quería mostrar, como decía Irving Howe, a su propia gente como una cultura viviente de hombres y mujeres que, aun siendo desposeídos, comparten las emociones y deseos de la humanidad común. Una vez que se estableció en el Viejo Mundo, (París, Suiza, el sur de Francia), sus imágenes de los Estados Unidos, sus mitos y traumas, adquirieron esa especie de calidad cristalina que sólo el exilio puede dar. En un ensayo que se publicó en 1959, y se incluyó más tarde en la colección de sus obras, *Nobody Knows My Name*, alegaba que "la historia de América*, sus aspiraciones, sus triunfos peculiares, sus todavía más peculiares defectos, y su posición en el mundo, ayer y hoy, son tan profunda y tercamente únicos que la mera expresión 'América' sigue siendo un nombre propio nuevo, casi completamente indefinido y extremadamente controvertido"

---

*Aquí utilizo la expresión "América" en vez del nombre correcto en español, "Estados Unidos", para hacer patente la confusión de James Baldwin. N. del T.

La odisea de Baldwin, mi hijo adorado, me ayuda a captar el
sentido de abstracción que con frecuencia le falta a la expresión
"*Estados Unidos de América*"; cuan elusiva y huidiza es en realidad: un conjunto de valores patrióticos, un experimento de con-
vivencia, una renovación de las aspiraciones bíblicas, un deseo
de convertir la utopía en un lugar terreno. Pero la utopía, como
su etimología griega lo señala, significa *no hay tal lugar*. Ni en el
país ni en el extranjero, nadie con quien yo haya hablado parece
saber con exactitud lo que significa la expresión. Los Estados
Unidos: hogar de los valientes, infierno de intolerancia y violencia. Recuerdo vívidamente la noche en que leí por primera vez a
Baldwin, a principios de 1985, mientras luchaba por dominar el
inglés, un segundo idioma que me vi obligado a dominar si quería algún día convertirme en ciudadano de los Estados Unidos en
el sentido intelectual del término. Compartía yo un cuarto en la
calle 122 de Manhattan, en las orillas de Harlem, a una cuadra
del Seminario Teológico Judío en el que fui un estudiante extranjero de postgrado antes de ingresar a la Universidad de Columbia. Había yo llegado a la ciudad de Nueva York, la tierra de la
oportunidades de Abraham Cahan, apenas unos meses antes,
con el objetivo de encontrar una vida completamente nueva,
dejando para siempre a mi familia en México, mi país natal. Por
primera vez en mi vida, trataba yo con negros y otros grupos
raciales en forma cotidiana. Lo que es más, conocí otros tipos
latinos: puertorriqueños, dominicanos, colombianos y chicanos.
Aunque México fue siempre un paraíso seguro para los refugiados americanos, su número era siempre mínimo. En los Estados
Unidos, por otro lado, yo era la minoría. A decir verdad, simultáneamente estaba y no estaba yo preparado para la experiencia.
Como millones en el mundo hispánico, yo había crecido escuchando soeces comentarios raciales sobre los negros y los indios.
Yo me quería identificar con los que hablaban español; sin
embargo, no podía, simplemente porque la blancura de mi piel

me hacía diferente entre los bronceados y los morenos. Al mismo tiempo, como judío, había yo sido siempre un ciudadano marginal en México, lo cual significa, supongo, que sabría desenvolverme en cualquier nación extranjera. Simultáneamente desconfiaba yo del Otro, y el Otro desconfiaba de mí.

Provengo de una familia de clase media, intelectualmente compleja y financieramente inestable de la capital de México, en un seguro ghetto judío autoestablecido, una isla autista donde los gentiles apenas existían y donde prevalecían los símbolos hebraicos. Dinero y comodidad, libros, teatro y arte. ¿Qué fue lo que me hizo mexicano? Es difícil saberlo: tal vez el idioma y el aire que respiraba. A temprana edad me mandaron a la escuela diurna de yiddish, el Colegio Israelita de México, en la Colonia Narvarte, donde los héroes eran S. Y. Agnon, Sholem Aleichem y Theodor Herzl, mientras que gentes como Lázaro Cárdenas, José Joaquín Fernández de Lizardi y Alfonso Reyes eran los modelos de nuestros vecinos, no los nuestros. Rodeado por el Otro, yo habitaba, junto con mi familia y amigos, una isla autosuficiente, con fronteras imaginarias establecidas por un acuerdo entre nosotros y el mundo exterior, un oasis, completamente desconectado de las cosas mexicanas. De hecho, cuando se trataba del conocimiento del mundo exterior, los estudiantes judíos como yo, y probablemente toda la clase media, se desempeñaban mejor hablando de productos de Estados Unidos (Hollywood, series de televisión como *Star Trek*, alimentos "chatarra" y tecnología) que acerca de México: nuestro hábitat era una cápsula artificial. El país vecino al otro lado de la frontera era, para mí y mis compañeros de escuela, la imagen perfecta del "paraíso en la tierra". Siendo niño y adolescente, cuando el dinero lo permitía, acompañaba yo a mi familia en viajes de vacaciones a Texas, Florida y California, en expediciones de compras para adquirir, para ser parte de un tipo de modernidad postindustrial encarnada en los consumidores anglosajones que hablaban un inglés difícil de entender, en el *mall* La Galería de Houston y en Disneyland, un microcosmos en el que hay pájaros sintéticos que cantan en el *Tikki Tikki Room*, donde se hace un viaje por la anatomía humana, entrando por un microscopio, se comen *hot dogs* junto a *Mickey Mouse* y donde, en un escenario falso, el pirata Sir Francis Drake, en su buque *Golden Hind*, saquea las costas de Sudamérica ante tus propios ojos. Expansivos, imperialistas, un desfile interminable de ingenuos turistas monolingües cámara en mano para atrapar el recuerdo, el "pasarla a gusto" de la estrechez mental, yo percibía a los estadounidenses como guiados por el dinero, listos para vender *Taco Bell* en la tierra de los tacos, y no detenerse ante nada con tal de hacer un negocio. Además de la ubicua hamburguesa, una importación alemana, la cocina estadounidense, pensaba yo, era sólo una suma de paladares internacionales: burritos y *chili con carne*, pizza y spaghetti, ensalada César, sopa de cebolla y crepas. Mientras Estados Unidos, donde el futuro ya ha sucedido y la historia es un invento reciente, era el Paraíso sobre Ruedas, México estaba estancado en el pasado, que adquiere dimensiones cíclicas de trauma y descontento; un pasado increíblemente pesado y entrometido, un pueblo incapaz de convertirse, según una frase ya famosa en esa época, en "contemporáneo del resto de la humanidad".

Todo cambió para mí a la edad de veinticinco años cuando, como estudiante extranjero becado, un equivalente al vilipendiado "niño becado" de Richard Rodríguez, recibí felizmente una invitación al banquete de El Dorado y me volví parte del escenario estadounidense. Hubo fiestas de despedida para celebrar mi temprano triunfo. Se esperaba que yo aprovechara los ejemplares recursos académicos del otro lado de la frontera y me convirtiera en escritor e investigador. Pero, después de unos pocos meses, una vez que pude ver las cosas desde dentro, tuvo lugar una profunda transformación. Repentinamente dejé de ser mexicano y me convertí, lo cual me sorprendió no poco, en

latino, algo que para la mayor parte de la gente es difícil de
entender: ¿Son todos los peruanos morenos, todos los nicara-
güenses de baja estatura y pelo negro? Dado que provenía de
Aztecalandia, se esperaba automáticamente que yo tuviera un
bigote al estilo de Emiliano Zapata, usara sombrero y llevara
escondida una botella de tequila; que tuviera un acento exacta-
mente como el de Ricky Ricardo, que no distingue entre las voca-
les largas y cortas (pronuncia igual *live* que *leave*); y que
durmiera siesta todas las tardes entre la una y la una treinta. En
breve, era yo un participante más en el gigantesco espejo de los
estereotipos.

Obsesionado por la egolatría, Estados Unidos ve al espejo
como su artefacto favorito. Espejos por doquiera: en los mons-
truosos centros comerciales, en los aeropuertos, en las farmacias; espejos en los centros de salud y en los gimnasios; espejos
en tu recámara y en la mía, en nuestro baño y en nuestra sala; en
el bolso de tu madre, y en tu escuela. Espejos que reflejan espejos
que reflejan espejos. ¿No es Estados Unidos un desfile sobrepo-
blado y policromático de pueblos enamorados de sí mismos?
Nosotros los hispánicos, introspectivos y recriminadores com-
pulsivos de nosotros mismos, tenemos también un constante
romance con los espejos, una pasión por descifrar nuestro laberíntico ego colectivo. Elusiva identidad es la nuestra: abstracta,
inalcanzable, oscura; un monstruo multifacético. Buscamos respuestas a los traumas pasados y a los dilemas existenciales no
resueltos; por otro lado, al norte del río, la imagen del espejo
tiene que ver con la apariencia superficial y el enamoramiento
del cuerpo: un viaje al interior del alma y un viaje a Acapulco. No
creo haber sabido el significado de las palabras *raza y etnicidad*
hasta que me mudé al norte. Mira: México es una sociedad mul-
tirracial en la que coexisten, más o menos en paz, indios, europeos, asiáticos y africanos. Pero la gente se rehusa a admitir la
heterogeneidad mestiza. Al contrario, la idea corriente es que

todos somos partículas de una raza transatlántica completamente diferente. Es más, yo nací mexicano sin saber realmente lo que eso significaba, y no supe lo que significaba sino hasta que vine a los Estados Unidos, cuando la gente comenzó automáticamente a dirigirse a mí como hispánico: *¿Comprende español, eh?*, preguntaba la gente. *Un poquito. ¡Qué curioso! ¡Usted no parece hispánico! ¿Ha probado los burritos de mariscos? ¿Y cómo dicen 'fuck' en mexicano?*

Como un día descubrirás, querido, América, sus triunfos y derrotas, no es sólo una nación (en las propias palabras de Baldwin, "un estado de ánimo"), sino también un vasto continente. Desde Alaska hasta las pampas argentinas, desde Rio de Janeiro hasta East Los Angeles y la Pequeña Habana, la geografía que el desorientado almirante genovés Cristóbal Colón encontró en 1492 y Amerigo Vespucci bautizó unos pocos años después, es también una pluralidad lingüística y cultural: la nación [así llamada] América, y América, el Continente. Por tanto, nosotros los pueblos "de origen español" en los Estados Unidos somos verdaderamente dos veces americanos: como hijos de Thomas Jefferson y John Adams, pero también como ciudadanos del llamado Nuevo Mundo. Aunque algunos insisten en vernos como la más reciente oleada de extranjeros, ciudadanos de segunda clase en el fondo de la jerarquía social, por lo menos tres quintas partes de nosotros estábamos en estos territorios antes de que los peregrinos llegaran en el *Mayflower*, y nos hicimos parte de los Estados Unidos, inesperadamente y sin nuestro consentimiento, al firmarse el Tratado de Guadalupe Hidalgo. Dos veces americanos, una de ellas a pesar nuestro: americanos estadounidenses.

Decir que en 1985 me conmoví profundamente al leer la obra de Baldwin en las orillas de Harlem, es traducir en palabras lo que en ese tiempo parecía una experiencia inexplicable. El mensaje de Baldwin era una especie de revelación: Llegué a entender más acerca de los Estados Unidos mediante sus perplejidades que mediante cualquier cosa que veía en televisión. Baldwin, un hombre "forzado a entender tanto", me dejó con un sentido de verdad desentrañada. Igual que él, yo estaba sufriendo una profunda transformación. Estaba yo consciente de sus metamórfosis, y decidí experimentarlas en toda su plenitud. Quería convertir a México en el pasado; pero también, y más importante, sabía yo que iba a vivir en una *América* difícil de imaginar para el autor negro de *The Fire Next Time*: una *America the Beautiful* y *America the Ugly**.

Cambiar del español al inglés no fue ni pudo ser una tragedia personal para mí. *To be* o no ser: lengua nativa, lengua adquirida. La lengua paterna, reconozco, es el idioma adoptado, alterno e ilegítimo. (Henry James prefería la expresión *lengua esponsal* porque una esposa, afirmaba a la manera de principios del siglo XX, es leal, dedicada, educadora: un sustituto de la madre). Por lo contrario, la lengua materna es genuina y auténtica: un útero, la fuente original. Recibí educación en cuatro idiomas: español, yiddish, hebreo y un inglés rudimentario. El español era el enclave público; el hebreo, el canal hacia el sionismo, no hacia la sacralidad de la sinagoga; el yiddish simbolizaba el Holocausto y las luchas pasadas del movimiento laboral de Europa Oriental, y el inglés era la entrada a la redención: los Estados Unidos. Abba Eban lo dijo mejor: "Los judíos son como todos los demás... sólo que un poquito más". Un políglota, por supuesto, tiene tantas lealtades como patrias. El español, pensaba yo, era mi ojo derecho; el inglés, mi ojo izquierdo; el yiddish, mi procedencia, y el hebreo mi conciencia. O mejor, podría considerarse que cada

---

*Otra vez respeto la expresión "América" en el sentido, no aceptado por el resto de países americanos, de "Estados Unidos", para no alterar el juego literario que hace el autor con el famoso himno *America the Beautiful*. N. de. T.

uno representa un diferente par de lentes (para miopía, bifocales, para lectura nocturna) con los cuales se mira el universo. Dominar perfectamente el inglés sería un reto, pero también un deleite.

Casi una década más tarde, los Estados Unidos están en mi sangre. Me casé con tu madre, hija adoptiva de la Nueva Inglaterra, nacida en Saint Louis; tú llegaste a iluminar nuestras vidas; y te escribo en inglés, mi amado, un idioma adquirido que yo pensé que nunca dominaría. Aunque apenas recientemente solicité convertirme en ciudadano de los Estados Unidos y, por lo tanto, nunca he votado en una elección, aunque el inglés no es mi lengua natal, aunque no crecí viendo *"The Wild, Wild West"*, Estados Unidos, ya lo puedo decir, es el lugar que conozco y amo más y al que siento un apego visceral. Como dice mi amigo Gustavo Pérez Firmat, al comunicarme contigo en la lengua de Shakespeare, puedo estar ya falsificando lo que quiero decir. Y, sí, déjame confesar un profundo sentimiento de traición. Con ocasionales interrupciones durante tu corta vida, hemos siempre hablado, orgullosamente y en voz alta, en español. ¿Por qué cambiar repentinamente ahora al escribir esta carta? Contra la perspectiva que he tratado de promover en ti, ¿es el español, nuestro vehículo, algo deficiente?—podrías preguntar—¿Es incapaz de transmitir, tan confiablemente como lo hace el inglés, la verdad íntegra, sin que importen las circunstancias? Por supuesto que no. Mi selección de idioma, nuevamente, tiene que ver con el Otro. Hago una excepción hoy porque nos están escuchando extraños, y, como puedes reconocer por nuestra experiencia pasada, cuando hay gente alrededor, necesitamos abrirnos, compartir nuestro código verbal: un signo de respeto y espíritu democrático. Además, aunque escojo el español como nuestra lengua privada, el inglés es también en bastante grado parte de mí mismo. De acuerdo: soy atípico, en el mejor de los casos, un estudiante con un pasado multilingüe que encontró un cuarto

propio en el *American Dream* manteniendo vivos ambos idiomas. Lo hice, debes saberlo, para mantenerme auténtico: soy,
siempre seré, un mexicano en los Estados Unidos. Un forastero:
el Otro.

Hijo mío, tú vivirás ciertamente en una era en la que los frutos del multiculturalismo serán sabrosos. Aunque algunos, como
el crítico australiano Robert Hughes, autor de *Barcelona*, creen
que este clima ha dado lugar a una cultura de quejas y de freirse
unos a los otros, para utilizar la imágen de Robert Hughes en Culture of Complaint, el multiculturalismo, no me cabe ninguna
duda, es un arma benigna. Creo que el multiculturalismo será
una puerta de entrada a un mundo más humanista. Cuando seas
adulto, los latinos habrán dejado de ser marginales. En vez de
esto, nos habremos convertido en protagonistas. El Río Bravo no
dividirá: América Latina y Estados Unidos serán una sola unidad.

¿Y qué significa ser latino? ¿Qué nos distingue de nuestros
hermanos del otro lado de la frontera? ¿Vamos algún día a hallar
una identidad colectiva única? Nuestra psiquis es carnavalesca,
introspectiva. ¿Y qué pensar de nuestra agenda? En el prólogo de
su clásica autobiografía confesional, *Down These Mean Streets*,
Piri Thomas dijo: "¡Yeah! ¿Quieres saber cuántas veces he estado
parado en un tejado y gritado a cualquiera: *Hey, mundo, aquí
estoy. Hola, mundo...*". Con un eco inescapable, su obra sigue
resonando: ¿Quiénes somos? ¿Recibiremos algún día la atención
que merecemos? Maestros en el arte de la remembranza, sufrimos un pasado traumático y nos negamos a habitar en el futuro.
¿Podríamos, entonces, asimilarnos en la Tierra Prometida? Mi
impresión es que ni aquí ni allá, los latinos habitarán siempre en
el limbo. Mi generación resultará exasperante. Otros se darán
cuenta finalmente que el español llegó para quedarse, para
nunca desaparecer. Lo que es más, nuestra terquedad forzará a
muchos no latinos a venir hacia nosotros, a adaptarse a nuestras
maneras. Tú, en cambio, seguramente disfrutarás un futuro más

feliz: ser latino, hablar español, será tu mejor capital. El inglés solo no será suficiente.

¿Dónde está hoy México, mi México? En el mapa de mi mente, una columna estructural, una sombra, una sospecha en tu ser estadounidense. Con frecuencia atravieso la frágil línea divisoria entre la memoria y el pasado. ¿Dónde terminan los hechos y comienza mi deformado recuerdo de los incidentes? Recuerdo que de adolescente, acostumbraba a preguntarle a un brillante maestro de preparatoria: ¿Cuáles son los tres más desastrosos acontecimientos en la historia de México? Sus respuestas eran: (1) Que Moctezuma II pensara que Hernán Cortés, un hombre blanco y barbudo que vino del mar, era un dios, por lo cual los aztecas no atacaron al ejército español; (2) la mezcla de sangre europea, que produjo las razas mestiza y mulata e inauguró una historia trágica de crisis de identidad; (3) la decisión del Generalísimo Antonio López de Santa Anna de vender sólo parte de México a los Estados Unidos, y no todo el país. ¿Qué tal si los europeos, como los anglosajones estadounidenses, hubieran eliminado a los nativos en vez de interactuar con ellos? Los *"¿que tal si..."* constituyen uno de los pasatiempos favoritos del mundo hispánico: ¿Qué tal si Simón Bolívar, que murió en 1830, hubiera consumado su sueño de toda la vida de establecer la Gran Colombia, los Estados Unidos de Sudamérica? ¿Qué tal si Italia y Francia, no España y Portugal, hubieran conquistado Perú, Brasil y los otros países de la región? ¿Qué tal si...? La América anglosajona, por otro lado, ha asegurado su destino y tiene poco espacio para la incertidumbre y la duda. ¿Qué se puede pensar, entonces, de los latinos de los Estados Unidos, ciudadanos de ambas realidades, representantes de la duda en la tierra de la certeza?

He pasado casi diez años tratando de entender lo que significa ser mexicano y estadounidense, por separado y juntos. Una y otra vez, he regresado a la visión de Baldwin, que estoy seguro de que tarde o temprano tú también compartirás: es, sin duda, una identidad bastante compleja. ¿Qué son los Estados Unidos? ¿Dónde ha estado y adónde va? ¿Tenemos los latinos una porción justa en su útero? En busca de respuesta, he devorado varias interpretaciones, desde *The Rise of David Levinsky*, de Abraham Cahan, a *The Souls of Black Folks*, de W. E. B. DuBois, de la poesía de Robert Frost, a los versos autobiográficos de Allen Ginsberg, de Maxine Hong Kingston a Gay Talese. Ninguno ofrece una respuesta completamente satisfactoria. ¿Cómo podrían? Cada uno lleva una agenda diferente. Cada uno sueña el *American Dream* en una forma singular. Todas son verdades parciales y evasivas. Los latinos, según creo, fueron, son y serán siempre perpetuos residentes foráneos que nunca estarán por completo aquí. Extraños en la tierra natal, somos de una variedad diferente, simplemente porque, a diferencia de los inmigrantes anteriores, la mayoría de nosotros no vinimos a los Estados Unidos; fueron los Estados Unidos los que vinieron a nosotros. Lo nuestro no es sólo un nuevo cuento de inmigrantes, simplemente porque la asimilación nunca se terminará por completo. No es mi culpa, ¡que conste! Los hispánicos, a diferencia de las minorías anteriores, están a punto de dar a Estados Unidos y al continente americano una gran sorpresa. Podremos comer alimentos estadounidenses, comprar mercancía estadounidense, y saludar a los estadounidenses con un "Buenos días, *míster*"; pero siempre permaneceremos intactos en nuestro núcleo. Podremos incluso llegar a ser perfectamente bilingües, en el habla y en la lectura del idioma estadounidense. Como lo expresa Pat Mora, originaria de El Paso, en su poema *"Legal Alien"*: "Bilingüe, bicultural, capaz de pasar rápidamente de '*How's life?* a '*Me'stás volviendo loca*' ", lo cual me recuerda un chiste acerca de un gato que persigue a un pájaro que se refugia en un hoyo y no quiere salir. Después de mucho pensarlo, el gato finalmente dice: "Piau, piau, piau. . . ." y el pájaro sale. "Es bueno ser bilingüe", dice el gato, después de devorar a su víctima. El gato, por supuesto, simboliza a los latinos. Es nuestra la venganza de Moctezuma. Nos infiltraremos en el enemigo. Poblaremos sus centros urbanos, nos casaremos con sus hijas, y restableceremos el reino de Aztlán. Estamos aquí para reclamar aquello de lo que se nos despojó, para tomar desquite. Ésta no es una batalla política, un combate que con frecuencia estimula la imaginación liberal, sino una empresa cósmica para poner las cosas en su lugar. Los cambiaremos y sólo simultáneamente nos cambiarán.

Toda sociedad está gobernada por leyes ocultas, suposiciones tácitas pero profundas de parte del pueblo. Y *América*, la hermosa y la fea, no es ninguna excepción. Les toca al artista y al crítico averiguar cuáles son estas leyes y suposiciones. "En una sociedad muy dada a destruir tabúes sin por ello ser liberada de ellos", señalaba Baldwin, "no será un asunto fácil". En el libro que acompaña a esta carta, he hecho lo mejor que he podido para trazar un mapa de los caminos laberínticos de mi propio viaje y el del pueblo hispánico al norte del Río Bravo. Mi interpretación es personal, parcial y subjetiva. Necesita ser añadida a millones de otras interpretaciones que se encuentran diariamente en cualquier calle y aula. Sospecho que la suma de todas ellas, hijo mío, forma el contenido de *Caliban's Utopia*. Busca el libro. Permanece alerta buscándolo donde quiera que vayas. Si lo tratas con sabiduría, sus páginas virginales explicarán la odisea de Baldwin y la mía. Lee sus párrafos invisibles, y luego estampa tus propias palabras, divididas, fragmentarias. Estámpalas con tinta indeleble.

Todo mi amor, hoy y siempre.

ÍNDICE DE TÉRMINOS

abuso sexual, 151
acádemicos latinos, 251–52
  literatura libresca, 256–57
acción afirmativa, 216–17, 221
Acosta, Oscar "Zeta", xv, 147–48
  muerte de Salazar, 79
  odisea lingüística, 196–97
actitudes a hispánicos como el
  otro, 232–33
Acuña, Rodolfo, 97–98
Afro-Ideal Evocation, 248–49
aguante, 151, 154
Alburquerque, 166
Alfau, Antonio, 243–44
Alfau, Felipe
  Chromos: A Parody, 182–83,
    247
  democracia, 16, 249

Locos: A Comedy of Gestures,
  247
poemas, 247
  Afro-Ideal Evocation, 248–49
vida y obra, 242–44, 246–49
Alvarez, Julia, 63–64
Always Running: La Vida Loca:
  Gang Life in L.A., 220–21
Amado, Jorge, 138–39
América
  como continente, 273
  significado del término, 31
América Latina
  como invento, 203–6
  historia del término, 29
American Council of Spanish-
  Speaking People, 170
American Indian Movement, 116

americanos estadounidenses, 273

AmerRícan (poema), 15–16

Amor-odio, relación, 24

anarquismo, 102

Anaya, Rudolfo A., 164–65, 166, 263

anglicización de los hispánicos, 5

antropología, 221–23

Arenas, Reinaldo
  incidente de Mariel, 69–70
  obra, 155–57

Argentina, 244–45
  exilio político, 46

Arguedas, José María, 128

Ariel, 202

Ariel, 206–7

Arnaz, Desi, 72–76

arte callejero, 114

arte política, compromiso con, 119–20

Arte Público Press, 258

artes
  chicanas, 108–21
    banderas de, 120
  explosión, 13–14
  de la resistencia, 10

artistas chicanos, 117

asimilación
  bilingualismo, 198
  como guerra cultural, 13
  cultural cuestionada, 236
  incompleta, 278
  nacionalidades
    independientes, 8
  negativa, 9

autobiografías, 219–21
  Hunger of Memory, 217–18
  Our House in the Last World, 70–71
  The Autobiography of a Brown Buffalo, 197–98

autoconciencia, 191

autodefinición, 201

Azcárraga, Emilio, 225

Aztlán, 6, 116, 140

Baldwin, James, 267–69, 273–74, 279

Ball, Lucille, 73–75

Santa Bárbara del Trueno, 138–39

barbarie versus civilización, 203, 209–10

Barrio Boy, 221

Batista, Fulgencio, 67–68

becas, para universidades privadas, 252–53, 254–55

Biblia, 185–86

bicultural, 52

Bierce, Ambrose, 157–58

Bilingual Blues (poema), 167–68

bilingualismo
  asimilación, 198
  ciclo de vida, 51
  generacional, 183
  llegar a la perfección, 278
  Miami, 14
  de moda, 168–69
  puertorriqueños, 51

Bilingual Press, 258

Blade Runner, xx

Bless Me, Ultima, 164–65, 263

boicott
   de estudiantes de secundaria,
     104
   de la uva, 105, 107
Bolívar, Simón, 30–31, 123
Borges, Jorge Luis, 40, 181, 262
braceros, 26, 102
Brito, Aristeo, 94
Burgos, Julia de, 59

Cabeza de Vaca, Alvar Núñez,
     129–31
Cabrera Infante, Guillermo,
     180–81
calaveras, 158, 162–64
Calibán, 202–3
*Calibán's Utopia: or Barbarism
     Reconsidered*, xvii, 267
caña de azúcar
   Cuba, 211
   economía antillana, 64
   Jamaica, 44
canciones populares, 93
Cantinflas, 173–75
Caribe
   historia, 40–42, 43–46
   rivalidades, 38–40, 64
   significado del término, 203
   unidad, 43–46
   variado flujo de inmigrantes,
     50
   vida como carnaval, 40
carnaval, 132–35
   Caribe, 40
   en televisión, 224
Carpentier, Alejo, 123, 172–73,
     261

carta a mi hijo, 267–79
Castaneda, Carlos, 221–23
Castedo, Elena, 180
Castillo, Ana, 96–97
Castro, Fidel
   caso Heberto Padilla, 240–41
   cultura, 261–62
   eco en América Latina, 67
   lenguaje barroco, 191
   desde Miami, 66
católica, iglesia/religión
   dominante, 37
   lo sobrenatural vigente, 164–65
   misioneros, 127–28
   Virgen María, 145
   vista por Rodríguez, 218–19
caudillos, 148–49
la causa, 26
centroamericanos exiliados,
     46–47
Cervantes, Miguel de, 124–25
Chaplin, Charlie, 174
chapurrado, 185
charreadas, 150
Chávez, César Estrada, 104–8
   formación, 105–6
chicanos
   arte latinoamericano, 114
   cultura, por sectores, 214–15
   escritores, 88–92
   inglés como gesto de vendido,
     91
   leyendas, 6
   sentimientos encontrados de
     mexicanos, 25
   significado del término, 10
The Children of Sánchez, 204

Chile, 46

chinos, 142

Chromos: A Parody, 182–83, 247

cine

    activismo y arte, 235

    Blade Runner, xx

    Gregorio Cortéz, 193

    JFK, 66–67, 70

    machismo, 147

    mexicano, 174

    movimiento chicano, 117

    El Norte, 47

    Salt of the Earth, 113

    Scarface, 70

    El Super, 38–39, 70, 76

Cisneros, Sandra, 95–96, 263

City of Night, 154–55

Civilización y barbarie: Vida de
    Don Facundo Quiroga,
    209–10

clase social

    mexicano-estadounidense,
    215

    puertorriqueños, 62

Cofiño, Manuel, 239

coleadero, 150

Colón, Cristóbal, 181–82

    indios enjaulados, 205–6

colonia, época de la, 208

colonialismo, 130–31

colonización

    Estados Unidos, 6, 231

    invertida, 17

Colón, Jesús, 52–53, 59–60

compadres, 152

confesiones eróticas, 155–57

conformismo, 118

conocer y saber, verbos, 172

conquistadores

    Cabeza de Vaca, 129–31

    como símbolos, 126

    dar nombre, 186–87

    del norte, 128

        Véase también
        colonizadores

    horarios occidentales, 137

    legado, 25

    machismo, 145–46

    misioneros, 127

    objetivos, 122

consumismo, 118

contracultura, 222

corridos

    bandidos, 93

    Gregorio Cortéz, 193–96

    Joaquín Murrieta, 83–86

Cortés, Hernán, 149, 172

Cortéz Lira, Gregorio, 189–91,
    192–96

    corrido, 193–96

cortina de tortilla, 102

criticar, 250–51

Cruz, Sor Juana Inés de la,
    128–29

Cuba

    chinos, 142

    ciudad de columnas, 125

    día de reyes, 132–33, 142

    folklore de la comunidad
        negra, 142

    historia, 41–42, 43–44,
        67–69

    homosexuales, 154, 155–57

    novelas antiesclavistas, 238

vanguardia de tecnología y asuntos intelectuales, 260–61

Cuban American National Foundation, 75

cubanidad, 212

cubanoamericanos, 64–77
   ambivalencia, 75
   arte revolucionaria, 114–15

cubanos
   como gusanos, 25
   componentes culturales extranjeros, 191–92
   Mariel, 69
   nostalgia, 72, 76
   primera ola, 8–9
   rivalidades, 38040

cultura
   concepto de, 8
   mescolanza cultural, 18
   vista como derivada, 212

curanderos, 164–65

Da Cunha, Euclides, 210

Darío, Rubén, 161–62

dar nombre, 186–87
   como acto de posesión, 213

Days of Obligation, 218, 242

debate, poca tendencia para, 241–42

Dedication (poema), 167

De las Casas, Bartolomé, 207

Delgado, Abelardo, 121

democracia
   alergia a, 46
   Alfau ve, 16, 249
   bagaje cultural, 265–66

desconfianza, 242
   nuestra reescritura, 265–66

dependencia, 56

Devil's Dictionary, 157–58

El diablo en Texas, 94

día de los muertos, 158–59, 160–61, 162

día de reyes, 132–33, 142

Díaz, Porfirio, 99, 126

dignidad, 151, 152

diversidad, minoría homogénea versus, 37–38

docilidad, concepto de, 55–57

Dorfman, Ariel, 180

Dos Patrias (poema), 65–66

Down Those Mean Streets, 219–20, 276

dramas épicos, 92–93

Dreaming in Cuban, 71–72

edad promedia, 264

educación
   barrio y universidad, 256–57
   escolaridad, 264
   significado del término, 151

educación bilingüe
   cubanos en Florida, 12, 75–76
   defensa de, 188–89
   idioma como recurso o beneficio, 199
   inquietudes, 182
   lealtad al español, 167
   oportunidades, 182
   oposición a, 187–88, 216, 217
   orígenes, 169

elecciones, 227, 242

electorados múltiples, 230

El periquillo sarniento, 238
El Salvador, 46–48
embargo económico contra Cuba, 68
empacho, 165
enciclopedistas franceses, 208
English Only Movement, 170–71
  puntos fundamentales, 198–99
  televisión en español, 227
esclavitud, 133
  novela cubana, 238
escritores. *Véase* literatura
Espada, Martín, 60
español
  características curiosas, 181–82
  en comparación con el yiddish, 179–80
  degeneración por el inglés, 228
  época colonial, 208
  en Estados Unidos, 175–79
  futuro, 276–77
  idiosincrasias, 171–72
  malentendidos humorísticos, 177
  pirotecnia, 173
  de televisión, 228
  término, cómo se usaba, 29
  vocabulario regional, 178
espejos, como artefactos, 272
Estados Unidos de América (EEUU)
  como concepto, 269
  espejos, 272
  idea estadounidense, 266
  ideales de la independencia, 208

literatura en español, 180
medios masivos de comunicación, 175–77
periódicos en español, 175–76
estereotipos
  I Love Lucy, 74
  Carlos Castaneda, 221
  latinos, 201, 263, 272
  puertorriqueños, 51–52, 54–55
  West Side Story, 57–58
eurocentrismo, 206, 254
exilio
  artistas mexicanos, 176–77
  cubanos, 64–77
  modernidad como, 183
  político, 46, 102, 251
  significado, 67, 76

falocentrismo, 153–54
familia, aspectos de los valores, 151–52
Famous All Over Town, 33–35
fantasmas
  calaveras, 158
  comunicación con, 159–60
  del recuerdo, 157
feministas, 10–11
Ferber, Edna, xviii, 99
Fernández de Lizardi, José Joaquín, 238
ferrocarriles, 26
fiesta, 134–35
fiesta taurina, 149–50
The Fifth Horseman, 90–91
Flores Magón, hermanos, 101–2

folklore
  calaveras, 158, 162–64
  fronterizo, 189–91
  para grupos minoritarios, 108
  indígena, 113, 116
  leyendas, 161
  negra, 142
frontera
  como estado mental, 16–17
  soledad del inmigrante, 49–50
  Véase también zonas
    fronterizas
Fuentes, Carlos, 135–36, 145
fuga de cerebros, 62

Galarza, Ernesto, 221
galerias de arte chicano, 115
García, Antonio, 109
García, Cristina, 71–72
Gerchunoff, Alberto, 244–46
Giant (Ferber), xviii
  poema sobre, 99–101
Goldemberg, Isaac, 180
Gómez de Avellaneda, Gertrudis,
  238
Gómez-Peña, Guillermo, 18
Gómez-Quiñones, Juan
  asimilación negativa, 9, 10
  problema de la cultura, 215
González, Rodolfo "Corky",
  86–88, 104
graniceros, 165
gringo, origen de la palabra, 4
*Growing Up Latino: Memoirs and
  Stories*, 235–36
Guatemala, 47
guerra civil de Estados Unidos, 25

guerra fría, fin de, 241
guerras culturales, 13, 233–34
Gutiérrez, José Angel, 104

Haití, 44–45
herencia cultural
  latina
    no aceptada, 2
    revalorización, 4
  en sociedad estadounidense, 1
híbrido, 17
  amorfo, 35
Hijuelos, Oscar, 70–71, 263
Hinojosa-Smith, Rolando, 258
hippie, generación de, 221, 222
hispánicos
  como híbrido amorfo, 35
  hispano versus, 31–32
  población en EEUU,
    comunidades
    independientes, 7–8
  raza y, 30
  significado del término, 28, 30
hispanización de los EEUU, 5
hispano, hispánico versus, 31–32
hispanoamericano, 93
historia
  de América, 268
  América Latina, 43–47
  ancestral e identidad, 21
  Caribe, 40–42, 43–46
  chicana, 97–98
  comentario por Williams, 81
  concepto de dignidad, 152–53
  crédito para pasado hispánico,
    266
  Cuba, 41–42, 43–44, 67–69

historia (*cont.*)
    falta de espíritu democrático,
        249–50
    Haití, 44–45
    mexicanoamericanos, 98–108
    México, 277
    naturaleza de, 126–27
    oficial, 231
    Puerto Rico, 40–41
    rebelde, 231
    República Dominicana, 45–46
    tradición estimulante, xix
hombre nuevo, 24
homosexualidad
    críticas de, 151
    Cuba, 70, 154, 155–57
    fantasma reprimido, 144
    limbo de, 153–54
    novelas, 154–57
    Rodríguez, 218
honor, código de, 152
Hostos, Eugenio María de, 42–43
*How the García Girls Lost Their
    Accents,* 63
La Huelga, 106–7
Huerta, Alberto, 34–35, 82, 88
Huerta, Dolores, 104
Hughes, Langston, 265
Hunger of Memory, 216, 217–18,
    263

I Am Joaquín/Yo soy Joaquín,
    86–88
identidad colectiva
    auténtica, 206
    futura, 276
    imagen del espejo, 272

inquietudes, 201
    en libros, 223
    negativa, 55
    pérdida, 18
    puertorriqueños, 56
    tres etapas, 119–20
    universidades, 255–56
I Love Lucy (televisión), 72–73,
    74–75
iluminación, era de, 208, 249–50
impresión gráfica, 114
improperios, 184
inculturación, 19
independencia, época de, 208–9
    imitación, 250
    literatura, 237–38
indígenas, 142–44
    conocimientos de los astros,
        131–32
    visiones distorsionadas, 202,
        205–6
indigenismo, 143–44
indio, significado del término,
    143
indocumentados, 8, 81
inglés
    Alfau, redacción en, 182–83,
        244
    chapurrado, 185
    complicaciones al entender,
        183
    oportunidades, 182
    propuesta de idioma oficial,
        170–71
inmigración
    idioma, 245
    Ley de Cuota, 102

leyes restrictivas, 81, 102–3
   odisea del autor, 269–76
   proximidad de tierra de origen, 24
   Ramírez como símbolo, 2
   razones para emigrar, 22–23
inmigrante
   a América Latina, 245
   identidad híbrida, 17
inteligencia americana, 208
interpretación, 172
introspección, 214

Jamaica, 44
James, Daniel Lewis, 33–35
James, Henry, 274
JFK, (cine), 66–67
Joaquín Murrieta (corrido), 83–86
judíos, 269–71

Kahlo, Frida, 111–12
Kennedy, John F., 66

laberinto
   carnaval, 132–35
   fiestas, 135
   metáfora de, 123–25
El laberinto de la soledad, 213–14
The Latin Deli (poema), 35–36, 152
latino
   futuro, 276
   significado del término, 28–29, 30, 32
Laviera, Tito, 15–16
San Lázaro, 127–28

lectores hispánicos, 257, 259–60
   "ausentes", 264
   Cuba, 261–62
   lectores cautivos, 263, 265
   nuevo latino, 264–65
lenguaje
   Biblia, 185–86
   como punto de encuentro, 175–77
   conmutación y apropiación, 187–88
   lealtad al español, 166–71
   lenguas del autor, 274–75
   traducir, imposibilidad de, 184–85
   Véase también bilingualismo
lesbianas, 154
Lewis, Oscar, 204
leyenda negra, 207
libertad de expresión, 239–40
libro, conformación del, 20–21
   inquietudes sobre legado intelectual, 21–22
Limón, Graciela, 47–48
literatura
   de acádemicos latinos, 256–57
   best-sellers latinos, 263
   como rebeldía, 237
   en español en EEUU, 180
   hermana de la política, 237
   latina en EEUU, 214, 259–60
      en inglés, 257–58
   narrativa, 259
   de puertorriqueños, 58–59
Locke, Alain, 234–35
Locos: A Comedy of Gestures, 247
López Tijerina, Reies, 104, 107

Los Angeles, segunda capital de
    México, 14
Lowry, Malcolm, 158–59
Ludlow, Colorado, masacre de
    mineros, 26

machismo, 145–51
McMillan, Terry, 262–63
madre, devoción a, 144–45
maldiciones, 184
malentendidos lingüísticos, 177,
    190
La Malinche, 161, 172
mal de ojo, 165
Mambo Mouth (televisión), 12–13
Manrique, Jaime, 180
Mariátegui, José Carlos, 211
Marín, Francisco Gonzalo
    "Pichín", 59
Marqués, René, 55–56
Martí, José, 42, 43–44
    poema, 65–66
Más Canosa, Jorge, 75
The Maxquiahuala Letters, 96–97
Medina, Pablo, 23
medios masivos de
    comunicación, 15
    Estados Unidos, 175–77
    Véase también televisión en
        español
memoria colectiva, xix
    The Latin Deli (poema), 35–36
mercado libre, economía de, 241
mestizaje
    concepto mexicano, 272–73
    cultural, 11–12
    en las artes, 19–20

problem del siglo XXI, xx, 19
raza cósmica, 211
mestizo, significado del término,
    10
mexicanoamericanos
    afuera del suroeste, 80
    historia, 98–108
mexicanos
    chicanos, sentimientos
        encontrados, 25
México
    charro, 150
    ensayos importantes, 213–14
    estancado en el pasado, 271
    guerra con EEUU e idioma, 171
    heterogeneidad mestiza,
        272–73
    historia, 277
    lectores, 262
    recuerdos del autor, 277
Miami
    como ciudad fronteriza, 14
    cubanoamericanos, 64–77, 75
Moctezuma
    Malinche obsequiada, 172
    venganza de, 6, 279
modernidad, 183, 260
modernismo, 93
modernización, 236
Montaner, asunto, 38, 40
Monterroso, Augusto, 131–32
Moraga, Cherrie, 140
Mora, Pat, 278
Moreno Reyes, Mariano, 173–75
movilidad hacia arriba, 263
movimiento chicano, 104–8
    Acosta, 197–98

Anti-Vietnam, 116
arte, 114
cine, 117
era de confrontación, 10
introspección, 214
en la universidad, 252
Rubén Salazar, 78–79
muerte como comunión, 160–61
mujeres
actitudes hacia, 147
artistas, 111–12
novelistas latinoamericanas, 95
Véase también feministas
multiculturalismo, 19
futuro, 276
de renovar y revitalizar, 231
multilingualismo, 198–99
muralismo, 108–9
mexicano, 109–10
Murrieta, Joaquín, 82–86, 87–88
música, 112–13
identidad, 235
ritmo latino, 14

nación de naciones, 40
National Conference of
Spanish-Speaking People, 169
National Farm Workers
Association, 104, 106–7
negros, 139–42
lectores, 262
poemas de Alfau, 248–49
universidades principales, 255
neoindigenismo, 116
Neruda, Pablo, 86

The New Negro: An Interpretation, 234–35
Nicaragua, 46
El Norte (cine), 47
norte de la frontera, tierras ancestrales, 6
noticieros, 226–27
novela chicana, 89–92
florecimiento, 94
por mujeres, 95–97
novela hispanoamericana, 237–38, 251
Nueva York, 14–15
nuevo latino, 11–12
Nuevo México, 98, 113
Nuevo Mundo, xvii, 24
Nuyorican Poets Cafe, 52
nuyorriqueñidad, 14–15
escritores, 59–62
estética, 52–56

Occupied America: A History of Chicanos, 97–98
Operación *Bootstrap,* 50
oposición, 120–21
Orden Hijos de América, 80
orgullo externo, 123
Orientalism, 232
Ortega y Gasset, José, 24
Ortiz Cofer, Judith, 35–36, 152
Ortiz, Fernando, 212
Os Sertões, 210
Otro (el), 232

pachucos, 103–4
Padilla, Heberto, 240–41
pan de muertos, 159

Paredes, Américo, 189, 216
Paso del Norte (poema), 49–50
Paz, Octavio, 213–14
    pachucos, 103–4
pensamiento crítico, 250–51
pérdidas, 17–19
    de la tierra y del yo, 18–19
    universitarios latinos, 256
Perera, Victor, 180
Pérez Firmat, Gustavo
    Bilingual Blues (poema),
        167–68
    cultura cubana, 191–92
    Dedication (poema), 167
    inglés del autor, 275
*Perfil del hombre y de la cultura
    en México,* 213
periódicos en América Latina,
    239–40
periódicos en español, 175–76
El pez en el agua, 252
Piñero, Miguel, 60–61
pintas, 108
Pocho, 89–90
poesía épica, 92–93
política
    cubanos de Miami, 65, 75
    literatura como hermana,
        237
    puestos políticos, 80
Political Association of Spanish-
    Speaking Associations
    (PASSO), 170
Posada, José Guadalupe, xix,
    162–64
Próspero, 202–3
protestantes, misioneros, 218

protestas estudiantiles, 254
psiquis colectiva
    anglosajona versus hispánica,
        22
    inquietudes, 19
Puerto Rico, historia, 40–41, 50
puertorriqueños
    atentado contra Truman, 67
    comunidades en Nueva York,
        7–8
    docilidad comentada, 54–57
    inmigración, historia de, 50
    literatura, 58–59
    origenes de clase social, 62
    rivalidades, 38–39
    significado del término, 10
    vínculos familiares, 25
Puig, Manuel, 46, 181
pureza de sangre, 153, 249

qué dirán, 123

racismo, 139, 248–49
    mundo hispánico, 269–70
Ramírez, Martín, 2–4, 32–33
    mudez como metáfora, 48–49
Ramona, 204
Ramos, Samuel, 213
rasuachismo, 108–9
raza
    hispánico como término, 30
    tiempo, 137–38, 137–39
raza cósmica, xvii, 210–11
realismo mágico, 13–14
realismo social, 239
rebeldía, literatura como, 237
Rechy, John, 154–55

religion, sincrética, 138–39
reloj. *Véase* tiempo
República Dominicana
    historia, 45–46
    inmigración, 62–63
resistencia
    al entorno de habla inglesa, 11
    arte, 10
        latino, 115
    chicana, 80, 104–5
        escritores, 89
    Gregorio Cortéz, 193–96
    intervención extranjera, 43–44
revistas para latinos, 176
*The Revolt of the Cockroach
    People*, 197–98
    muerte de Salazar, 79
revolución cubana
    influencia en el arte chicana,
        114
    literatura, 238–39
revolución mexicana
    artistas exiliados, 176–77
    emigración de campesinos,
        102
    The Fifth Horseman, 90–91
    punto de vista femenino, 96
    Ramírez el artista, 3
    traicionada su impulso, 67
Ribeiro, João Ubaldo, 181
Ricardo, Ricky, 72–75
Río Grande del Norte, 26
rivalidades caribeñas, 38–40
Rivera, Diego
    Cantinflas, 174–75
    influencia de Posada, 163–64
    murales, 108, 109

Rivera, Edward, 61
Rivera, Tomás, 94–95
Rodó, José Enrique, 206–7
Rodríguez, Abraham, Jr., 61–62
Rodríguez, Luis J., 220–21
Rodríguez, Richard
    como nos imaginamos, 242
    Days of Obligation, 218, 242
    educación bilingüe, 187–88
    Hunger of Memory, 216–19,
        263
    Joaquín Murrieta, 88
romance estilo latino, 150–51

Said, Edward W., 232
Salazar, Rubén, 78–79
Salt of the Earth (cine), 113
San Diego, Plan de, 81–82
Santayana, George, 184–85
Santiago, Danny, 33–35
Santiago, Esmeralda, 221
Sarmiento, Domingo Faustino,
        209, 211
Scarface (cine), 70
Scene from the Movie 'Giant'
        (poema), 99–101
Schomburg, Arthur Alfonso, 20,
        140–41
ser y estar, verbos, 171–72
sexualidad
    family hispánica, 151
    gordura y machismo, 148
    sexo como poder, 153
    Véase también
        homosexualidad
Shakespeare, William, 202–3
SIDA, 155

Siete ensayos interpretativos de la realidad peruana, 211
sindicatos
  huelga de algodoneros, 82
  mineros, 101
Siqueiros, David Alfaro, 109–10
spanglish
  como factor de unificación, 22
  como multicultural, 12
  Ed Vega, 59
  éxito de, xvii–xviii
  publicaciones, 181
  visiones del mundo, 171
spiks, origen del término, 27
Stupid America, 121
sueño americano
  pesadilla americana versus, 39
  para puertorriqueños, 39
  universidades privadas, 253, 255
  variedades de, 278
  vivir en el limbo, 5
El Super (cine), 38–39, 70, 76
supermercado, uso del término, 178, 179

Tan, Amy, 185
tandas, 226
tardanza, costumbre de, 136
The Teachings of Don Juan, 221–23
teatro, 176–77
Teatro Campesino, 118–19
Telemundo, 224, 225–26
televisión en español, 223–31, 235
The Tempest, 202–3, 207

Tercer Mundo, significado del término, 29
Thomas, Piri, 219–20, 258, 276
tiempo, 135–39
  raza, 137–39
Tijerina, Reies López, 104, 107
to be, 171–72
toreo, 149–50
traducción
  como arte imposible, 183–85
  componentes culturales, 191–92
  del presente libro, xiii
  lo que se pierde, 172
transculturación, 11
Tratado de Guadalupe Hidalgo, como fundamento, 79–80
Tratado de Libre Comercio (TLC), xvi, 111
Twenty Centuries of Mexican Art (1940), 110–11

unicidad, sentido de, 1
United Farm Workers, 104
  influence en el arte, 114
universidades
  becas para las privadas, 252–53, 255
  literatura como inspiración, 264
  movimiento chicano, 252
  públicas o estatales, 254
Univisión, 38, 224–31

Valdez, Luis, 118–19
Vargas Llosa, Mario, 252

Vasconcelos, José, 210–11

Vega, Bernardo, 2–3, 53–54

Vietnam, movimiento en
     oposición, 116

Villanueva, Tino, 99–101

Villarreal, José Antonio, 23, 89–92

Virgen María, 145

Waiting to Exhale, 262–63

West, John O., 199–200

West Side Story (1957), 57–58

When I Was Puertorican, 221

Williams, William Carlos, 58–59,
     60
   sobre la historia, 80–81

yiddish, 179–80, 274

zonas fronterizas
   Los Angeles, 14
   concepto de, 16
   folklore, 189–91
   Miami, 14
   Río Grande, 26–27

Tanto el autor como el editor agradecen por el permiso de utilizar el material siguiente:

Un segmento de "AmeRícan", *AmeRícan*, Tato Laviera (Houston, Texas: Arte Publico, 1985).

"Corrido del Paso del Norte", *Antología del corrido mexicano* (México: Universidad Nacional Autónoma de México, 1989).

"Dos patrias", José Martí, *Antología crítica de la poesía hispanoamericana*, edición de José Olivio Jiménez (Madrid: Hyperión, 1985).

"Corrido de Joaquín Murrieta", *Texas-Mexican Border Music*, Philip Sonnachsen Collection, vols. 2 y 3, Corridos 1–2 (Arhollie Records, 1975).

Un segmento de "Joaquín Murrieta", "Joaquín Murrieta: California's Literary Archetype", Joaquín Miller, *Californians* 5,6 (Noviembre-Diciembre 1987): 46–50.

"The Latin Deli", *The Latin Deli: Prose and Poetry*, Judith Ortíz-Cofer (Athens, Georgia: University of Georgia Press, 1993).

Un segmento de *I Am Joaquín/Yo soy joaquín*, Rodolfo "Corky" González (Nueva York: Bantam, 1972).

"Dedication" y "Bilingual Blues", *Bilingual Blues*, Gustavo Pérez-Firmat (Tempe, Arizona: Bilingual Press, 1994).

"Side 20", *Tropicalizations*, Victor Hernández Cruz (Nueva York: Reed, Cannon & Johnson, 1976),

La cita de Ferando Ortíz es de *The Cuban Condition: Translation and Identity in Modern Cuban Culture*, Gustavo Pérez-Firmat (Cambridge y Nueva York: Cambridge University Press, 1989).

El poema de Francisco Alarcón es de *Divided Borders: Essays on Puerto Rican Identity*, Juan Flores (Houston, Texas: Arte Público, 1993).

Jimmy Santiago Baca, *Immigrants in Our Own Land & Selected Early Poems* (Nueva York: New Directions, 1990).

"Scene from the Movie *Giant*", *Scenes from the Move "Giant"*, Tino Villanueva (Willimantic, Connecticut: Curbstone, 1993).

Una segmento de "Stupid America", *Chicano: 25 Pieces of a Chicano Mind*, Abelardo Delgado (Denver, Colorado: Barrio Publications, 1969).

Una cita del poema de Sor Juana Inés de la Cruz, *Poems, Protest, and a Dream*, Sor Juana Inés de la Cruz, traducción de Margaret Sayers Peden, introducción de Ilan Stavans (Nueva York: Penguin Classics, 1997).

"Lo fatal", de Rubén Darío, *Antología crítica de la poesía hispanoamericana*, edición de José Olivio Jiménez (Madrid: Hyperión, 1985).

"Corrido de Gregorio Cortéz", *With His Pistol in His Hand: A Border Ballad and Its Hero*, Américo Paredes (Austin, Texas: University of Texas Press, 1958).

"Evocacíon afro-ideal", *Sentimental songs/La poesía cursi*, Felipe Alfau, traducción de Ilan Stavans (Naperville, Illinois: Dalkey Archive Press, 1992).